计算机程序设计（移动互联应用开发方向）

一体化课程教学指导手册

主　　编　李淑晓　陈静君

副 主 编　黄文香　邱文娟　关思蔚　罗冬阳

参　　编　刘梅红　罗家慧　王文录

编　　辑　林　枫　李　夏

校　　对　甘素文　廖婷婷

封面设计　林　枫　李燕东

图书在版编目（CIP）数据

计算机程序设计（移动互联应用开发方向）一体化课程教学指导手册 / 李淑晓，陈静君主编. —成都：西南交通大学出版社，2022.11

ISBN 978-7-5643-8975-8

Ⅰ. ①计… Ⅱ. ①李… ②陈… Ⅲ. ①移动终端 - 应用程序 - 程序设计 - 高等职业教育 - 教学参考资料 Ⅳ. ①TN929.53

中国版本图书馆 CIP 数据核字（2022）第 197304 号

Jisuanji Chengxu Sheji (Yidong Hulian Yingyong Kaifa Fangxiang) Yitihua Kecheng Jiaoxue Zhidao Shouce

计算机程序设计（移动互联应用开发方向）一体化课程教学指导手册

主编　李淑晓　陈静君

责任编辑	张少华
封面设计	林　枫　李燕东
出版发行	西南交通大学出版社 （四川省成都市金牛区二环路北一段 111 号 西南交通大学创新大厦 21 楼）
发行部电话	028-87600564　028-87600533
邮政编码	610031
网　址	http://www.xnjdcbs.com
印　刷	四川玖艺呈现印刷有限公司
成品尺寸	210 mm×260 mm
印　张	18
字　数	585 千
版　次	2022 年 11 月第 1 版
印　次	2022 年 11 月第 1 次
书　号	ISBN 978-7-5643-8975-8
定　价	120.00 元

广州市工贸技师学院

一体化课程教学指导手册

编写委员会

主　任　李红强

副主任　陈海娜

委　员　周志德　陈志佳　吴多万

周红霞　王正旭　高小秋

朱　漫　刘炽平　伍尚勤

黄颂杰　甘　路　张扬吉

陈静君　李文远　宋　雄

陈　冰　符　强　杨　旭

李　江　寿丽君　陈　波

前言

为贯彻落实习近平总书记在学校思想政治理论课教师座谈会上的重要讲话和中共中央办公厅、国务院办公厅印发的《关于深化新时代学校思想政治理论课改革创新的若干意见》文件精神，挖掘其他课程和教学方式中蕴含的思想政治教育资源，发挥所有课程育人功能，构建全面覆盖、类型丰富、层次递进、相互支撑的课程体系，使各类课程与思政课同向同行，形成协同效应，实现全员全程全方位育人，广州市工贸技师学院在不断深入推进以职业活动为导向、以校企合作为基础、以综合职业能力培养为核心，理论教学与实践教学相融通、学习岗位与工作岗位相对接、职业能力与岗位能力相对接的一体化课程教学改革基础上，构建了一专业一特点的一体化课程与思政教育相互融合的课程与教学体系。

为帮助教师全面系统把握思政融合逻辑、课程内部结构，扎实推进思政融合一体化课程的教学实施，学院以专业为单位组织编写了《一体化课程教学指导手册》共 15 册。系列手册中，各专业系统梳理了一体化课程中蕴涵的国家意识、人文素养、技术思想、职业素养和专业文化五个领域的思政教育资源，精心选取思政元素，合理布局融合点，深化教学融合设计，结构化地呈现了专业人才培养目标、课程思政方案、课程标准、教学活动等，从而帮助教师快速把握融合思政元素的一体化课程设计思路、教学目标、教学模式、课堂活动及其评价方式。

同时，《人力资源社会保障部办公厅关于推进技工院校学生创业创新工作的通知》（人社厅发〔2018〕138 号）明确指出，要加强技工教育创业创新课程体系建设，将创业创新课程纳入技工院校教学计划，将创业创新意识教育课程与公共课程相结合，将创业创新实践课程与专业课程相结合。系列手册中，各专业在部分工学结合的一体化学习任务基础上，融合了商机发掘、团队组建、市场调查、产品制造、商业模式设计、财务预测、项目路演等创新创业知识与技能，在日常专业教学过程中渗透培养创新意识和创业精神，从而提高学生创新创业能力。

思政融合、专创融合的一体化课程设计及其教学实施在技工院校尚属探索阶段，加之编者水平有限，手册存在的不足之处，恳请批评指正。

广州市工贸技师学院

2022 年 10 月

人才培养目标

◆ 培养定位

培养政治素质高，具有规则意识、创新思维和方法，爱国、敬业、诚信、友善、遵纪守法，达到移动互联应用行业中软件开发工程师岗位的能力要求，适应移动应用市场需求的技能人才。

◆ 就业面向的行业企业类型

面向移动互联应用企业就业。

◆ 适应的岗位或岗位群

适应移动智能终端用户体验设计、移动应用软件开发、售前售后工程师等移动互联应用开发职业岗位群工作。

◆ 能胜任的工作任务

胜任移动应用 UI 设计、移动应用软件开发、移动应用软件测试、前端开发等工作任务。

◆ 需具备的通用职业能力

具备自主学习、团队合作、沟通协调、分析解决问题等通用职业能力。

移动应用UI设计
UI设计

移动软件开发
移动软件开发

前端开发

移动智能终端用户体验设计

计算机程序设计（移动互联应用开发方向）专业思政特点

聚焦前沿信息技术，服务“智慧生活”，培养具有开拓创新精神的移动应用开发相关人才。

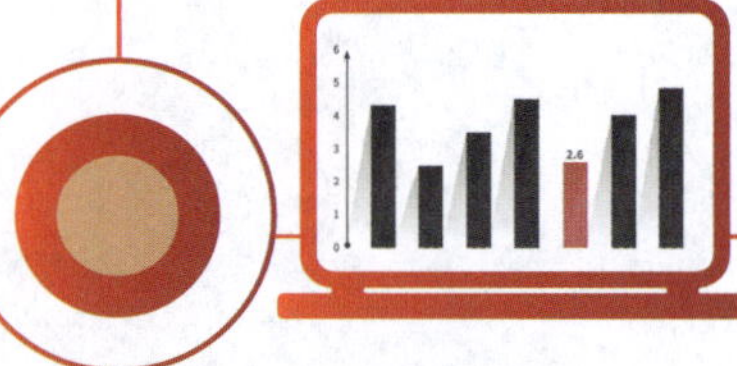

计算机程序设计（移动互联应用开发方向）专业课程思政方案

思政领域	融合的思政元素	课程名称	学习任务	思政内容
国家意识	国情观念（传统文化）	APP 效果图处理	招生 APP 效果图处理	学习传统文化，并在完成招生 APP 效果图设计时，把中国风设计元素融入图标和界面设计，加强对传统文化的理解和认同。
	国情观念（爱国情怀）	Java 基础程序设计	国庆月历功能开发	搜集国庆节历史资料，研发中华万年历软件，开发“国庆月历”功能模块，在专业实践中唤起爱国情怀。

思政领域	融合的思政元素	课程名称	学习任务	思政内容
人文素养	人文精神（审美情趣）	APP 效果图处理	招生 APP 效果图处理	学习和收集同类 APP 风格、配色、图标等设计元素，结合学院特色考虑招生 APP 效果图的色彩搭配、合理布局、风格选择等，注重美观性，提升专业审美情趣。

思政领域	融合的思政元素	课程名称	学习任务	思政内容
技术思想	技术运用（网页规范）	Web UI 设计	“奥林匹亚”响应式网页设计	查找响应式网页的不同界面设计规范，设计并制作不同尺寸的网页，不断检查，提升网页设计规范性。
	技术运用（编码规范）	Android 移动应用界面开发	计算器 UI 界面开发	学习熟悉 Android 应用开发规范，编码实现任务的过程中培养学生遵守行业规范的意识，养成良好的编码习惯。
	实践创新（界面开发）	Android 移动应用界面开发	计算器 UI 界面开发	通过工作和生活案例学习国家科技创新相关内容，学习并运用 UI 界面开发技术，在界面开发中尝试创新性个性化设计，并分享作品，展示创新点和解决的问题，提升创新性个性化开发能力。

计算机程序设计（移动互联应用开发方向）专业课程思政方案

思政领域	融合的思政元素	课程名称	学习任务	思政内容
职业素养	规则意识（版权意识）	网络安卓软件开发 - 高级	音乐播放器 APP 功能开发	了解本职业相关的版权保护方面的法律法规，查找常见网络音乐数据接口的数据权限，选用合法合适的数据接口进行 Android 音乐播放器功能开发，做到尊重和遵守数据版权规则。

思政领域	融合的思政元素	课程名称	学习任务	思政内容
专业文化	智慧生活（天气预报 APP 开发）	网络安卓软件开发 - 中级	天气预报 APP 开发	收集国内外智慧生活 APP 软件案例，讨论它们给生活带来的快捷和便利性；自主开发一款针对攀岩爱好者需求的天气预报 APP，各小组展示、分享、推广作品，接受用户评价，树立以专业技能实现智慧生活的意识与追求。
	智慧生活（工贸生活小助手开发）	工贸辅助类安卓软件软件开发	工贸生活小助手 APP 开发	收集校园相关素材，设计和开发工贸生活小助手 APP 的校园风光、课程表查询、院系介绍、学校电话、随手记等功能模块。
	技能强国（网页制作）	Web UI 设计	技能强国”网页设计	查找我国参加历届世界技能大赛相关新闻资讯及获奖者图片和资料，利用所学技能设计并制作“技能强国”网页，体会一技之长的作用与意义，树立技能强国信念。

目录

思政融合

专创任务

课程 1.APP 效果图处理 ··························· 1
学习任务 1 商城 APP 效果图处理 ··················2
学习任务 2 招生 APP 效果图处理 ················14

课程 2.Java 基本程序设计 ······················ 27
学习任务 1 进制计算器开发 ························28
学习任务 2 国庆月历功能开发 ······················40
学习任务 3 字母统计功能开发 ······················50

初级工
新手

课程 3 Java 面向对象程序设计 ······ 60

学习任务 1 几何图形参数计算程序开发 ······ 62

学习任务 2 工贸人员管理功能开发 ······ 74

课程 4 Web UI 设计 ······ 86

学习任务 1 “技能强国”网页设计 ······ 88

学习任务 2 “奥林匹亚”响应式网页设计 ······ 98

课程 5 Android 移动应用界面开发 ······ 109

学习任务 1 计算器 UI 界面开发 ······ 110

学习任务 2 美食 APP UI 界面开发 ······ 126

课程 6 单机安卓软件开发 ······ 143

学习任务 1 通讯录开发 ······ 144

学习任务 2 记事本开发 ······ 160

课程 7 APP 效果图设计 ······ 176

学习任务 1 沉香商城 APP 界面设计 ······ 178

学习任务 2 友房租房 APP 界面设计 ······ 190

中级工
生手

课程 8 网络安卓软件开发（中级） ······ 201

学习任务 天气预报 APP 开发 ······ 202

课程 9 网络安卓软件开发（高级） ······ 226

学习任务 音乐播放器 APP 功能开发 ······ 228

课程 10 校园辅助类安卓软件开发 ······ 245

学习任务 工贸生活小助手 APP 开发 ······ 246

专创融合学习任务 ······ 266

学习任务 众创空间 APP 平台 ······ 266

职业能力成长阶梯

课程 1 APP 效果图处理 课时：80

学习任务 1
商城 APP 效果图处理
（48）学时

学习任务 2
招生 APP 效果图处理
（32）学时

课程目标

完成本课程后，学生应当能够胜任移动软件开发或电子商务网站等的效果图处理工作任务，能利用图形图像处理软件 Photoshop 完成图标的制作、软件界面的制作与处理，如：商城 APP 效果图处理、工贸招生 APP 效果图处理等工作任务，严格执行企业管理制度，遵守网络安全规定，养成在工作中规范作图、诚实守信、尊重网络数据产权等职业素养，加强学生国情观念，提高审美情趣。

具体目标为：

1. 能与主管（教师）沟通，阅读任务书，确认用户效果图处理需求；形成客户需求至上的职业意识。
2. 能够根据任务书和用户需求，客观分析任务存在的技术关键点和难点；
3. 能根据设计草图，围绕中国元素下载、筛选素材、处理素材，加强学生国情观念。
4. 能运用 Photoshop 软件对原始素材进行处理，能让图片不带水印，背景透明等；
5. 能根据行业设计规范，使用 photoshop 软件制作 APP 界面元素和 APP 界面效果图，形成自觉遵守职业规范的习惯。
6. 在工作中遵守软件开发企业和用户企业的相关规定，保护用户企业的商业机密等。
7. 通过颜色和界面的设计提高审美情趣。

课程内容

本课程的主要学习内容包括：

1. UI 设计基础知识，APP 界面设计规范；
2. 分析能力：通过观察不同的图像效果，得到制作该效果的方法和技能，培养分析能力。；
3. 学院招生主题等素材收集方法、整理技巧；
4. APP 界面元素（图标、滑块、按钮、表单控件、导航等）的设计原则和技巧，中国风元素的设计技巧；
5. 图像基础知识（位图和矢量图、分辨率、色彩模式、色彩搭配等）；
6. Photoshop 软件的相关知识（文件操作、辅助线、文字工具、绘图工具、钢笔工具、路径运算、图像合成、图层及图层样式、图像调整、滤镜等用法）及用法；
7. 标注图的标注原则及标注方法。

学习任务 1　商城 APP 效果图处理

任务描述

学习任务学时：48 课时

任务情境：

某公司需要开发一个商城 APP，现要求设计部完成该商城 APP 首页效果图、搜索结果页、产品详情页等界面的设计。要求设计具有人性化操作，颜色搭配鲜艳，能够提高顾客购买欲望。设计部接到任务后，分析该商城 APP 的设计需求，做好配色和总体规划，根据需求设计草图和原型图，经公司负责人同意后使用 photoshop 软件进行效果图各项元素的制作，最终合并进行优化，制作完成后进行展示与总结。

具体要求见下页。

优选APP

工作流程和标准

工作环节 1

低保真制作

设计部从上级部门接到任务后，与主管沟通，明确用户需求，确定公司所要开发的商城 APP 的功能及首页所需要素，手绘 APP 界面交互首页原型图。

主要成果：

APP 界面交互首页原型图

工作环节 2

竞品分析

2

1. 设计部根据公司要求进行素材收集和整理，为设计做好准备。
2. 确定商城 APP 主色调和辅色调。

主要成果：

1. 商城素材（图文）；
2. 商城 APP 主色调和辅色调。

工作环节 3

高保真制作

根据界面原型图，按照行业制作规范，利用 PS 制作界面效果图。

1. 制作 APP 首页效果图。
2. 制作 APP 商品分类页效果图。
3. 制作 APP 购物车页效果图。
4. 制作 APP 订单结算页和用户中心页效果图。

主要成果：

1. 优选商城 APP 首页效果图；
2. 商品分类页效果图；
3. 购物车页效果图；
4. 订单结算页、用户中心页等效果图。

工作环节 4

展示和总结

1. APP 界面效果图整理打包。效果图整理、展示、评价，根据反馈情况进行调整和优化。
2. 总结。对所学知识进行学习总结，分析自己的优点与不足。

主要成果：

1. 效果图文件夹；
2. 工作页个人学习总结。

学习内容

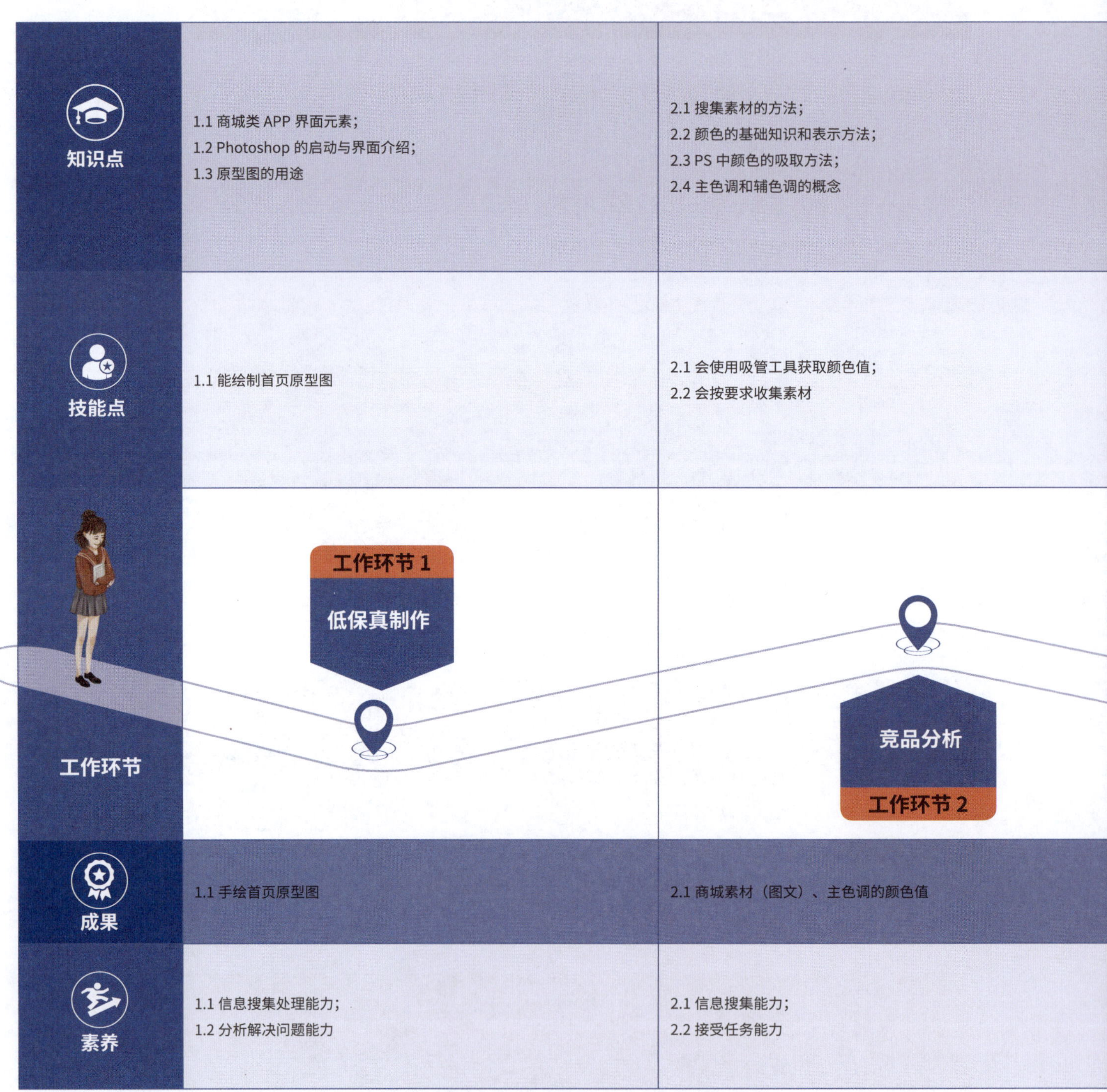

	工作环节 1	工作环节 2
工作环节	低保真制作	竞品分析
知识点	1.1 商城类 APP 界面元素； 1.2 Photoshop 的启动与界面介绍； 1.3 原型图的用途	2.1 搜集素材的方法； 2.2 颜色的基础知识和表示方法； 2.3 PS 中颜色的吸取方法； 2.4 主色调和辅色调的概念
技能点	1.1 能绘制首页原型图	2.1 会使用吸管工具获取颜色值； 2.2 会按要求收集素材
成果	1.1 手绘首页原型图	2.1 商城素材（图文）、主色调的颜色值
素养	1.1 信息搜集处理能力； 1.2 分析解决问题能力	2.1 信息搜集能力； 2.2 接受任务能力

工作环节 3	工作环节 4
3.1 APP 界面设计规范； 3.2 PS 软件基本操作； 3.3 文字工具用法； 3.4 绘图工具的应用（直线工具、矩形工具、圆形工具、多边形工具等）、颜色填充工具； 3.5 导入素材、素材处理（调整大小、抠图）、辅助线的用法、图层的基本操作（新建、顺序、命名、分组等）、图层编组及命名； 3.6 路径绘制及运算； 3.7 图层样式、图层模式、剪贴蒙版、图层蒙版的用法； 3.8 矢量工具、钢笔工具的用法	4.1 标注软件的用法； 4.2 归纳总结方法； 4.3 文件夹创建及命名
3.1 能按照 APP 界面设计行规范制订界面制作方案； 3.2 能利用 PS 提供的功能绘制商城首页、商品分类页、购物车页、用户中心页等页面效果； 3.3 能绘制优选商城 APP 启动、引导页、首页效果图	4.1 APP 界面效果图整理打包； 4.2 输出首页标注图； 4.3 学会归纳总结
工作环节 3 高保真制作	工作环节 4 展示和总结
3.1 商城首页、商品分类页、购物车页、订单结算页、用户中心页等效果图	4.1 优化后的效果图
3.1 遵守行业规范的意识； 3.2 精益求精的工匠精神	4.1 归纳总结能力； 4.2 文件整理能力

教学活动

课程 1　APP 效果图处理

学习任务 1　商城 APP 效果图处理

1 低保真制作　2 竞品分析　3 高保真制作　4 展示和总结

阶段	工作子步骤	教师活动	学生活动	评价
低保真制作	接受任务，手绘 APP 界面交互原型图。	1.1 发放效果图设计任务书，引导学生解读任务书，明确任务设计要求。 1.2 提出问题：接受任务后，怎么完成效果图的设计？要求学生先上网搜索 APP 效果图设计流程，然后随机抽选 2 名学生回答。根据学生的回答，PPT 展示 APP 效果图设计流程。 1.3 提出任务：下载“天天微逛”APP，熟悉 APP 界面。 1.4 展示优选网商城 APP 的交互原型图，结合案例，告诉学生原型图的用途、绘制方法。 1.5 布置任务：结合优选商城 APP 各界面参考效果图，在学习工作页中手绘交互原型图。辅导和监督动手能力差的学生完成任务。 1.6 介绍 Photoshop 功能与界面，讲授 Photoshop 的启动与新建等基本应用。	1.1 接受任务书，明确 APP 界面设计要求。 1.2 思考问题，上网搜索效果图设计流程，整理后用自己的语言回答老师，知道 APP 效果图设计流程。 1.3 每位同学下载“优选网”APP，熟悉 APP 各界面。 1.4 观看教师讲解和操作，了解原型图的作用和绘制方法。 1.5 接受任务。小组讨论、分析并手绘优选商城首页原型图。操作中有问题，及时求助同学或老师。 1.6 了解 Photoshop 功能与界面，学习 Photoshop 基本应用。	1. 教师提问判断学生是否知道商城类 APP 界面风格、界面构成。 2. 查看学习工作页中学生手绘的交互原型图是否齐全、结构清晰、连接正确。

课时： 4 课时
1. 硬资源：机房、笔、A4 纸等。
2. 软资源：学习工作页、商城类 APP 典型效果图等。
3. 教学设施：投影、一体机等。

阶段	工作子步骤	教师活动	学生活动	评价
竞品分析	1. 素材收集和整理。	1.1 布置任务：收集商城类型的 APP 效果图至少 3 个以上，小组讨论分析出商城类 APP 的主要界面有哪些？界面主要构成元素有哪些？搜集商城界面中常见的图标至少 5 个，保存在素材文件夹“图标”中。 1.2 依次打开各小组提交的资源库，带领学生一起评价，并引导学生总结出收集 APP 素材的方法、常用网站。	1.1 接受任务，明确任务要求。在组长的带领下，小组分工、讨论、合作完成分析工作，并在学习工作页中填入问题的答案。 1.2 观看各小组资源效果，回答老师问题，评价和小结。	查看学生搜集的图标，考查学生是否掌握搜集素材的方法。

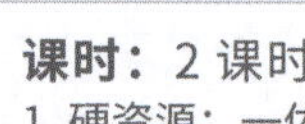

课时： 2 课时
1. 硬资源：一体化机房、笔。
2. 软资源：学习工作页、参考网址。
3. 教学设施：投影、一体机。

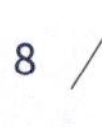

1 低保真制作 → 2 竞品分析 → 3 高保真制作 → 4 展示和总结

	工作子步骤	教师活动	学生活动	评价
竞品分析	2. 接受任务，确定商城 APP 主色调和辅色调。	2.1 展示优选商城 APP 各界面参考效果，提出任务：分析本商城的配色方案。 2.2 打开“天天微逛”APP，讲解哪些颜色是主色调，哪些颜色是辅色调，提出主色调和辅色调的概念；讲解颜色的组成和表示方法。 2.3 讲解、演示从图形中获取颜色值的操作方法。 2.4 布置学生使用吸管吸取原图颜色获取颜色值，并填写工作页，将优选商城 APP 的主色调颜色和辅色调的颜色值填写在学习工作页中。 2.5 抽查学生填写的工作页，评价学生主色调和辅色调是否正确。	2.1 观看效果图，明确任务。 2.2 跟着老师的讲解和演示，学习主色调、辅色调的概念。 2.3 观看教师操作，学习在 PS 中吸取图形中颜色值的方法。 2.4 启动 PS，打开优选商城 APP 效果图，使用吸管获取颜色值。打开学习工作页，回答引导问题，完成主色调和辅色调颜色值的填写。 2.5 配合老师抽查，听取点评。	1. 教师通过提问考核学生是否了解主色调和辅色调的概念。 2. 查看学习工作页中填写的颜色值考查学生是否掌握吸取颜色的操作。
	课时： 2 课时 1. 硬资源：一体化机房、笔等。 2. 软资源：学习工作页、参考网址等。 3. 教学设施：投影、一体机等。			
高保真制作	1. 制作 APP 首页效果图。	1.1 接受任务，启动 PS，新建文件。 1.2 观看 PSD 文件，思考老师提出的问题。 1.3 学生聆听、记忆 APP 效果图尺寸规范。 1.4 按照尺寸规范要求修改文件、保存文件。 1.5 观看操作，学习文字工具的用法；模仿老师操作，启动 PS，制作文字效果。 1.6 观看操作，学习绘图工具的用法；模仿老师操作，启动 PS，使用绘图工具、文字工具制作图标。	1.1 布置任务：新建优选商城 APP 首页的 PSD 文件。巡查指导。 1.2 随机抽查3位同学新建文件的参数（大小、分辨率、背景色、颜色模式等），结合学生创建的 PSD 文件，引入问题：APP 商城效果图的尺寸大小该怎样确定？ 1.3 展示、讲解 APP 文件的参数要求。 1.4 布置任务：按照规范的尺寸要求修改新建的 PSD 文件。 1.5 以 2 个案例为载体，讲解文字工具、文字属性的用法；指导学生制作文字效果。 1.6 以 3 个案例为载体，讲解演示绘图工具绘制图形的方法、操作要点、填色方法。	1. 教师通过检查文件大小和文件效果来评价效果图是否符合尺寸规范和布局规范。 2. 教师通过检查学生作业效果来评价学生是否掌握了前面所授的知识点和技能点。

学习任务 1　商城 APP 效果图处理

1 低保真制作　2 竞品分析　3 高保真制作　4 展示和总结

工作子步骤	教师活动	学生活动	评价
高保真制作	1.7 布置任务： 制作优选商城 APP 首页的“电量条”效果、“搜索栏”效果。巡回指导，及时帮助学生解决问题。 1.8 随机抽选 3 名学生作业进行展示、点评。 1.9 以 4 个案例为载体讲解、演示导入外部图像素材的方法，参考线、辅助线的创建方法和使用方法、调整图像大小、裁剪、蒙版等功能的方法，图层的基本操作(创建、命名、分组、显示、隐藏等）。 1.10 布置任务：制作优选商城 APP 首页的“主体内容”效果。巡回指导，及时帮助学生解决问题。 1.11 课件展示讲解收作业要求，收作业。 1.12 讲明作业展示方法，指导各小组展示完成的优选商城 APP 首页界面效果图，在评价表上打分。 1.13 讲解自主学习方法、可用资源，巡回指导，帮助学生完成学习。	1.7 接受任务，明确要求。启动 PS，按尺寸规范建立文件，思考、完成优选商城 APP 首页的“电量条”、“搜索栏”效果制作。操作过程中遇到问题及时请教组内成员和老师。 1.8 配合老师，展示作业；聆听评价，总结用法。 1.9 观看操作，学习图像素材的导入和裁剪方法；模仿老师操作，启动 PS，练习调整图像大小、裁切等操作。 1.10 接受任务，获取素材。利用 PS 图像裁切、抠图、合成、蒙版等技能制作主体内容的效果图。 1.11 配合老师，展示作业；聆听评价，总结用法。 明确交作业要求：组长将小组全部成员作业收齐，小组内讨论、推选一个最优优选商城 APP 首页图给老师，代表小组进行下一环节的作业展示。 1.12 明确作业展示方法，组长带领下展示作业效果，并在评级表上完成自评、互评。 1.13 学生小组合作，自主探究完成启动图标、引导页的绘制。	
课时： 12 课时 1. 硬资源：一体化机房、笔等。 2. 软资源：学习工作页、任务评价表、优选商城素材（图片和文字）等。 3. 教学设施：投影、一体机等。			
2. 制作 APP 商品分类页效果图。	2.1 布置任务：完成优选商城商品分类页效果图的制作。并下发素材和参考效果。 2.2 要求学生观看参考图，提出制作困难点。	2.1 接受任务，获取素材。 2.2 观看参考效果图，将制作困难提出来。	

高保真制作

工作子步骤	教师活动	学生活动	评价
	2.3 讲解、演示学生提出的操作难点以及操作注意事项（图层文件夹的建立方法、图层文件夹管理各类图形）。 2.4 巡回指导，关注学生操作情况，及时答疑，尤其关注对弱势学生进行引导、鼓励，帮助其完成任务。 2.5 每个小组进行作业展示，相互点评，教师根据展示情况对各小组完成情况给予评价。	2.3 观看、聆听操作难点和注意事项，解惑。 2.4 学生操作：打开首页 PSD 文件，新建图层文件夹，依次命名为：搜索结果页、品牌列表页和分类结果页；在该文件夹下再建立“电量条”“顶部搜索栏”“底部搜索栏”“主体内容”等文件夹，分别管理各个部分绘制的图图此案。然后利用绘图工具、文字工具、图形处理工具等制作页面各个图形。操作中存在困难，先独立思考，不能解决再小组内讨论、互相帮助，还不能解决为及时请教老师，完成后上交给老师。 2.5 组长带领下展示作业效果，并完成互评。	1. 随机查看 3 名学生的 PSD 文件图层面板考核学生是否掌握图层文件夹的创建和使用方法。 2. 教师通过查看完成的产品详情页效果图来考核学生是否完成学习任务，是否达标。
课时： 8 课时 1. 硬资源：一体化机房等。 2. 软资源：学习工作页、优选商城素材（图片和文字）等。 3. 教学设施：投影、一体机等。			
3. 制作 APP 购物车页效果图。	3.1 布置任务：完成优选商城 APP 的购物车页效果图的制作。并下发素材和参考效果。 3.2 要求学生观看参考图提出制作困难点，结合困难点，讲解演示复杂图标的制作方法（路径运算、钢笔工具的使用方法等新知识）。 3.3 巡回指导，关注、加强指导理解能力、学习能力较弱的学生。 3.4 抽选小组进行作业展示、点评，教师根据展示情况对各小组完成情况给予评价。引导学生完成小结。	3.1 接受任务，获取素材。 3.2 查看效果图，分析哪些自己能完成，哪些自己不会，将困难提出来。观看操作演示，学习钢笔工具的使用方法。 3.3 学生操作：打开 PSD 文件，新建图层文件夹，并命名为，在该文件夹下再建立文件夹，分别管理各个部分绘制的图形。然后利用绘图工具、文字工具、图形处理工具、钢笔工具等制作页面各个图形。操作中存在困难，先独立思考，不能解决再小组内讨论、互相帮助，还不能解决为及时请教老师。完成后及时提交给老师。 3.4 组长带领下展示作业效果，并完成小结。	教师通过查看完成的购物车页效果图来考核学生是否完成学习任务，是否达标。
课时： 8 课时 1. 硬资源：一体化机房等。 2. 软资源：学习工作页、优选商城素材（图片和文字）、微视频等。 3. 教学设施：投影、一体机等。			

课程 1　APP 效果图处理

学习任务 1　商城 APP 效果图处理

1 低保真制作　2 竞品分析　3 高保真制作　4 展示和总结

	工作子步骤	教师活动	学生活动	评价
高保真制作	4. 制作 APP 订单结算页和用户中心页效果图。	4.1 上传微视频到云班课，并发出通知，告诉学生学习要求和内容。	4.1 观看微视频，知道 MarkMan 软件的用法；认识图层模式、图层样式的用法；认识剪贴蒙版的用法和用法。	1. 查看“界面制作方案”，检测学生对 APP 界面设计规范是否掌握。 2. 查看“界面 PSD 文件”，检测学生是否按行业规范做图，查看效果，检测 PS 图层样式、图层模式、剪贴蒙版的应用效果。
		4.2 PPT 控屏，说明学习任务，学习目标、重难点内容、学习时间安排。	4.2 观看 PPT，聆听、明确学习任务及相关要求。	
		4.3 引导学生说出界面需要传达的信息以及界面构成（典型的四大模块）状态栏、导航栏、内容区、标签栏。	4.3 回答问题，明确界面构成模块。	
		4.4 制订界面制作方案。 查询 APP 界面设计规范或使用 MarkMan 软件设置界面各模块或元素的参数（尺寸、间距、字体、字号等），制订界面制作方案。	4.4 小组讨论，查阅 APP 界面设计规范资料或使用 MarkMan 软件标注界面元素，获取元素的参数，填写工作页，制订制作方案。	
		4.5 指导学生展示、点评、修改方案。	4.5 学生展示、自评、修改方案。	
		4.6 布置任务：根据方案，利用 PS 制作效果图。	4.6 接受、明确任务。	
		4.7 教师讲解或播放微视频或告知学生自己观看 *** 微视频，学习 PS 新知识的用法。	4.7 观看效果图，提出技术难点（界面中不会做的部分）；聆听、观看教师提供的新知识学习资源和学习方法。	
		4.8 引导学生说出 PS 做图流程及操作规范。	4.8 思考、回答 PS 做图流程。	
		4.9 指导学生按照界面制作方案，启动 PS，利用 PS 功能完成图形的绘制。巡回指导，及时答疑。	4.9 启动 PS，按照尺寸规范新建文件；按照方案各模块参数拖拉辅助线；建立各模块的图层编组并命名；制作界面元素，不会做的地方观看微视频或者请教同学和老师。	
		4.10 查收作业，随机抽选，作品展示，引导学生按照方案和 APP 界面规范点评作品的质量和学习目标的达成。	4.10 参与作品展示、评价活动，自评作品质量、学习目标达成情况。	
		4.11 结合作品，引导学生总结重难点内容。	4.11 总结重难点内容。	
		4.12 重复上述步骤，完成用户中心页界面的制作。	4.12 在老师的安排下，快速、高效地完成新界面的制作。	

课时： 10 课时

1. 硬资源：一体化机房等。
2. 软资源：学习工作页、优选商城素材（图片和文字）、微视频等。
3. 教学设施：投影、一体机等。

展示和总结

工作子步骤	教师活动	学生活动	评价
1.APP 界面效果图整理打包。	1.1 布置任务：各组学生将商城 APP 所有页面进行整理、打包、上交。 1.2 下发“MarkMan 标注软件的用法”微视频，指导学生对首页效果图进行标注，并输出。	1.1 完成商城 APP 各界面文件的打包和上交。 1.2 观看 MarkMan 标注软件的用法微视频，学习标注规范，并对首页进行标注和输出。	查看上交的效果图文件夹是否包含所需文件，文件的整理和命名是否整齐有序；查看首页标注图是否按照行业规范进行标注。
课时： 1 课时 1. 硬资源：多媒体工作站（能上网）等。 2. 软资源：《APP 效果图设计》工作页、课本《Photoshop 移动终端 APP 界面设计》、各组学生历次提交的作业等。 3. 教学设施：投影、一体机、《评价表》等。			
2. 总结。	2.1 结合学生作品引导学生对本学习任务进行总结。 2.2 收集学生学习总结，点评本次任务的收获与意见建议。	2.1 总结本任务学习到的知识点和技能点，并填写在学习工作页中。 2.2 整理并上交个人学习总结，听取老师点评意见。	查看学习工作页学生填写的内容，考核学生归纳总结能力。
课时： 1 课时 1. 硬资源：多媒体工作站（能上网）等。 2. 软资源：《APP 效果图设计》工作页、课本《Photoshop 移动终端 APP 界面设计》、各组学生历次提交的作业等。 3. 教学设施：投影、一体机、《评价表》等。			

学习任务 2　招生 APP 效果图处理

任务描述

学习任务学时：32 课时

任务情境：

学院招生部门需要开发一款招生 APP 软件，家长和学生通过该 APP 可以快速地了解我院的软硬件资源情况、专业开设情况等，并能与招生人员及时沟通，进行手机报名，为招生做好服务工作。现要求设计部完成该 APP 软件各界面效果图设计和制作。要求设计具有人性化操作，颜色搭配合理，页面中带有中国风设计元素。设计部接到任务后，分析该 APP 的设计需求，做好配色和总体规划，根据需求绘制原型图，经公司负责人同意后使用 photoshop 等软件进行效果图各项元素的制作，最终合并优化，制作完成后进行交付、展示与总结。

具体要求见下页。

招生app
设计
中国风元素

工作流程和标准

工作环节 1

低保真制作

1. 设计部从上级部门接到任务后，与主管沟通，明确用户需求，确定公司所要开发 APP 的功能及首页所需要素，手绘 APP 界面交互首页原型图，考虑布局的美观性和实用性。
2. 根据原型图进行分析，确定制作效果图需要的工具和制作要点。

主要成果：

1.APP 界面交互首页原型图；

2. 制作要点分析。

工作环节 2

竞品分析

1. 设计部根据公司要求进行素材收集和整理，并确定 APP 配色，色彩搭配符合审美观，为设计做好准备。
2. 确定商城 APP 主色调和辅色调。

主要成果：

1. 素材（图文）；

2. APP 主色调和辅色调。

工作环节 3

高保真制作

根据界面原型图，按照行业制作规范，利用 PS 制作各种元素（包含中国风元素），界面效果图等。

1. 制作招生 APP 首页效果图。
2. 制作招生 APP 其他子页效果图。

主要成果：

1. 首页效果图
2. 学院简介页、学院风景页、专业列表页、专业详情页、交通路线页、考生问答页等效果图

工作环节 4

展示和总结

1. APP 界面效果图整理打包和展示。
2. 总结。

主要成果：

1. 效果图文件夹；
2. 个人学习总结。

学习内容

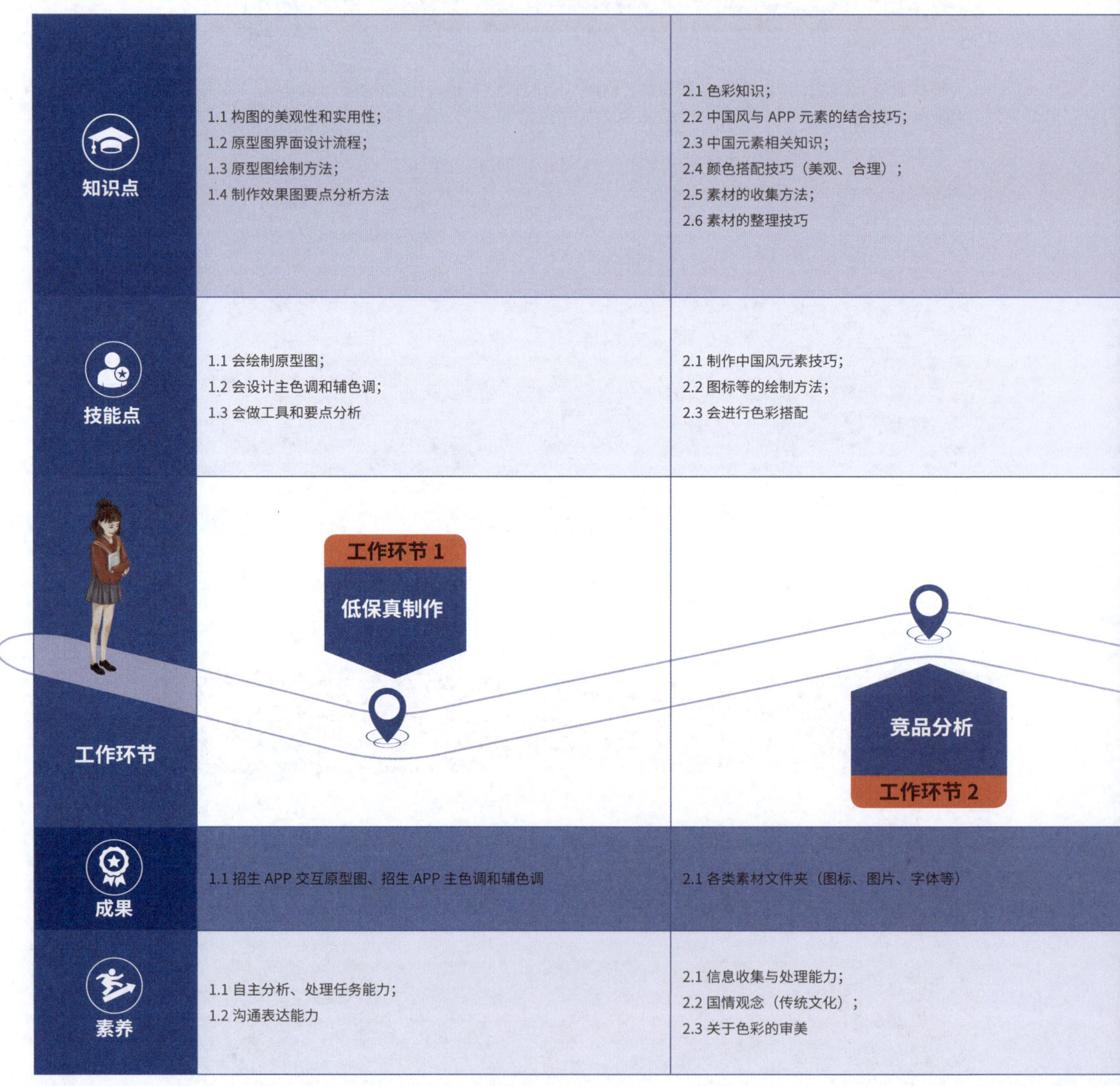

	工作环节 1	工作环节 2
知识点	1.1 构图的美观性和实用性； 1.2 原型图界面设计流程； 1.3 原型图绘制方法； 1.4 制作效果图要点分析方法	2.1 色彩知识； 2.2 中国风与 APP 元素的结合技巧； 2.3 中国元素相关知识； 2.4 颜色搭配技巧（美观、合理）； 2.5 素材的收集方法； 2.6 素材的整理技巧
技能点	1.1 会绘制原型图； 1.2 会设计主色调和辅色调； 1.3 会做工具和要点分析	2.1 制作中国风元素技巧； 2.2 图标等的绘制方法； 2.3 会进行色彩搭配
工作环节	工作环节 1 低保真制作	竞品分析 工作环节 2
成果	1.1 招生 APP 交互原型图、招生 APP 主色调和辅色调	2.1 各类素材文件夹（图标、图片、字体等）
素养	1.1 自主分析、处理任务能力； 1.2 沟通表达能力	2.1 信息收集与处理能力； 2.2 国情观念（传统文化）； 2.3 关于色彩的审美

工作环节 3 高保真制作	工作环节 4 打包输出
3.1 图像变形； 3.2 图层的对齐和分布； 3.3 图标类型和图标设计规范； 3.4 图像选取与处理技巧； 3.5 文字工具的高级应用； 3.6 图层样式的应用； 3.7 图片的色调处理； 3.8 图片的裁剪与移动技巧； 3.9 钢笔工具的作用及使用技巧、路径绘制及运算； 3.10 图层的拷贝、快捷键的使用	4.1 归纳总结方法； 4.2 MarkMan 使用方法； 4.3 文件夹创建及命名
3.1 能独立制作招生 APP 界面效果图； 3.2 能较好地应用 Photoshop 中的工具和命令	4.1 会进行 APP 界面效果图整理打包； 4.2 会制作首页标注图； 4.3 MarkMan 软件的用法
工作环节 3 高保真制作	工作环节 4 打包输出
3.1 招生首页、学院简介页、专业详情页、考生问答页等效果图	4.1 优化后的效果图
3.1 审美观的培养； 3.2 独立完成任务能力； 3.3 团队沟通与合作	4.1 归纳总结能力； 4.2 精益求精的职业态度

课程 1　APP 效果图处理

学习任务 2　招生 APP 效果图处理

低保真制作

<table>
<tr><th>工作子步骤</th><th>教师活动</th><th>学生活动</th><th>评价</th></tr>
<tr><td>1. 接受任务，手绘首页原型图。</td><td>1.1 发放界面设计任务书，引导学生解读任务书，明确任务设计要求。
1.2 布置任务：学生浏览学院招生网站，分析招生网站上主要页面构成，手绘招生 APP 原型图。
1.3 随机抽取 3 名学生回答招生网站的主要页面构成，点评和总结，引入原型图界面设计流程（启动页、引导页、登陆页、注册页、首页等）。
1.4 指导学生根据原型图界面设计流程在工作页中绘制原型图。
1.5 巡回指导。</td><td>1.1 接受任务书，明确招生 APP 效果图设计的要求。
1.2 浏览学院网站，并分析招生网站上的页面构成，同时在工作页中手绘原型图。
1.3 在画原型图的时候，注意页面构图的合理性和美观性。
1.4 展示并回答问题，并认真听取教师的点评和总结，学习原型图界面设计流程。
1.5 完成原型图的修改，得到终版。</td><td>1. 根据抽查结果检查学生对招生界面构成的理解。</td></tr>
<tr><td colspan="4">课时：3 课时
1. 硬资源：多媒体工作站、笔等。
2. 软资源：《APP 效果图设计》工作页、课本《Photoshop 移动终端 APP 界面设计》、配色方案 PPT 及相关网站等。
3. 教学设施：投影等。</td></tr>
<tr><td>2. 分析原型图，确定工具和制作要点。</td><td>2.1 布置任务：学生根据绘制的招生 APP 原型图，分析各页面制作要点及难点。
2.2 回顾之前所学 Photoshop 知识，引导学生通过以上分析的要点和难点填写工作页，分析实现每个页面所需的工具和知识。</td><td>2.1 接受任务，观察招生 APP 原型图，根据老师的指导分析各页面制作的要点及难点。
2.2 回顾上一任务中所学的 ps 知识，分析实现各页面所需的工具和知识。</td><td>点评学生对前面知识的掌握程度以及是否能够准确把握实现各个功能使用的工具和知识。</td></tr>
<tr><td colspan="4">课时：3 课时
1. 硬资源：多媒体工作站、笔等。
2. 软资源：《APP 效果图设计》工作页、课本《Photoshop 移动终端 APP 界面设计》等。
3. 教学设施：投影等。</td></tr>
</table>

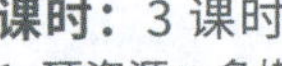

基准学时：32

1 低保真制作　2 竞品分析　3 高保真制作　4 展示和总结

竞品分析

工作子步骤	教师活动	学生活动	评价
1. 收集、筛选素材，整理文件夹。	1.1 布置任务：学生根据招生 APP 各原型图到网上搜索所需素材：图标、图片、字体等。 1.2 总结学生搜索素材的过程及使用网站，巩固快速收集素材的方法和相关素材网站。 1.3 布置任务：各组学生再次收集素材，并将收集到的素材进行分类整理，素材、文件夹命名。 1.4 随机抽取 2 组学生的素材文件夹，对学生的整理方法进行评价，总结素材整理技巧以及素材命名要点。 1.5 介绍中国风元素的应用，指导学生对中国文化的查找和融入到 APP 的方法。 1.6 布置任务：学生根据老师的指导再次对收集的素材进行整理和命名，并开始设计具有中国文化知识的元素。	1.1 学生浏览网站，收集 APP 制作所需素材。 1.2 回顾素材的收集方法，重温设计相关素材网站。 1.3 根据掌握的素材收集方法再次收集素材，并进行分类整理和命名。 1.4 提交作业供教师抽查，并学习素材整理方法，整理技巧及素材命名要点。 1.5 了解中国文化知识，并学习中国风元素的融入方法。 1.6 根据老师的指导重新对素材进行整理和命名，设计中国风元素。	1. 观察学生收集素材时使用的网站和关键字，评价学生对于素材收集的方法是否掌握，是否能够合理利用相关素材网站。 2. 由学生整理素材的文件夹中，评价学生是否能够合理归类，文件夹和文件的命名是否能够清晰反映素材的类别。 3. 检查学生在设计过程中是否理解中国风元素的知识，设计中有无体现。
课时： 3 课时 1. 硬资源：多媒体工作站（能上网）等。 2. 软资源：《APP 效果图设计》工作页（包含任务书、所需填写的部分）、课本《Photoshop 移动终端 APP 界面设计》、素材收集和整理方法 PPT 等。 3. 教学设施：投影等。			
2. 招生 APP 主色和辅色的搭配。	2.1 引导学生分析学院招生网站的主要色彩搭配（主色调和副色调）。 2.2 讲解配色技巧及各种风格配色方案的选择。 2.3 布置任务：学生分组根据学院招生网站和个人配色技巧，形成各组的招生 APP 色彩搭配方案。	2.1 分析学院网站的主要色彩构成及配色方案。 2.2 认真学习配色技巧及不同风格的配色方案选择。 2.3 根据所学知识进行招生 APP 配色方案的制作，在工作页中填写各页面的主要颜色。	1. 根据学生的配色方案评价各组学生对于色彩搭配、总体色彩构成的理解和应用能力。。
课时： 3 课时 1. 硬资源：多媒体工作站（能上网）等。 2. 软资源：《APP 效果图设计》工作页（包含任务书、所需填写的部分）、课本《Photoshop 移动终端 APP 界面设计》、素材收集和整理方法 PPT 等。 3. 教学设施：投影等。			

课程 1　APP 效果图处理

学习任务 2　招生 APP 效果图处理

1 低保真制作　2 竞品分析　3 高保真制作　4 展示和总结

高保真制作

工作子步骤	教师活动	学生活动	评价
1. 制作招生 APP 首页效果图。	1.1 引入：展示图像变形小案例，让学生了解图像变形的操作技巧。 1.2 布置任务：每个学生应用所学技能，制作招生 APP 首页框架。 1.3 提问：在首页中，我们发现有很多地方需要对齐工整，请你根据学过的知识说说如何让图标对齐？ 1.4 总结学生回答，引出图层对齐和分布知识点，并讲授操作要点。 1.5 布置任务：学生制作首页导航部分和主要内容部分。 1.6 提问引入：我们发现，在制作效果图过程中会需要设计许多图标，那么在图标设计中，有什么规范？图标有哪些类型？ 1.7 PPT 展示各种不同类型的图标，讲解图标的设计规范。 1.8 布置任务：学生根据掌握技能制作首页中的各种图标，并放置到合适的位置上。 1.9 总结学生制作过程，并提出在首页设计制作中，学生所使用图像的选取与处理方法的优劣。 1.10 总结图像选取与处理技巧，并指出各种选取方法的适用范围，让学生明确图像选取工具和方法的应用。 1.11 布置任务：各组学生完成首页中 banner 部分的制作，同时将整个首页部分进行整理和修改，得到首页最终效果图。	1.1 学习并掌握图像变形的操作技巧。 1.2 完成首页框架的制作。 1.3 思考并回答问题。 1.4 学习图层的对齐和分布，掌握其操作要点。 1.5 完成首页导航部分和主要内容部分的制作。 1.6 回忆设计制作过程中遇到的各种图标，思考老师的问题。 1.7 了解图标的类型，学习图标的设计规范。 1.8 完成首页中图标的制作。 1.9 回顾自己使用过的图像选取方法。 1.10 学习并掌握图像选取与处理技巧以及使用范围。 1.11 完成首页 banner 部分的制作，并整合所有元素，得到首页效果图。	1. 由学生制作的 APP 首页框架检查学生是否能够合理、熟练地使用图像变形功能。 2. 在学生制作首页导航和内容部分过程中，对学生在图层对齐和分布方面的应用进行相关点评。 3. 评价学生制作的图标是否美观、设计是否符合规范。 4. 从学生制作整个首页的过程中，点评学生对图像选取与处理技巧是否能够合理应用。

课时： 6 课时

1. 硬资源：多媒体工作站（能上网）等。
2. 软资源：《APP 效果图设计》工作页（包含任务书、所需填写的部分）、课本《Photoshop 移动终端 APP 界面设计》、图标类型与设计规范 PPT、招生 APP 首页原型图等。
3. 教学设施：投影、卡纸、展板等。

高保真制作

工作子步骤	教师活动	学生活动	评价
2. 制作招生 APP 其他子页。	2.1 布置任务 1：制作招生 APP 学院简介页。	2.1 根据原型图完成学院简介页的制作。	1. 根据学院简介页中文字段落的格式，评价学生对文字工具的掌握情况；另外根据整体布局情况，评价学生对 ps 前面所学知识的熟练程度。 2. 根据学院风景页中图片的布置以及处理效果，评价学生对图层样式应用的掌握程度以及对布局美观性的理解。 3. 根据专业列表页的内容布置，以及图片的颜色、亮度等，评价学生对图片的色调处理掌握程度。 4. 专业详情页中的文字是否能够做到对齐，图片大小是统一。 5. 交通路线页的地图是否抠取完整，使用钢笔绘制的图形是否圆滑和美观。 6. 考生问答页的各相似图层是否一致，图层是否能够合理分布。
	2.2 提问：在制作学院简介页的过程中，要输入或粘贴大量文字，如何保证文字能够集中在页面中某个位置？想要文字段落第一列不出现标点符号或者最后一列文字对齐，该如何处理？	2.2 思考并回答问题，做好记录。	
	2.3 总结文字工具的高级应用，讲授段落的设置。	2.3 学习文字工具的高级应用技巧，掌握段落的设置等。	
	2.4 指导学生使用刚才所学的知识技能对页面文字段落进行合理设置。	2.4 对学院简介页的文字段落进行合理设置。	
	2.5 引入：我们已经知道制作效果图免不了要使用多个图层，当我们需要对整个图层做总体样式处理而不是图层中某一部分时，比如对某一图层设置阴影效果，该如何操作？	2.5 回顾图层的设置等操作， 思考对图层整体的操作问题。	
	2.6 实操并讲授图层样式的设置方法。	2.6 了解并练习图层样式的设置方法。	
	2.7 布置任务 2：完成招生 APP 中的学院风景页，教师巡回指导并总结问题。	2.7 完成学院风景页的制作。	
	2.8 引入：展示小案例，提出问题：当需要多张图片的色调、光线等统一的时候，要如何处理？	2.8 回顾图层样式的设置，思考图片的色调、光线如何调整。	
	2.9 讲解图像菜单中的调整命令，重点演示亮度 / 对比度、色阶、色相 / 饱和度几个常用命令的调整。	2.9 理解并掌握几个常用的调整命令。	
	2.10 提供需要调整的图片，给学生进行实操练习。	2.10 根据教师提供的小案例进行实操练习，进一步掌握相关技能。	
	2.11 布置任务 3：完成招生 APP 中的专业列表页的制作，教师巡回指导并总结问题。	2.11 完成任务。	
	2.12 引入：提供多个图片，要求各组学生进行有尺寸大小要求的图片裁剪，分析学生的图片裁剪方法。	2.12 分组完成小任务，并讨论图片裁剪的方法。	
	2.13 总结学生所用图片裁剪方法的优劣，提出图片裁剪的技巧。	2.13 记录并掌握图片裁剪的技巧。	
	2.14 布置小任务：各组学生将裁剪完成的图片移动到指定 PSD 文件中，观察学生移动图片的方法与技巧。	2.14 完成图片移动小任务。	
	2.15 总结图片的移动技巧，讲解在不同文件间抠取图形和移动图片的方法。	2.15 掌握抠取图形和移动图片的方法。	
	2.16 布置任务 4：完成招生 APP 中的专业详情页，教师巡回指导并总结问题。	2.16 完成专业详情页的制作。	

学习任务 2 招生 APP 效果图处理

1 低保真制作 → 2 竞品分析 → 3 高保真制作 → 4 展示和总结

工作子步骤	教师活动	学生活动	评价
高保真制作	2.17 引入：提供一种带有曲线的不规则形状，要求学生使用所学知识制作该形状。 2.18 总结学生制作形状的方法，介绍钢笔工具的作用以及使用技巧。 2.19 提供小案例，由学生利用钢笔工具进行图形的绘制、变换选区及填充颜色等操作。 2.20 讲解钢笔工具的其他用途，并提供图片，由学生使用钢笔工具抠取图中物品。 2.21 布置任务 5：制作招生 APP 中的交通路线页，教师巡回指导并总结问题。 2.22 设问：在制作多图层的作品时，有些图层可以重复利用，有些是图层样式可以拷贝，还有的是图层中的某部分可以拷贝，以上问题你会怎么解决？ 2.23 讲解图层的复制及图层样式的拷贝等方法，介绍 CTRL+J、SHIFT+CTRL+J 等快捷键的使用。 2.24 布置任务 6：各小组制作招生 APP 中的考生问答页，教师巡回指导并总结问题。 2.25 指导学生再次检查所有页面的颜色搭配是否统一，页面结构是否美观，页面是否满足客户一开始的需求（比如是否实现功能，是否带有中国风元素）。 2.26 要求各组学生对不符合要求的效果图进行修改，直到符合要求为止。	2.17 学生回顾所学的制作形状的方法和工具。 2.18 了解并掌握钢笔工具的作用和使用技巧。 2.19 完成小案例，体验并熟悉钢笔工具绘制图形等操作。 2.20 了解钢笔工具其他用途，并使用其完成任务。 2.21 完成交通路线页的制作。 2.22 各组分别思考并回答问题的解决方法。 2.23 了解并掌握图层的复制等知识和技能。 2.24 完成考生问答页的制作。 2.25 在老师指导下完成检查工作。 2.26 不断修改并优化前面的效果图和各元素。	

课时： 12 课时

1. 硬资源：多媒体工作站（能上网）等。
2. 软资源：《APP 效果图设计》工作页、课本《Photoshop 移动终端 APP 界面设计》、教学 PPT、小案例素材、各子页原型、图、各组学生历次提交的作业等。
3. 教学设施：投影、卡纸、展板、一体机等。

1 低保真制作 → 2 竞品分析 → 3 高保真制作 → 4 展示和总结

展示和总结

工作子步骤	教师活动	学生活动	评价
1. APP 界面效果图整理打包和展示。	1.1 布置任务：各组学生整理、打包、上交商城 APP 所有页面。 1.2 下发“MarkMan 标注软件的用法”微视频，指导学生对首页效果图进行标注，并输出。 1.3 指导学生分组展示所制作成果。 1.4 点评学生成果，提出修改要求。	1.1 完成商城 APP 各界面文件的打包和上交。 1.2 观看 MarkMan 标注软件的用法微视频，学习标注规范，并对首页进行标注和输出。 1.3 分组展示制作成果。 1.4 认真听取老师点评要点，按照要求修改。	1. 查看上交的效果图文件夹是否包含所需文件，文件的整理和命名是否整齐有序。 2. 查看首页标注图是否按照行业规范进行标注。
课时： 2 课时 1. 硬资源：多媒体工作站（能上网）等。 2. 软资源：《APP 效果图设计》工作页、课本《Photoshop 移动终端 APP 界面设计》、各组学生历次提交的作业等。 3. 教学设施：投影、一体机、《评价表》等。			
2. 总结。	2.1 结合学生作品引导学生对本学习任务进行总结。 2.2 查看学生总结情况，进行任务的总结分析。	2.1 总结本任务学习到的知识点和技能点，并填写在学习工作页中。 2.2 上交个人学习总结，认真听取老师的任务总结分析。	查看学习工作页学生填写的内容，考核学生归纳总结能力。

考核标准

情境描述：

某文化传媒公司想开发一款手机音乐播放器软件，要求设计部完成该软件各界面的效果图设计，要求色彩亮丽，风格时尚，体现中国元素，符合年轻人对时尚的追求。设计部接到任务后，明确设计需求，根据需求手绘设计草图，制作原型图，并进行素材收集与整理，各小组根据草图使用 Photoshop 软件制作各项元素，最后整合各项元素并优化效果，成果分别存储为 psd 和 jpeg 格式，并进行展示、交付和总结。

任务要求：

1. 根据需求设计草图和原型图，按照 UI 设计规范设计制作界面各元素，以 IPhone 7 界面大小为准；
2. 各小组输出成果包含启动图标、启动页、主界面、歌曲搜索界面等；
3. 输出的每个成果分别存储为 PSD 和 JPG 格式并打包上交；
4. 小组代表展示制作成果并进行制作总结。

参考资料：

实施任务时，你可以使用所有的常见教学资料，例如：工作页、教材、个人笔记、网络等。

评价方式：

终结性考核包括纸笔测试（制定方案）成绩（30%）+ 实操测试成绩（70%）两部分。

纸笔测试（制定方案）成绩由任课教师考评；实操测试成绩由任课教师、同专业组教师、企业代表组成考评小组共同实施考核评价，取所有考核人员评分的平均分为学生考核成绩。

评价标准：

1. 纸笔测试（制定方案）中，主要考核学生设计草图和绘制原型图能力，各 15 分。
2. 实操测试主要考核学生的实操能力和展示能力，实操中包括启动图标（15 分），启动页（10 分）、主界面（20 分），歌曲搜索页（15 分），展示能力 10 分。在图标和各页面的制作中，评价标准为界面或图标的规范性（30%）、界面美观性（20%）、难易度（20%）、创新性（10%）、中国元素（10%）。

课程 2　Java 基本程序设计　　　　课时：120

学习任务 1	学习任务 2	学习任务 3
进制计算器开发	国庆月历功能开发	字母统计功能开发
（60）学时	（30）学时	（30）学时

课程目标

学习完本课程后，学生应当能够能够运用关键字、标识符、常量与变量、数据类型、运算符、流程控制语句、方法、数组、字符串等知识技能进行 Java 基本程序设计工作，能按照行业规范实施编码；能严格执行企业管理制度、遵守网络安全规定、网络数据产权和 8S 管理规定；培养爱岗敬业、客户至上的职业意识以及爱国情怀。

具体包括为：

1. 能读懂需求文档，明确用户要求，列出功能点，做出系统功能列表文档，形成客户需求至上的职业意识。
2. 能根据功能列表文档分析出本系统的输入和输出，绘制流程图。
3. 能根据流程图，将操作步骤用文字表达出来，形成算法描述文档。
4. 能使用 eclipse 集成开发工具，将算法描述文档转换成程序语言，按照行业编码规范编码实现功能，形成自觉遵守职业规范的习惯。
5. 能在国庆月历功能开发的过程中，强化学生爱国热情。
6. 能使用 eclipse 调试工具对应用程序进行测试，并编写测试文档。
7. 能根据测试文档进行 bug 的修复。
8. 能按照“8S”管理规定整理作业现场。
9. 遵守软件开发企业和用户企业的相关规定，保护用户企业的商业机密等。

课程内容

本课程的主要学习内容包括：

1.Java 程序入门

Java 语言的发展史、Java 语言平台版本、Java 语言的特点，以及 JRE 与 JDK，编写 Java 程序可以使用的集成开发环境，安装和配置开发环境。

2.Java 基础语法

关键字、标识符、常量与变量、数据类型、运算符、流程控制语句、方法、数组、字符串。

3. 获取中国传统节日相关信息的方法。

4. 行业编码规范。

学习任务 1　进制计算器开发

任务描述

学习任务学时：60 课时

任务情境：

“数制”是指用一套符号系统来表示 “量”的多少。用有限的符号按一定的规律进行排列组合来表示自然界无穷的“量”。 十进制是 10 个符号的排列组合，“十六进制是 16 个符号的排列组合。”进制数可以相互转换。在进行进制数转换时有一基本原则：转换后表达的“量”的多少不能发生改变。

我院计算机程序设计专业高级班小白同学应聘到某软件公司当实习生，公司组织新员工入职培训，想考核一下入职人员的专业技能，培训主管要求小白开发一个能实现进制转换的计算器软件，要求能够实现十进制、十六进制之间的转换。

具体要求见下页。

贷
月

工作流程和标准

工作环节 1

获取需求

从项目主管处获取需求文档，读懂需求文档，明确功能要求，列出功能点，编写功能列表文档。

主要成果：

功能列表文档。

工作环节 2

系统设计

2

1. 了解业务流程图的技术信息，根据输入输出要求，绘制业务流程图。
2. 根据业务流程图，将操作步骤用文字表达出来，形成算法描述文档。

主要成果：

1. 业务流程图；
2. 算法描述文档。

工作环节 3

功能实现

1. 使用 Java 开发工具，将算法描述文档转换成程序语言，实现计算贷款支付额功能开发。
2. 使用 Java 开发工具，将算法描述文档转换成程序语言，实现计算身体质量指数功能开发。
3. 使用 Java 开发工具，将算法描述文档转换成程序语言，实现判定闰年功能开发。
4. 使用 Java 开发工具，将算法描述文档转换成程序语言，实现 1 位数的十六进制数转化为十进制数功能开发。
5. 使用 Java 开发工具，将算法描述文档转换成程序语言，实现十进制数转化为十六进制数功能开发。
6. 使用 Java 开发工具，将算法描述文档转换成程序语言，实现显示素数功能开发。
7. 使用 Java 开发工具，将算法描述文档转换成程序语言，实现多位数十六进制数转化为十进制数功能开发。

主要成果：

1. 计算贷款支付额功能开发 Java 项目工程文件夹；
2. 计算身体质量指数功能开发 Java 项目工程文件夹；
3. 判定闰年功能开发 Java 项目工程文件夹；
4. 1 位数的十六进制数转化为十进制数功能开发 Java 项目工程文件夹；
5. 十进制数转化为十六进制数功能开发 Java 项目工程文件夹；
6. 显示素数功能开发 Java 项目工程文件夹；
7. 多位数十六进制数转化为十进制数功能开发 Java 项目工程文件夹。

工作环节 4

功能测试

完成应用程序的开发后，对应用程序进行测试，并编写测试文档。

主要成果：

功能测试文档。

学习内容

知识点	1.1 需求文档技术信息； 1.2 进制概念； 1.3 需求文档内容的提取方法； 1.4 进制转换算法	2.1 “进制转换”流程图的要点； 2.2 流程图的绘制方法	3.1 算法的概念； 3.2 算法描述文档的编写规范
技能点	1.1 能从需求文档中提取功能点； 1.2 制作功能列表文档	2.1 能绘制“进制转换”流程图	3.1 能编写“进制转换”算法描述文档
工作环节	工作环节 1 获取需求		工作环节 2 系统设计
成果	1.1 功能列表文档	2.1 业务流程图	3.1 算法描述文档
素养	1.1 沟通表达能力		

4.1 while 循环语句的语法、用法； 4.2 do-while 语句的语法、用法； 4.3 for 语句的语法、用法；使用 break 和 continue 来实现程序的控制	5.1 测试文档格式； 5.2 测试用例编写技巧
4.1 使用 while 循环编写重复执行某些语句的程序； 4.2 使用 do-while 语句编写循环； 4.3 使用 for 语句编写循环； 4.2 使用 break 和 continue 来实现程序的控制	5.1 编写“进制转换”测试文档
工作环节 3 功能实现	工作环节 4 功能测试
4.1Java 项目工程文件夹	5.1 功能测试文档
4.1 沟通技巧，操作技能； 4.2 培养学生运用所学知识解决问题的能力； 4.3 强化语言组织意识	

课程 2　Java 基本程序设计

学习任务 1　进制计算器开发

1 获取需求　2 系统设计　3 功能实现　4 功能测试

	工作子步骤	教师活动	学生活动	评价
获取需求	从项目主管处获取需求文档，读懂需求文档，明确功能要求，列出功能点，编写功能列表文档。	1.1 PPT 展示、讲解学习任务描述。 1.2 提出引导问题：什么是十进制？什么是二进制？引导学生思考并通过工具查找答案。 1.3 与学生互动，请学生口头回答以上两个问题。 1.4 与学生互动，给学生提供进制转换 - 在线工具，示范操作该工具，引导学生观察运行效果。 1.5 提出引导问题：十进制如何转换成二进制？带领学生完成十进制数 (15) 10 转换成二进制数的 (100010) 的步骤。 1.6 布置任务：请学生将十进制数(29) 10 转换成二进制数。 1.7 布置任务：根据教师对上述问题的反馈，填写工作页（回答引导问题，进制计算步骤）。 1.8 发放项目需求文档给学生，引导学生阅读需求文档。 1.9 引导学生把握功能列表文档的重点内容，布置任务：填写学习工作页（功能列表文档部分）。	1.1 观看、聆听、明确学习任务。 1.2 学生根据已有的知识思考问题，或上网查找答案。 1.3 举手回答老师的问题。 1.4 打开进制转换 - 在线工具，观看程序运行效果。 1.5 思考问题，根据已有的知识或上网查找资料并回答问题。观看、聆听、思考教师的讲解演示。 1.6 将十进制数 (29) 10 转换成二进制数。 1.7 根据教师对上述问题的反馈，填写工作页（回答引导问题，进制计算步骤）。 1.8 获取项目需求文档，在老师的引导下阅读需求文档。 1.9 根据对程序运行的初步感受，在老师的引导下完成学习工作页（功能列表文档部分）的填写。	1. 对学生的答案，及时进行口头反馈评价。 2. 教师抽查学生计算结果的正确性，如果错误率高的话，教师需继续讲解。 3. 教师抽查工作页的完成情况（是否完成、是否正确）。 4. 教师检查学生完成的功能列表文档是否准确，要素是否齐全（输入、输出、业务逻辑）。
	课时： 6 课时 1. 硬资源：移动互联应用开发学习工作站、展板、笔、A4 纸等。 2. 软资源：教材《Java 程序开发基础教程》、教材《Java 基础案例教程》、《Java 基本程序设计》工作页、PPT 课件等。			
系统设计	1. 了解业务流程图的技术信息，根据输入输出要求，绘制业务流程图。	1.1 引导学生进行项目业务流程分析，并将分析结果板书展示。 1.2 指导学生在 A4 纸上绘制业务流程图，并填写工作页（业务流程图部分）。	1.1 跟随教师进行项目业务流程分析，讨论出分析结果。 1.2 以小组为单位，讨论、编写业务流程图。	教师点评学生编写的业务流程图是否准确（标准符号是否正确使用、业务逻辑是否合理）。
	课时： 3 课时 1. 硬资源：移动互联应用开发学习工作站、展板、笔、A4 纸等。 2. 软资源：教材《Java 程序开发基础教程》、教材《Java 基础案例教程》、《Java 基本程序设计》工作页、PPT 课件等。			

1 获取需求　2 系统设计　3 功能实现　4 功能测试

	工作子步骤	教师活动	学生活动	评价
系统设计	2. 根据业务流程图，将操作步骤用文字表达出来，形成算法描述文档。	2.1 根据业务流程图,分析出5个引导问题，并使用 PPT 课件展示，引导学生分析回答，并板书记录。 2.2 布置任务：学生依据 5 个问题的答案，以小组为单位编制算法描述文档，并填写工作页（算法描述文档部分）。	2.1 明确问题，积极思考，回答老师提出的 5 个问题。 2.2 以小组为单位，讨论、编写算法描述文档。	1. 教师对学生的口头答案及时给与反馈评价。 2. 教师点评学生编写的业务流程图是否准确（业务逻辑是否合理）。
	课时： 3 课时 1. 硬资源：移动互联应用开发学习工作站、展板、笔、A4 纸等。 2. 软资源：教材《Java 程序开发基础教程》、教材《Java 基础案例教程》、《Java 基本程序设计》工作页、PPT 课件等。			
功能实现	1. 使用 Java 开发工具，将算法描述文档转换成程序语言，实现计算贷款支付额功能开发。	1.1 抽选一名学生演示创建 Java 项目包和类，并对学生创建的项目进行评价反馈。 1.2 打开算法描述文档布置任务新建项目，并把算法文档中的内容注释到项目的 main 方法中。巡查指导，关注学生的任务完成情况。 1.3 布置任务：让学生尝试将算法转换成代码，并编写在项目文件中。巡查指导，记录学生在操作中碰到的疑惑点。 1.4 根据学生的疑惑点，统一讲解演示核心知识点（数据类型）的编写方法和注意事项。 1.5 布置任务让学生完成整个项目的编码。巡视并指导学生完成编码。 1.6 讲明小组互评的要求，指导学生完成小组互评，并指导学生将评审结果记录在工作页中。	1.1 被点名的学生操作演示,其他学生观看，如有操作问题，及时指出。 1.2 明确任务，启动软件开发工具，新建 Java 项目文件，按要求添加注释语句。 1.3 明确任务，依据算法文档，尝试编码，将操作中遇到的疑难点告知老师。 1.4 聆听、观看老师演示操作，学习核心代码的编写方法。 1.5 动手操作，完成整个项目的编码。 1.6 按照互评要求，组长组织小组成员开展互评工作，并将互评结果记录在工作页中。	1. 教师对学生创建的项目及时给与反馈评价。 2. 教师点评学生完成的注释情况。 3. 教师巡堂指导，及时指出学生编码过程中遇到的问题。 4. 回答学生的疑惑点，及时给与反馈评价。 5. 巡视并指导学生完成编码，及时给与反馈评价。 6. 学生根据评价表相互评价并打分。
	课时： 6 课时 1. 硬资源：移动互联应用开发学习工作站、展板、笔、A4 纸等。 2. 软资源：教材《Java 程序开发基础教程》、教材《Java 基础案例教程》、《Java 基本程序设计》工作页、PPT 课件等。			

学习任务 1　进制计算器开发

1 获取需求　2 系统设计　3 功能实现　4 功能测试

功能实现

工作子步骤	教师活动	学生活动	评价
2. 使用 Java 开发工具，将算法描述文档转换成程序语言，实现计算身体质量指数功能开发。	2.1 抽选一名学生演示创建 Java 项目包和类，并对学生创建的项目进行评价反馈。 2.2 打开算法描述文档，布置任务：新建项目，并把算法文档中的内容注释到项目的 main 方法中。巡查指导，关注学生的任务完成情况。 2.3 布置任务：让学生尝试将算法转换成代码，并编写在项目文件中。巡查指导，记录学生在操作中碰到的疑惑点。 2.4 根据学生的疑惑点，统一讲解演示核心语句（if-else 语句）的编写方法和注意事项。 2.5 布置任务：让学生完成整个项目的编码。巡视并指导学生完成编码。 2.6 讲明小组互评的要求，指导学生完成小组互评，并指导学生将评审结果记录在工作页中。	2.1 被点名的学生操作演示，其他学生观看，如有操作问题，及时指出。 2.2 明确任务,启动软件开发工具，新建 Java 项目文件，按要求添加注释语句 2.3 明确任务，依据算法文档，尝试编码，将操作中遇到的疑难点告知老师。 2.4 聆听、观看老师演示操作，学习核心代码的编写方法。 2.5 动手操作，完成整个项目的编码。 2.6 按照互评要求，组长组织小组成员开展互评工作，并将互评结果记录在工作页中。	1. 教师对学生创建的项目及时给与反馈评价。 2. 教师点评学生完成的注释情况。 3. 教师巡堂指导，及时指出学生编码过程中遇到的问题。 4. 回答学生的疑惑点，及时给与反馈评价。 5. 巡视并指导学生完成编码，，及时给与反馈评价。 6. 学生根据评价表相互评价并打分。

课时： 6 课时

1. 硬资源：移动互联应用开发学习工作站、展板、笔、A4 纸等。
2. 软资源：教材《Java 程序开发基础教程》、教材《Java 基础案例教程》、《Java 基本程序设计》工作页、PPT 课件等。

工作子步骤	教师活动	学生活动	评价
3. 使用 Java 开发工具，将算法描述文档转换成程序语言，实现判定闰年功能开发。	3.1 抽选一名学生演示创建 Java 项目包和类，并对学生创建的项目进行评价反馈。 3.2 打开算法描述文档，布置任务：新建项目，并把算法文档中的内容注释到项目的 main 方法中。巡查指导，关注学生的任务完成情况。 3.3 布置任务：让学生尝试将算法转换成代码，并编写在项目文件中。巡查指导，记录学生在操作中碰到的疑惑点。 3.4 根据学生的疑惑点，统一讲解演示核心语句（if-else 语句）的编写方法和注意事项。 3.5 布置任务：让学生完成整个项目的编码。巡视并指导学生完成编码。 3.6 讲明小组互评的要求，指导学生完成小组互评，并指导学生将评审结果记录在工作页中。	3.1 被点名的学生操作演示，其他学生观看，如有操作问题，及时指出。 3.2 明确任务,启动软件开发工具，新建 Java 项目文件，按要求添加注释语句。 3.3 明确任务，依据算法文档，尝试编码，将操作中遇到的疑难点告知老师。 3.4 聆听、观看老师演示操作，学习核心代码的编写方法。 3.5 动手操作，完成整个项目的编码。 3.6 按照互评要求，组长组织小组成员开展互评工作，并将互评结果记录在工作页中。	1. 教师对学生创建的项目及时给与反馈评价。 2. 教师点评学生完成的注释情况。 3. 教师巡堂指导，及时指出学生编码过程中遇到的问题。 4. 回答学生的疑惑点，及时给与反馈评价。 5. 巡视并指导学生完成编码，及时给与反馈评价。 6. 学生根据评价表相互评价并打分。

课时： 6 课时

1. 硬资源：移动互联应用开发学习工作站、展板、笔、A4 纸等。
2. 软资源：教材《Java 程序开发基础教程》、教材《Java 基础案例教程》、《Java 基本程序设计》工作页、PPT 课件等。

1 获取需求 2 系统设计 3 功能实现 4 功能测试

功能实现

工作子步骤	教师活动	学生活动	评价
4. 使用 Java 开发工具，将算法描述文档转换成程序语言，实现 1 位数的十六进制数转化为十进制数功能开发。	4.1 抽选一名学生演示创建 Java 项目包和类，并对学生创建的项目进行评价反馈。 4.2 打开算法描述文档布置任务新建项目，并把算法文档中的内容注释到项目的 main 方法中。巡查指导，关注学生的任务完成情况。 4.3 布置任务：让学生尝试将算法转换成代码，并编写在项目文件中。巡查指导，记录学生在操作中碰到的疑惑点。 4.4 根据学生的疑惑点，统一讲解演示核心知识点（String）的语法和实现逻辑。 4.5 布置任务让学生完成整个项目的编码，巡视并指导学生完成编码。 4.6 讲明小组互评的要求，指导学生完成小组互评，并指导学生将评审结果记录在工作页中。	4.1 被点名的学生操作演示，其他学生观看，如有操作问题，及时指出。 4.2 明确任务，启动软件开发工具，新建 Java 项目文件，按要求添加注释语句。 4.3 明确任务，依据算法文档，尝试编码，将操作中遇到的疑难点告知老师。 4.4 聆听、观看老师演示操作，学习核心代码的编写方法。 4.5 动手操作，完成整个项目的编码。 4.6 按照互评要求，组长组织小组成员开展互评工作，并将互评结果记录在工作页中。	1. 教师对学生创建的项目及时给与反馈评价。 2. 教师点评学生完成的注释情况。 3. 教师巡堂指导，及时指出学生编码过程中遇到的问题。 4. 回答学生的疑惑点，及时给与反馈评价。 5. 巡视并指导学生完成编码，及时给与反馈评价。 6. 学生根据评价表相互评价并打分。

课时： 6 课时

1. 硬资源：移动互联应用开发学习工作站、展板、笔、A4 纸等。
2. 软资源：教材《Java 程序开发基础教程》、教材《Java 基础案例教程》、《Java 基本程序设计》工作页、PPT 课件等。

工作子步骤	教师活动	学生活动	评价
5. 使用 Java 开发工具，将算法描述文档转换成程序语言，实现十进制数转化为十六进制数功能开发。	5.1 抽选一名学生演示创建 Java 项目包和类，并对学生创建的项目进行评价反馈。 5.2 打开算法描述文档布置任务新建项目，并把算法文档中的内容注释到项目的 main 方法中。巡查指导，关注学生的任务完成情况。 5.3 布置任务：让学生尝试将算法转换成代码，并编写在项目文件中。巡查指导，记录学生在操作中碰到的疑惑点。 5.4 根据学生的疑惑点，统一讲解演示核心语句（while 语句）的语法和实现逻辑。 5.5 布置任务让学生完成整个项目的编码。巡视并指导学生完成编码。 5.6 讲明小组互评的要求，指导学生完成小组互评，并指导学生将评审结果记录在工作页中。	5.1 被点名的学生操作演示，其他学生观看，如有操作问题，及时指出。 5.2 明确任务，启动软件开发工具，新建 Java 项目文件，按要求添加注释语句。 5.3 明确任务，依据算法文档，尝试编码，将操作中遇到的疑难点告知老师。 5.4 聆听、观看老师演示操作，学习核心代码的编写方法。 5.5 动手操作，完成整个项目的编码。 5.6 按照互评要求，组长组织小组成员开展互评工作，并将互评结果记录在工作页中。	1. 教师对学生创建的项目及时给与反馈评价。 2. 教师点评学生完成的注释情况。 3. 教师巡堂指导，及时指出学生编码过程中遇到的问题。 4. 回答学生的疑惑点，及时给与反馈评价。 5. 巡视并指导学生完成编码，，及时给与反馈评价。 6. 学生根据评价表相互评价并打分。

课时： 6 课时

1. 硬资源：移动互联应用开发学习工作站、展板、笔、A4 纸等。
2. 软资源：教材《Java 程序开发基础教程》、教材《Java 基础案例教程》、《Java 基本程序设计》工作页、PPT 课件等。

学习任务 1　进制计算器开发

1 获取需求　2 系统设计　3 功能实现　4 功能测试

功能实现

工作子步骤	教师活动	学生活动	评价
6. 使用 Java 开发工具，将算法描述文档转换成程序语言，实现显示素数功能开发。	6.1 抽选一名学生演示创建 Java 项目包和类，并对学生创建的项目进行评价反馈。 6.2 打开算法描述文档，布置任务：新建项目，并把算法文档中的内容注释到项目的 main 方法中。巡查指导，关注学生的任务完成情况。 6.3 布置任务：让学生尝试将算法转换成代码，并编写在项目文件中。巡查指导，记录学生在操作中碰到的疑惑点。 6.4 根据学生的疑惑点，统一讲解演示核心语句（for 语句）的语法和实现逻辑。 6.5 布置任务：让学生完成整个项目的编码。巡视并指导学生完成编码。 6.6 讲明小组互评的要求，指导学生完成小组互评，并指导学生将评审结果记录在工作页中。	6.1 被点名的学生操作演示，其他学生观看，如有操作问题，及时指出。 6.2 明确任务,启动软件开发工具，新建 Java 项目文件，按要求添加注释语句。 6.3 明确任务，依据算法文档，尝试编码，将操作中遇到的疑难点告知老师。 6.4 聆听、观看老师演示操作，学习核心代码的编写方法。 6.5 动手操作，完成整个项目的编码。 6.6 按照互评要求，组长组织小组成员开展互评工作，并将互评结果记录在工作页中。	1. 教师对学生创建的项目及时给与反馈评价。 2. 教师点评学生完成的注释情况。 3. 教师巡堂指导，及时指出学生编码过程中遇到的问题。 4. 回答学生的疑惑点，及时给与反馈评价。 5. 巡视并指导学生完成编码，，及时给与反馈评价。 6. 学生根据评价表相互评价并打分。
课时： 6 课时 1. 硬资源：移动互联应用开发学习工作站、展板、笔、A4 纸等。 2. 软资源：教材《Java 程序开发基础教程》、教材《Java 基础案例教程》、《Java 基本程序设计》工作页、PPT 课件等。			
7. 使用 Java 开发工具，将算法描述文档转换成程序语言，实现多位数十六进制数转化为十进制数功能开发。	7.1 抽选一名学生演示创建 Java 项目包和类，并对学生创建的项目进行评价反馈。 7.2 打开算法描述文档，布置任务：新建项目，并把算法文档中的内容注释到项目的 main 方法中。巡查指导，关注学生的任务完成情况。 7.3 布置任务：让学生尝试将算法转换成代码，并编写在项目文件中。巡查指导，记录学生在操作中碰到的疑惑点。 7.4 根据学生的疑惑点，统一讲解演示核心知识点（方法）的语法和实现逻辑。 7.5 布置任务：让学生完成整个项目的编码。巡视并指导学生完成编码。 7.6 讲明小组互评的要求，指导学生完成小组互评，并指导学生将评审结果记录在工作页中。	7.1 被点名的学生操作演示，其他学生观看，如有操作问题，及时指出。 7.2 明确任务,启动软件开发工具，新建 Java 项目文件，按要求添加注释语句。 7.3 明确任务，依据算法文档，尝试编码，将操作中遇到的疑难点告知老师。 7.4 聆听、观看老师演示操作，学习核心代码的编写方法。 7.5 动手操作，完成整个项目的编码。 7.6 按照互评要求，组长组织小组成员开展互评工作，并将互评结果记录在工作页中。	1. 教师对学生创建的项目及时给与反馈评价。 2. 教师点评学生完成的注释情况。 3. 教师巡堂指导，及时指出学生编码过程中遇到的问题。 4. 回答学生的疑惑点，及时给与反馈评价。 5. 巡视并指导学生完成编码，及时给与反馈评价。 6. 学生根据评价表相互评价并打分。
课时： 6 课时 1. 硬资源：移动互联应用开发学习工作站、展板、笔、A4 纸等。 2. 软资源：教材《Java 程序开发基础教程》、教材《Java 基础案例教程》、《Java 基本程序设计》工作页、PPT 课件等。			

基准学时：60

1 获取需求　2 系统设计　3 功能实现　4 功能测试

	工作子步骤	教师活动	学生活动	评价
功能测试	完成应用程序的开发后，对应用程序进行测试，并编写测试文档。	1.1 选择一个典型的测试文档案例，结合案例讲解软件测试方法。 1.2 用软件测试的方法思路，引导学生编写测试用例。 1.3 巡回指导，及时解决学生出现的问题，记录学生普遍存在的问题。 1.4 程序测试无误后，安排组长组织小组成员将测试文档内容填入工作页中。 1.5 对整个项目进行总体评价。	1.1 聆听理解软件测试方法。 1.2 思考各种可能的入参，参照软件测试方法完成测试用例编写。 1.3 组长组织小组成员对问题进行讨论，提出解决办法，并再次调试。 1.4 程序测试无误后，将测试文档内容填入工作页中。 1.5 根据老师的反馈信息，对整个项目做个回顾。	1. 教师巡回指导，及时反馈学生出现的问题。 2. 教师查看学生完成的开发成果，并依据任务评价表打分，进行总体评价。

课时： 6 课时

1. 硬资源：移动互联应用开发学习工作站、展板、笔、A4 纸等。
2. 软资源：教材《Java 程序开发基础教程》、教材《Java 基础案例教程》、工作页、PPT 课件等。

学习任务 2　国庆月历功能开发

任务描述

学习任务学时：30 课时

任务情境：

我院计算机程序设计专业高级班小白同学毕业后成功应聘到某软件公司当实习生，该公司正在研发一款中华万年历软件，主管将“国庆月历”功能模块开发任务交给小白，要求能够快速准确查看国庆节当月的日期和星期。

具体要求见下页。

2020
JANUARY
01

工作流程和标准

工作环节 1

获取需求

从项目主管处获取需求文档，读懂需求文档，明确输出国庆节月历功能的要求，收集国庆节相关资料，了解中国传统节日，列出功能点，编写功能列表文档。

主要成果：

功能列表文档

工作环节 2

系统设计

1. 了解业务流程图的技术信息，根据输入输出要求，绘制业务流程图。
2. 根据业务流程图，将操作步骤用文字表达出来，形成算法描述文档。

主要成果：

1. 业务流程图；
2. 算法描述文档。

工作环节 3

功能实现

1. 使用 Java 开发工具，将算法描述文档转换成程序语言，利用 Java 技术将国庆节月历功能开发出来，实现模块功能开发。国庆月历功能实现过程中，树立程序员的编码规范意识，培养学生的职业素养。
2. 使用 Java 开发工具，将算法描述文档转换成程序语言，实现生成随机字符功能开发。

主要成果：

1. 国庆月历功能 Java 项目工程文件夹；
2. 生成随机字符功能 Java 项目工程文件夹。

工作环节 4

功能测试和展示评价

1. 完成应用程序的开发后，对应用程序进行测试，并编写测试文档。
2. 进行作品展示，讲出个人对传统文化的理解，唤起学生爱国情怀，并立志努力钻研专业技术，树立技能报国的信念。

主要成果：

1. 功能测试文档；
2. 程序运行截图。

学习内容

知识点	1.1 平年和闰年的概念； 1.2 需求文档概念和内容； 1.3 需求文档内容的提取方法	2.1 流程图的概念、标准符号解析； 2.2 流程图的绘制方法	3.1 算法的概念； 3.2 算法描述文档的编写规范
技能点	1.1 能从需求文档中提取功能点； 1.2 制作功能列表文档	2.1 能绘制“国庆月历”业务流程图	3.1 能编写“国庆月历”算法描述文档
工作环节	工作环节 1 获取需求		系统设计 工作环节 2
成果	1.1 功能列表文档	2.1 业务流程图	3.1 算法描述文档
素养	1.1 收集国庆资料，了解中国传统节日		3.1 国庆月历功能实现过程中，树立程序员的编码规范意识，培养学生的职业素养

4.1 Java 软件开发环境； 4.2 Java 数据基本类型； 4.3 使用 Scanner 类从控制台获取输人； 4.4 常量、方法和类； 4.5 使用变量存储数据； 4.6 使用赋值语句和赋值表达式编写程序； 4.7 将一种类型的值强制转换为另一种类型	5.1 测试的方法和技巧； 5.2 测试文档的编写方法	6.1 作品展示方法
4.1 注释文档的填写方法； 4.2 Java 语法的运用	5.1 编写测试文档	6.1 展示作品
工作环节 3 功能实现	工作环节 4 功能测试和展示评价	
4.1 Java 项目工程文件夹（国庆月历）	5.1 功能测试文档	6.1 程序运行截图
		6.1 爱国情怀； 6.2 沟通表达能力

学习任务 2　国庆月历功能开发

1 获取需求　2 系统设计　3 功能实现　4 功能测试并交付展示

	工作子步骤	教师活动	学生活动	评价
获取需求	从项目主管处获取需求文档，读懂需求文档，明确功能要求，列出功能点，编写功能列表文档。	1.1 PPT 展示、讲解学习任务描述。 1.2 提出引导问题：什么是平年和闰年？平年每月的天数有几天？闰年每月的天数有几天？国庆节是哪天？引导学生思考并通过工具收集国庆资料。 1.3 教师点名学生回答问题，对学生的回答进行口头及时反馈评价。 1.4 与学生互动，请学生打开手机自带的日历 APP，引导学生观察本月的月历显示效果。提出引导问题：本月的月历包含哪些内容，是如何显示的？ 1.5 教师点名学生回答，得出月历显示包含标题和月份主体，以及日期和星期为一一对应的等细节。 1.6 布置任务：根据教师对上述问题的反馈，填写工作页（回答引导问题）。 1.7 发放项目需求文档给学生，引导学生阅读需求文档。 1.8 引导学生把握功能列表文档的重点内容，布置任务：填写学习工作页（功能列表文档部分）。	1.1 观看、聆听、明确学习任务。 1.2 学生根据已有的知识思考问题，或上网查找答案。 1.3 举手回答老师的问题。 1.4 打开手机自带的日历 APP，并带着问题，观看程序运行效果。 1.5 思考问题，根据已有的知识以及上网查找并回答问题。观看、聆听、思考教师的讲解演示。 1.6 根据教师对上述问题的反馈，填写工作页（回答引导问题）。 1.7 获取项目需求文档，在老师的引导下阅读需求文档。 1.8 根据对程序运行的初步感受，在老师的引导下完成学习工作页（功能列表文档部分）的填写。	1. 对学生的答案，及时进行口头反馈评价。 2. 对学生的答案，进行口头及时给与反馈评价。 3. 教师抽查工作页的完成情况（是否完成、是否正确） 4. 教师检查学生完成的功能列表文档是否准确，要素是否齐全（输入、输出、业务逻辑）。
	课时： 4 课时 1. 硬资源：移动互联应用开发学习工作站、展板、笔、A4 纸等。 2. 软资源：教材《Java 程序开发基础教程》、教材《Java 基础案例教程》、《Java 基本程序设计》工作页、PPT 课件等。			
系统设计	1. 了解业务流程图的技术信息，根据输入输出要求，绘制业务流程图	1.1 引导学生进行项目业务流程分析，并将分析结果板书展示。 1.2 指导学生在 A4 纸上绘制业务流程图，并填写工作页（业务流程图部分）。	1.1 跟随教师进行项目业务流程分析，讨论出分析结果。 1.2 以小组为单位，讨论、编写业务流程图。	教师点评学生编写的业务流程图是否准确（标准符号是否正确使用、业务逻辑是否合理）。
	课时： 2 课时 1. 硬资源：移动互联应用开发学习工作站、展板、笔、A4 纸等。 2. 软资源：教材《Java 程序开发基础教程》、教材《Java 基础案例教程》、《Java 基本程序设计》工作页、PPT 课件等。			

获取需求 → 系统设计 → 功能实现 → 功能测试并交付展示

	工作子步骤	教师活动	学生活动	评价
系统设计	2.根据业务流程图，将操作步骤用文字表达出来，形成算法描述文档。	1.1 根据业务流程图分析出8个引导问题，并使用PPT课件展示，引导学生分析回答，并板书记录。 1.2 布置任务：学生依据8个问题的答案，以小组为单位编制算法描述文档，并填写工作页（算法描述文档部分）。	1.1 明确问题，积极思考，回答老师提出的8个问题。 1.2 以小组为单位，讨论、编写算法描述文档。	1. 教师对学生的口头答案及时给与反馈评价。 2. 教师点评学生编写的业务流程图是否准确（业务逻辑是否合理）。
	课时： 2课时 1. 硬资源：移动互联应用开发学习工作站、展板、笔、A4纸等。 2. 软资源：教材《Java程序开发基础教程》、教材《Java基础案例教程》、《Java基本程序设计》工作页、PPT课件等。			
功能实现	1. 使用Java开发工具，将算法描述文档转换成程序语言，实现国庆月历功能开发。	1.1 抽选一名学生演示创建Java项目包和类，并对学生创建的项目进行评价反馈。 1.2 打开算法描述文档布置任务新建项目，并把算法文档中的内容注释到项目的main方法中。巡查指导，关注学生的任务完成情况。 1.3 布置任务：让学生尝试将算法转换成代码，并编写在项目文件中。巡查指导，记录学生在操作中碰到的疑惑点。 1.4 根据学生的疑惑点，统一讲解演示方法的概念、定义以及调用语法。 1.5 布置任务让学生完成整个项目的编码，要求学生完成国庆节月历功能开发。巡视并指导学生完成编码。 1.6 讲明小组互评的要求，指导学生完成小组互评，并指导学生将评审结果记录在工作页中。	1.1 被点名的学生操作演示其他学生观看，如有操作问题，及时指出。 1.2 明确任务，启动软件开发工具，新建Java项目文件，按要求添加注释语句。 1.3 明确任务，依据算法文档，尝试编码，将操作中遇到的疑难点告知老师。 1.4 聆听、观看老师演示操作，学习核心代码的编写方法。 1.5 动手操作，完成整个项目的编码，利用Java技术将国庆节月历功能开发出来。 1.6 按照互评要求，组长组织小组成员开展互评工作，并将互评结果记录在工作页中。	1. 教师对学生创建的项目及时给与反馈评价。 2. 教师点评学生完成的注释情况。 3. 教师巡堂、指导，及时指出学生编码过程中遇到的问题。 4. 回答学生的疑惑点，及时给与反馈评价。 5. 巡视并指导学生完成编码，及时给与反馈评价。 6. 学生根据评价表相互评价并打分。
	课时： 10课时 1. 硬资源：移动互联应用开发学习工作站、展板、笔、A4纸等。 2. 软资源：教材《Java程序开发基础教程》、教材《Java基础案例教程》、《Java基本程序设计》工作页、PPT课件等。			

课程 2 Java 基本程序设计

学习任务 2 国庆月历功能开发

1 获取需求 2 系统设计 3 功能实现 4 功能测试并交付展示

	工作子步骤	教师活动	学生活动	评价
功能实现	2. 使用 Java 开发工具，将算法描述文档转换成程序语言，实现生成随机字符功能开发。	1.1 抽选一名学生演示创建 Java 项目包和类，并对学生创建的项目进行评价反馈。 1.2 打开算法描述文档，布置任务：新建项目，并把算法文档中的内容注释到项目的 main 方法中。巡查指导，关注学生的任务完成情况。 1.3 布置任务：让学生尝试将算法转换成代码，并编写在项目文件中。巡查指导，记录学生在操作中碰到的疑惑点。 1.4 根据学生的疑惑点，统一讲解演示方法的概念、定义以及调用语法。 1.5 布置任务：让学生完成整个项目的编码，要求学生完成生成随机字符功能开发。巡视并指导学生完成编码。 1.6 讲明小组互评的要求，指导学生完成小组互评，并指导学生将评审结果记录在工作页中。	1.1 被点名的学生操作演示，其他学生观看，如有操作问题，及时指出。 1.2 明确任务，启动软件开发工具，新建 Java 项目文件，按要求添加注释语句。 1.3 明确任务，依据算法文档，尝试编码，将操作中遇到的疑难点告知老师。 1.4 聆听、观看老师演示操作，学习核心代码的编写方法。 1.5 动手操作，完成整个项目的编码，利用 Java 技术将生成随机字符功能开发出来。 1.6 按照互评要求，组长组织小组成员开展互评工作，并将互评结果记录在工作页中。	1. 教师对学生创建的项目及时给与反馈评价。 2. 教师点评学生完成的注释情况。 3. 教师巡堂、指导，及时指出学生编码过程中遇到的问题。 4. 回答学生的疑惑点，及时给与反馈评价。 5. 巡视并指导学生完成编码，及时给与反馈评价。 6. 学生根据评价表相互评价并打分。
	课时： 6 课时 1. 硬资源：移动互联应用开发学习工作站、展板、笔、A4 纸等。 2. 软资源：教材《Java 程序开发基础教程》、教材《Java 基础案例教程》、《Java 基本程序设计》工作页、PPT 课件等。			
功能测试并交付展示	1. 完成应用程序的开发后，对应用程序进行测试，并编写测试文档	1.1 选择一个典型的测试文档案例，结合案例讲解软件测试方法。 1.2 用软件测试的方法思路，引导学生编写测试用例。 1.3 巡回指导，及时解决学生出现的问题，记录学生普遍存在的问题。 2.1 程序测试无误后，安排组长小组成员将测试文档内容填入工作页中。 对整个项目进行总体评价。	1.1 聆听理解软件测试方法。 1.2 思考各种可能的入参，参照软件测试方法完成测试用例编写。 1.3 组长组织小组成员对问题进行讨论，提出解决办法，并再次调试。 2.1 程序测试无误后，将测试文档内容填入工作页中。	教师巡回指导，及时反馈学生出现的问题。
	课时： 4 课时 1. 硬资源：移动互联应用开发学习工作站、展板、笔、A4 纸等。 2. 软资源：教材《Java 程序开发基础教程》、教材《Java 基础案例教程》、《Java 基本程序设计》工作页、PPT 课件等。			

基准学时：30

功能测试并交付展示

工作子步骤	教师活动	学生活动	评价
2. 进行作品展示，讲出个人对传统文化的理解，唤起学生爱国情怀，并立志努力钻研专业技术，树立技能报国的信念。	2.1 要求学生进行作品展示，展示作品答辩时需要讲出国庆节的由来，唤起学生爱国情怀并立志努力钻研专业技术，树立技能报国的信念。 2.2 教师做最后总结发言，进行总体评价。	2.1 根据要求对整个项目进行作品展示。根据老师的反馈信息，对整个项目做个回顾。 2.2 聆听总结发言，对照自己的编程，总结经验。	教师依据任务评价表打分，进行总体评价。

课时： 2 课时

1. 硬资源：移动互联应用开发学习工作站、展板、笔、A4 纸等。
2. 软资源：教材《Java 程序开发基础教程》、教材《Java 基础案例教程》、《Java 基本程序设计》工作页、PPT 课件等。

学习任务 3　字母统计功能开发

任务描述

学习任务学时：30 课时

任务情境：

我院计算机程序设计专业高级班小白同学毕业后成功应聘到某软件公司当实习生，该公司正在研发一款在线字数统计软件工具，主管将“字母统计”功能模块开发任务交给小白，要求能够快速准确统计出用户输入的每个字母出现的次数。

具体要求见下页。

工作流程和标准

工作环节 1

获取需求

1

从项目主管处获取需求文档，读懂需求文档，明确功能要求，列出功能点，编写功能列表文档。

主要成果：

功能列表文档。

工作环节 2

系统设计

2

1. 了解业务流程图的技术信息，根据输入输出要求，绘制业务流程图。
2. 根据业务流程图，将操作步骤用文字表达出来，形成算法描述文档。

主要成果：

1. 业务流程图；
2. 算法描述文档。

学习任务 3　字母统计功能开发

工作环节 3

功能实现

1. 使用 Java 开发工具，将算法描述文档转换成程序语言，实现抽签功能开发。
2. 使用 Java 开发工具，将算法描述文档转换成程序语言，实现字母统计功能开发。

主要成果：

1. 抽签功能 Java 项目工程文件夹；
2. 字母统计功能 Java 项目工程文件夹。

工作环节 4

功能测试

4

完成应用程序的开发后，对应用程序进行测试，并编写测试文档。

主要成果：

功能测试文档。

学习内容

知识点	1.1“功能列表文档”的编写要求	2.1 流程图的概念、标准符号解析； 2.2 流程图的绘制方法	3.1 算法的概念； 3.2 算法描述文档的编写规范
技能点	1.1 能从需求文档中提取功能点； 1.2 制作功能列表文档	2.1 能绘制“字母统计”功能模块流程图	3.1 编写“字母统计”功能模块算法描述文
工作环节	工作环节 1 获取需求		系统设计 工作环节 2
成果	1.1 功能列表文档	2.1 业务流程图	3.1 算法描述文档
素养	1.1 沟通表达能力		

学习任务 3　字母统计功能开发

工作环节 3 功能实现	工作环节 4 软件测试
4.1 熟悉 Java 软件开发环境； 4.2 声明数组引用变量； 4.3 创建数组； 4.4 获取数组的大小，了解数组的默认值； 4.5 初始化数组中的值； 4.6 使用下标访问数组元素； 4.7 创建 String 字符串对象	5.1 测试的方法和技巧； 5.2 测试文档的编写方法
4.1 能搭建 java 开发环境； 4.2 能创建 char 数组，存储字母字符； 4.3 使用 for 循环语句简化程序设计； 4.4 使用 if else 语句对条件进行组合； 4.5 能创建方法实现代码的模块化； 4.6 使用控件对象 editText、button, textview 完成界面设计； 4.7 能创建 String 对象，获取 editText 控件中输入的字符； 4.8 能调用 charAt() 方法依次获取 String 对象的每个字符，并传递给 char 类型的数组	5.1 编写“字母统计”功能模块测试文档
工作环节 3 功能实现	工作环节 4 软件测试
4.1 Java 项目工程文件夹	5.1 功能测试文档
4.1 沟通技巧，操作技能； 4.2 培养学生运用所学知识解决问题的能力； 4.3 强化语言组织意识	

课程 2 Java 基本程序设计

学习任务 3 字母统计功能开发

① 获取需求 ② 系统设计 ③ 功能实现 ④ 功能测试

	工作子步骤	教师活动	学生活动	评价
获取需求	从项目主管处获取需求文档，读懂需求文档，明确功能要求，列出功能点，编写功能列表文档。	1.1 PPT 展示、讲解学习任务描述。 1.2 与学生互动，运行程序，选取班上 5 位同学，请他们将自己的英文名输入程序中，引导学生观察输出结果。 1.3 提出问题：输出的是什么？学生回答：自己英文名中字母出现的次数。教师引出如何用代码实现该功能呢？激发学生学习兴趣。 1.4 发放项目需求文档给学生，引导学生阅读需求文档。 1.5 引导学生把握功能列表文档的重点内容，布置任务：填写学习工作页（功能列表文档部分）。	1.1 观看、聆听、明确学习任务。 1.2 配合老师报出自己的英文名，观看程序运行效果。 1.3 根据观察结果思考并回答问题。观看、聆听、思考教师的讲解演示。 1.4 获取项目需求文档，在老师的引导下阅读需求文档。 1.5 根据对程序运行的初步感受，在老师的引导下完成学习工作页（功能列表文档部分）的填写。	教师检查学生完成的功能列表文档是否准确，要素是否齐全（输入、输出、业务逻辑）。
	课时： 4 课时 1. 硬资源：移动互联应用开发学习工作站、展板、笔、A4 纸等。 2. 软资源：教材《Java 程序开发基础教程》、教材《Java 基础案例教程》、《Java 基本程序设计》工作页、PPT 课件等。			
系统设计	1. 了解业务流程图的技术信息，根据输入输出要求，绘制业务流程图	1.1 引导学生进行项目业务流程分析，并将分析结果板书展示。 1.2 指导学生在 A4 纸上绘制业务流程图，并填写工作页（业务流程图部分）。	1.1 跟随教师进行项目业务流程分析，讨论出分析结果。 1.2 以小组为单位，讨论、编写业务流程图。	教师点评学生编写的业务流程图是否准确（标准符号是否正确使用、业务逻辑是否合理）。
	课时： 2 课时 1. 硬资源：移动互联应用开发学习工作站、展板、笔、A4 纸等。 2. 软资源：教材《Java 程序开发基础教程》、教材《Java 基础案例教程》、《Java 基本程序设计》工作页、PPT 课件等。			
	2. 根据业务流程图，将操作步骤用文字表达出来，形成算法描述文档。	2.1 根据业务流程图，分析出 5 个引导问题，并使用 PPT 课件展示，引导学生分析回答，并板书记录。 2.2 布置任务：学生依据 5 个问题的答案，以小组为单位编制算法描述文档，并填写工作页（算法描述文档部分）。	2.1 明确问题，积极思考，回答老师提出的 5 个问题。 2.2 以小组为单位，讨论、编写算法描述文档。	1. 教师对学生的口头答案，及时进行反馈评价。 2. 教师点评学生编写的业务流程图是否准确（业务逻辑是否合理）。
	课时： 2 课时 1. 硬资源：移动互联应用开发学习工作站、展板、笔、A4 纸等。 2. 软资源：教材《Java 程序开发基础教程》、教材《Java 基础案例教程》、《Java 基本程序设计》工作页、PPT 课件等。			

基准学时：30

1 获取需求　2 系统设计　3 功能实现　4 功能测试

功能实现

工作子步骤	教师活动	学生活动	评价
1. 使用 Java 开发工具，将算法描述文档转换成程序语言，实现抽签功能开发。	1.1 抽选一名学生演示创建 Java 项目包和类，并对学生创建的项目进行评价反馈。 1.2 打开算法描述文档，布置任务：新建项目，并把算法文档中的内容注释到项目类中。巡查指导，关注学生的任务完成情况。 1.3 布置任务：让学生尝试将算法转换成代码，并编写在项目文件中。巡查指导，记录学生在操作中碰到的疑惑点。 1.4 根据学生的疑惑点，统一讲解演示核心语句（数组的定义和赋值）的编写方法和注意事项。 1.5 布置任务：让学生完成整个项目的编码。巡视并指导学生完成编码。 1.6 讲明小组互评的要求，指导学生完成小组互评，并指导学生将评审结果记录在工作页中。	1.1 被点名的学生操作演示，其他学生观看，如有操作问题，及时指出。 1.2 明确任务，启动软件开发工具，新建 Java 项目文件，按要求添加注释语句。 1.3 明确任务，依据算法文档，尝试编码，将操作中遇到的疑难点告知老师。 1.4 聆听、观看老师演示操作，学习核心代码的编写方法。 1.5 动手操作，完成整个项目的编码。 1.6 按照互评要求，组长组织小组成员开展互评工作，并将互评结果记录在工作页中。	1. 教师对学生创建的项目及时给与反馈评价。 2. 教师点评学生完成的注释情况。 3. 教师巡堂、指导，及时指出学生编码过程中遇到的问题。 4. 回答学生的疑惑点，及时给与反馈评价。 5. 巡视并指导学生完成编码，及时给与反馈评价。 6. 学生根据评价表相互评价并打分。
课时： 10 课时 1. 硬资源：移动互联应用开发学习工作站、展板、笔、A4 纸等。 2. 软资源：教材《Java 程序开发基础教程》、教材《Java 基础案例教程》、《Java 基本程序设计》工作页、PPT 课件等。			
2. 使用 Java 开发工具，将算法描述文档转换成程序语言，实现字母统计功能开发。	1.1 抽选一名学生演示创建 Java 项目包和类，并对学生创建的项目进行评价反馈。 1.2 打开算法描述文档，布置任务：新建项目，并把算法文档中的内容注释到项目类中。巡查指导，关注学生的任务完成情况。 1.3 布置任务：让学生尝试将算法转换成代码，并编写在项目文件中。巡查指导，记录学生在操作中碰到的疑惑点。 1.4 根据学生的疑惑点，统一讲解演示核心语句（数组的定义和赋值）的编写方法和注意事项。 1.5 布置任务：让学生完成整个项目的编码。巡视并指导学生完成编码。 1.6 讲明小组互评的要求，指导学生完成小组互评，并指导学生将评审结果记录在工作页中。	1.1 被点名的学生操作演示，其他学生观看，如有操作问题，及时指出。 1.2 明确任务，启动软件开发工具，新建 Java 项目文件，按要求添加注释语句。 1.3 明确任务，依据算法文档，尝试编码，将操作中遇到的疑难点告知老师。 1.4 聆听、观看老师演示操作，学习核心代码的编写方法。 1.5 动手操作，完成整个项目的编码。 1.6 按照互评要求，组长组织小组成员开展互评工作，并将互评结果记录在工作页中。	1. 教师对学生创建的项目及时给与反馈评价。 2. 教师点评学生完成的注释情况。 3. 教师巡堂、指导，及时指出学生编码过程中遇到的问题。 4. 回答学生的疑惑点，及时给与反馈评价。 5. 巡视并指导学生完成编码，及时给与反馈评价。 6. 学生根据评价表相互评价并打分。
课时： 10 课时 1. 硬资源：移动互联应用开发学习工作站、展板、笔、A4 纸等。 2. 软资源：教材《Java 程序开发基础教程》、教材《Java 基础案例教程》、《Java 基本程序设计》工作页、PPT 课件等。			

学习任务 3　字母统计功能开发

1 获取需求　2 系统设计　3 功能实现　4 功能测试

	工作子步骤	教师活动	学生活动	评价
功能测试	完成应用程序的开发后，对应用程序进行测试，并编写测试文档。	1.1 选择一个典型的测试文档案例，结合案例讲解软件测试方法。 1.2 用软件测试的方法思路，引导学生编写测试用例。 1.3 巡回指导，及时解决学生出现的问题，记录学生普遍存在的问题。 1.4 程序测试无误后，安排组长组织小组成员将测试文档内容填入工作页中。 1.5 对整个项目进行总体评价。	1.1 聆听理解软件测试方法。 1.2 思考各种可能的入参，参照软件测试方法完成测试用例编写。 1.3 组长组织小组成员对问题进行讨论，提出解决办法，并再次调试。 1.4 程序测试无误后，将测试文档内容填入工作页中。 1.5 根据老师的反馈信息，对整个项目做个回顾。	1. 教师巡回指导，及时反馈学生出现的问题。 2. 教师查看学生完成的开发成果，并依据任务评价表打分，进行总体评价。

课时： 2 课时

1. 硬资源：移动互联应用开发学习工作站、展板、笔、A4 纸等。
2. 软资源：教材《Java 程序开发基础教程》、教材《Java 基础案例教程》、《Java 基本程序设计》工作页、PPT 课件等。

考核标准

传统节日年历功能开发

情境描述：

信息服务产业系每年都会组织学生召开传统节日主题班会，让同学们了解我们传统节日及其来历和风俗，增强同学们对传统节日了解，激发同学们热爱中华传统文化热情。

为服务好该项活动，计算机程序设计（移动互联应用开发）专业的同学计划传统节日年历功能开发，要求能够快速准确查看传统节日的日期和星期。

任务要求：

1. 请你明确项目开发背景及要求；
2. 请先搜集我国的传统节日和所在的日期和星期；
3. 请你运用 eclipse 开发平台，运用运用所学的 Java 基础知识、方法等知识技能按照行业规范编写代码实现传统节日年历功能开发；
4. 请你测试各界面跳转功能是否正确；
5. 请打包提交项目工程源文件；
6. 请你做好展示准备，能讲出该传统节日的背景。

参考资料：

实施任务时，你可以使用所有的常见教学资料，例如：工作页、教材、个人笔记、网络等。

评价方式：

终结性考核包括纸笔测试（制定方案）成绩（30%）+ 实操测试成绩（70%）两部分。

纸笔测试（制定方案）成绩由任课教师考评；实操测试成绩由任课教师、同专业组教师、企业代表组成考评小组共同实施考核评价，取所有考核人员评分的平均分为学生考核成绩。

评价标准：

1. 项目工程文件：工程文件命名规范（权重 10）
2. 日历头：包括年月、星期，根据功能是否准确适当扣分。（权重 20）
3. 日历主体：功能齐全，测试效果无误、美观，日期对应星期准确打印，传统节日准确打印，根据功能是否准确适当扣分。（权重 40）

课程 3　Java 面向对象程序设计

学习任务 1
几何图形参数计算程序开发
（40）学时

学习任务 2
工贸人员管理功能开发
（40）学时

课程目标

学习完本课程后，学生应当能够掌握面向对象的基本概念和使用面向对象技术进行程序设计的基本思想，能够使用类、对象、集合、文件输入输出等知识技能进行 Java 软件及功能开发工作。能按照行业规范实施编码；能严格执行企业管理制度、遵守网络安全规定、网络数据产权和 8S 管理规定；具有爱岗敬业、客户至上的职业意识以及爱校情怀。

具体包括为：

1. 能读懂需求文档，明确用户要求，列出功能点，做出系统功能列表文档，形成客户需求至上的职业意识。

2. 能根据功能列表文档分析出本系统的输入和输出，绘制流程图。

3. 能根据流程图，将操作步骤用文字表达出来，形成算法描述文档。

4. 能使用 eclipse 集成开发工具，将算法描述文档转换成程序语言，按照行业编码规范编码实现功能，形成自觉遵守职业规范的习惯。

5. 能在工贸人员管理功能开发过程中，使学生更加了解校园，强化学生爱校情怀。

6. 能使用 eclipse 调试工具对应用程序进行测试，并编写测试文档。

7. 能根据测试文档进行 bug 的修复。

8. 能按照“8S”管理规定整理作业现场。

9. 遵守软件开发企业和用户企业的相关规定，保护用户企业的商业机密等。

课时：80

课程内容

本课程的主要学习内容包括：

1. 面向对象编程思想

类与对象、成员变量和局部变量、匿名对象、封装、this 关键字、构造方法、继承、多态、抽象类、接口、内部类。

2. 常用类

集合类、异常、File 类、I/O 输入输出。

3. 获取学院相关信息的方法。

4. 行业编码规范。

学习任务 1　几何图形参数计算程序开发

任务描述

学习任务学时：40 课时

任务情境：

我院计算机程序设计专业高级班小白同学毕业后成功应聘到某软件公司当实习生，该公司正在研发一款几何画板软件工具，主管将“图形参数计算程序”功能模块开发任务交给小白，要求能够设计类并建模圆、矩形、三角形、梯形等常见图形对象，实现这些图形名称的显示，以及面积和周长计算功能。

具体要求见下页。

工作流程和标准

工作环节 1

获取需求

从项目主管处获取需求文档，读懂需求文档，明确功能要求，列出功能点，编写功能列表文档。

主要成果：

功能列表文档。

工作环节 2

系统设计

2

1. 了解业务流程图的技术信息，根据输入输出要求，绘制业务流程图。
2. 根据业务流程图，将操作步骤用文字表达出来，形成算法描述文档。
3. 根据业务流程图的实例类部分，分析类的成员变量和方法，制作 UML 类图。

主要成果：

1. 业务流程图；
2. 算法描述文档；
3.UML 类图。

工作环节 3

功能实现

3

1. 使用 Eclipse 开发工具，实现圆模块功能开发。
2. 使用 Eclipse 开发工具，实现矩形模块功能开发。
3. 使用 Eclipse 开发工具，实现几何图形模块功能开发。

主要成果：

1.Circle.java 文件；

2.Rectangle.java 工程文件；

3.Geometric.java 工程文件。

工作环节 4

功能测试

4

完成应用程序的开发后，对应用程序进行测试，并编写测试文档。

主要成果：

功能测试文档。

学习内容

知识点	1.1 “功能列表文档”的编写要求	2.1 流程图的概念、标准符号解析； 2.2 流程图的绘制方法	3.1 算法的概念； 3.2 算法描述文档的编写规范	4.1 类和对象的概念和关系
技能点	1.1 能从需求文档中提取功能点； 1.2 制作功能列表文档	2.1 能绘制“图形参数计算程序流程图”	3.1 编写“图形参数计算程序”算法描述文档	4.1 UML 类图的制作方法
工作环节	工作环节 1 获取需求		系统设计 工作环节 2	
成果	1.1 功能列表文档	2.1 业务流程图	3.1 算法描述文档	4.1 UML 类图
素养	1.1 沟通表达能力			4.1 逻辑思维能力

5.1 对象和类的概念； 5.2 构造方法的概念、语法和用法； 5.3 引用变量的概念； 5.4 对象成员访问操作符（.）的使用	6.1 区分实例变量、和静态变量、实例方法和静态方法的不同； 6.2 get 方法和 set 方法； 6.3 关键字 this	7.1 关键字 super； 7.2 多态的含义； 7.3 理解可见性修饰符 protected； 7.4 修饰符 final； 7.5 抽象类的概念； 7.6 接口的概念	8.1 测试文档格式
5.1 使用类来建模 Circle 类对象； 5.2 使用 UML 图形符号描述 Circle 类； 5.3 创建 Circle 类，并定义成员变量、构造方法和成员方法； 5.4 创建 Circle 类对象； 5.5 使用对象成员访问操作符（.）调用成员变量和方法	6.1 使用类来建模 Rectangle 类对象； 6.2 使用 UML 图形符号描述 Rectangle 类 6.3 创建 Rectangle 类，并定义成员变量、构造方法和成员方法； 6.4 创建 Rectangle 类对象； 6.5 使用对象成员访问操作符（.）调用成员变量和方法； 6.6 使用关键字 this 来引用对象本身	7.1 使用类来建模 Geometric 类对象； 7.2 使用 UML 图形符号描述类和对象； 7.3 定义 Geometric 抽象类； 7.4 通过继承由父类创建子类； 7.5 重写 toString() 方法和 equals() 方法； 7.6 定义接口以及实现接口的类。	8.1 测试程序是否存在问题
	工作环节 3 功能实现		工作环节 4 软件测试
5.1 Circle 工程文件	6.1 Rectangle 工程文件	7.1 Geometric 工程文件	8.1 功能测试文档

课程 3 Java 面向对象程序设计

学习任务 1 几何图形参数计算程序开发

阶段	工作子步骤	教师活动	学生活动	评价
获取需求	从项目主管处获取需求文档，读懂需求文档，明确功能要求，列出功能点，编写功能列表文档。	1.1 PPT 展示、讲解学习任务描述。 1.2 与学生互动，运行程序，选取班上 1 位同学，请他根据提示将数据输入程序中，引导学生观察输出结果。 1.3 提出问题：输入和输出是什么？学生回答：输入的是圆的半径，输出的是圆的周长和面积。教师提出问题：如何用对象和类来实现该功能呢？激发学生学习兴趣。 1.4 发放项目需求文档给学生，引导学生阅读需求文档。 1.5 引导学生把握功能列表文档的重点内容，布置任务：填写学习工作页（功能列表文档部分）。	1.1 观看、聆听、明确学习任务。 1.2 配合老师报出自己的英文名，观看程序运行效果。 1.3 根据观察结果思考并回答问题。观看、聆听、思考教师的讲解演示。 1.4 获取项目需求文档，在老师的引导下阅读需求文档。 1.5 根据对程序运行的初步感受，在老师的引导下完成学习工作页（功能列表文档部分）的填写。	教师检查学生完成的功能列表文档是否准确，要素是否齐全（输入、输出、业务逻辑）。
	课时： 2 课时 1. 硬资源：移动互联应用开发学习工作站、展板、笔、A4 纸等。 2. 软资源：教材《Java 系统化项目开发教程》、教材《Java 基础案例教程》、《Java 面向对象程序设计》工作页、PPT 课件等。			
系统设计	1. 了解业务流程图的技术信息，根据输入输出要求，绘制流程图。	1.1 引导学生进行项目业务流程分析，并将分析结果板书展示。 1.2 指导学生在 A4 纸上绘制业务流程图，并填写工作页（业务流程图部分）。	1.1 跟随教师进行项目业务流程分析，讨论出分析结果。 1.2 以小组为单位，讨论、编写业务流程图。	教师点评学生编写的业务流程图是否准确（标准符号是否正确使用、业务逻辑是否合理）。
	课时： 2 课时 1. 硬资源：移动互联应用开发学习工作站、展板、笔、A4 纸等。 2. 软资源：教材《Java 系统化项目开发教程》、教材《Java 基础案例教程》、《Java 面向对象程序设计》工作页、PPT 课件等。			
	2. 根据业务流程图主类部分，将操作步骤用文字表达出来，形成算法描述文档。	2.1 根据业务流程图，分析出 6 个引导问题，并使用 PPT 课件展示，引导学生分析回答，并板书记录。 2.2 布置任务：学生依据 6 个问题的答案，以小组为单位编制算法描述文档，并填写工作页（算法描述文档部分）。	2.1 明确问题，积极思考，回答老师提出的 6 个问题。 2.2 以小组为单位，讨论、编写算法描述文档。	1. 教师对学生的口头答案及时进行反馈评价。 2. 教师点评学生编写的业务流程图是否准确（业务逻辑是否合理）。
	课时： 2 课时 1. 硬资源：移动互联应用开发学习工作站、展板、笔、A4 纸等。 2. 软资源：教材《Java 系统化项目开发教程》、教材《Java 基础案例教程》、《Java 面向对象程序设计》工作页、PPT 课件等。			

1 获取需求　2 系统设计　3 功能实现　4 功能测试

	工作子步骤	教师活动	学生活动	评价
系统设计	3. 根据业务流程图的实例类部分，分析类的成员变量和方法，制作 UML 类图。	3.1 讲解类和对象的概念和关系，讲解并板书示范制作圆类的 UML 类图的制作过程，强调重点部分。 3.2 布置任务：学生依据教师的讲解，以小组为单位制作圆类的 UML 类图。教师巡回指导。 3.3 布置任务：请学生根据教师的反馈意见修改，并填写工作页。	3.1 聆听、思考类和对象的概念和关系，熟记 UML 类图的制作方法。 3.2 以小组为单位，讨论、制作圆类的 UML 类图。 3.3 根据教师的反馈意见修改，并填写工作页。	1. 教师巡堂、指导，及时指出学生制作 UML 类图中过程中遇到的问题。 2. 教师点评学生制作 UML 类图是否准确（是否符合 UML 类图的制作规范、是否准确描述圆类的成员变量和方法）。
	课时： 2 课时 1. 硬资源：移动互联应用开发学习工作站、展板、笔、A4 纸等。 2. 软资源：教材《Java 系统化项目开发教程》、教材《Java 基础案例教程》、《Java 面向对象程序设计》工作页、PPT 课件等。			
功能实现	1. 使用 Eclipse 开发工具，实现圆模块功能开发。	1.1 根据 Circle UML 类图，讲解演示类的数据域、构造方法和方法定义的格式，实现 Circle 类的定义。 1.2 巡视并指导学生完成 Circle 类的定义。 1.3 打开“图形参数计算程序开发”算法描述文档 Circle 部分，引导学生分析出 Circle 周长和面积的计算的 Java 语言语法，讲解演示核心语句的编写方法。 1.4 巡视并指导学生完成编码。 1.5 讲明小组互评的要求，指导学生完成小组互评，并指导学生将评审结果记录在工作页中。 1.6 布置工作页填写任务。	1.1 聆听老师的讲解，分析出 Circle 类数据域、构造方法和方法定义的格式。 1.2 启动 Eclipse 软件开发工具，新建 Java 项目文件——几何图形，独立编码，完成 Circle 类的定义。 1.3 聆听老师的讲解，分析出实现 Circle 周长和面积的计算的核心代码。 1.4 完成 Circle 周长和面积的计算。 1.5 按照互评要求，组长组织小组成员开展互评工作，并将互评结果记录在工作页中。 1.6 完成工作页填写。	1. 教师对学生完成 Circle 类的定义及时给予反馈评价。 2. 教师点评学生完成的编码情况，及时给予反馈评价。 3. 学生根据评价表的内容，相互评价并打分。
	课时： 6 课时 1. 硬资源：移动互联应用开发学习工作站、展板、笔、A4 纸等。 2. 软资源：教材《Java 系统化项目开发教程》、教材《Java 基础案例教程》、《Java 面向对象程序设计》工作页、PPT 课件等。			

学习任务 1 几何图形参数计算程序开发

1 获取需求 → 2 系统设计 → 3 功能实现 → 4 功能测试

工作子步骤	教师活动	学生活动	评价
2. 使用 Eclipse 开发工具，实现矩形模块功能开发。	2.1 打开“图形参数计算程序开发”算法描述文档 Rectangle 部分，引导学生分析出 Rectangle 类对象，讲解 UML 类图的格式，分析 Rectangle 类的数据域、构造方法和方法，演示 Rectangle UML 类图的制作。 2.2 布置任务，巡视并指导学生完成 Rectangle UML 类图的制作。 2.3 根据 Rectangle UML 类图，讲解演示类的数据域、构造方法和方法定义的格式，实现 Rectangle 类的定义。 2.4 巡视并指导学生完成 Rectangle 类的定义。 2.5 打开“图形参数计算程序开发”算法描述文档 Rectangle 部分，引导学生分析出 Rectangle 周长和面积的计算的 Java 语言语法，讲解演示核心语句的编写方法。 2.6 巡视并指导学生完成编码。 2.7 讲明小组互评的要求，指导学生完成小组互评，并指导学生将评审结果记录在工作页中。 2.8 布置工作页填写任务。	2.1 聆听老师的讲解，分析出对应的 Rectangle 类对象；学习 UML 类图的制作方法，分析出 Rectangle 类的数据域、构造方法和方法。 2.2 打开练习本，完成 Rectangle UML 类图的制作。 2.3 聆听老师的讲解，分析出 Rectangle 类数据域、构造方法和方法定义的格式。 2.4 启动 eclipse 软件开发工具，打开 Java 项目文件——几何图形，独立编码，完成 Rectangle 类的定义。 2.5 聆听老师的讲解，分析出实现 Rectangle 周长和面积的计算的核心代码。 2.6 完成 Rectangle 周长和面积的计算。 2.7 按照互评要求，组长组织小组成员开展互评工作，并将互评结果记录在工作页中。 2.8 完成工作页填写。	1. 教师对学生制作的 Rectangle UML 类图及时给予反馈评价。 2. 教师巡堂、指导，及时指出学生编码过程中遇到的问题。 3. 巡视并指导学生完成编码，及时给予反馈评价。 4. 学生根据评价表内容相互评价并打分。

课时： 6 课时

1. 硬资源：移动互联应用开发学习工作站、展板、笔、A4 纸等。
2. 软资源：教材《Java 系统化项目开发教程》、教材《Java 基础案例教程》、《Java 面向对象程序设计》工作页、PPT 课件等。

功能实现

工作子步骤	教师活动	学生活动	评价
3. 使用 Eclipse 开发工具，实现几何图形模块功能开发。	3.1 打开“图形参数计算程序开发”算法描述文档 Geometric 部分，引导学生分析出 Geometric 抽象类，分析 Geometric 类的数据域、构造方法和抽象方法，演示 Geometric UML 类图的制作。 3.2 布置任务，巡视并指导学生完成 Geometric UML 类图的制作。 3.3 根据 Geometric UML 类图，讲解演示类的数据域、构造方法和抽象方法定义的格式，实现 Geometric 抽象类的定义。 3.4 巡视并指导学生完成 Geometric 抽象类的定义。 3.5 打开 Circle 类，引导学生分析出 Circle 类和 Geometric 抽象类之间的继承关系，并修改代码。 3.6 巡视并指导学生完成 Circle 类和 Geometric 抽象类继承关系的实现编码。 3.7 打开 Rectangle 类，引导学生分析出 Rectangle 类和 Geometric 抽象类之间的继承关系，并修改代码。 3.8 巡视并指导学生完成 Rectangle 类和 Geometric 抽象类继承关系的实现编码。 3.9 讲明小组互评的要求，指导学生完成小组互评，并指导学生将评审结果记录在工作页中。 3.10 布置工作页填写任务。	3.1 聆听老师的讲解，分析出对应的 Geometric 类对象；分析出 Geometric 类的数据域、构造方法和抽象方法。 3.2 打开练习本，完成 Geometric UML 类图的制作。 3.3 聆听老师的讲解，分析出 Geometric 类数据域、构造方法和抽象方法定义的格式。 3.4 启动 eclipse 软件开发工具，新建 Java 项目文件，独立编码，完成 Geometric 抽象类的定义，并使 Circle 类和 Rectangle 类继承自 Geometric 抽象类。 3.5 聆听老师的讲解，分析出 Circle 类和 Geometric 抽象类之间的继承关系。 3.6 完成 Circle 类和 Geometric 抽象类继承关系的实现编码。 3.7 聆听老师的讲解，分析出 Rectangle 类和 Geometric 抽象类之间的继承关系。 3.8 完成 Rectangle 类和 Geometric 抽象类继承关系的实现编码。 3.9 按照互评要求，组长组织小组成员开展互评工作，并将互评结果记录在工作页中。 3.10 完成工作页填写。	1. 教师对学生制作的 Rectangle UML 类图及时给予反馈评价。 2. 教师巡堂、指导，及时指出学生编码过程中遇到的问题。 3. 巡视并指导学生完成编码，及时给予反馈评价。 4. 学生根据评价表内容相互评价并打分。

课时： 6 课时

1. 硬资源：移动互联应用开发学习工作站、展板、笔、A4 纸等。
2. 软资源：教材《Java 系统化项目开发教程》、教材《Java 基础案例教程》、《Java 面向对象程序设计》工作页、PPT 课件等。

学习任务 1　几何图形参数计算程序开发

功能实现

工作子步骤	教师活动	学生活动	评价
4. 拓展：继承	4.1 讲解继承的作用，讲解 extent 关键字和 super 关键字的作用。 4.2 布置任务：编码完成经理与员工的差异功能。巡视并指导学生完成。 4.3 布置任务：重写父类的方法。巡视并指导学生完成。 4.4 布置工作页填写任务。	4.1 聆听老师的讲解，分析继承的作用，继承的语法格式。以及 extent 关键字和 super 关键字的作用。 4.2 启动 eclipse 软件开发工具，新建 Java 项目文件，独立编码，编码完成经理与员工的差异功能，小组讨论并改善编码。 4.3 新建 Java 项目文件，编码完成重写父类的方法功能，小组讨论并改善编码。 4.4 完成工作页填写。	巡视并指导学生完成编码，及时给予反馈评价。
课时： 4 课时 1. 硬资源：移动互联应用开发学习工作站、展板、笔、A4 纸等。 2. 软资源：教材《Java 系统化项目开发教程》、教材《Java 基础案例教程》、《Java 面向对象程序设计》工作页、PPT 课件等。			
5. 拓展：多态	5.1 讲解多态的作用。 5.2 布置任务：创建圆和矩形两个对象，调用方法显示它们。如果对象是一个圆，显示它的周长和面积；如果对象是一个矩形，显示它的面积。巡视并指导学生完成。 5.3 布置任务：编写 ArrayList 类的 UML 类图，并详细说明该类的成员变量和方法。 5.4 布置任务：编码完成使用 ArrayList 来存储对象功能简单的汽车销售商场。巡视并指导学生完成。 5.5 布置工作页填写任务。	5.1 聆听老师的讲解，分析多态的作用。 5.2 启动 eclipse 软件开发工具，新建 Java 项目文件，按要求编码：创建圆和矩形两个对象，调用方法显示它们。如果对象是一个圆，显示它的周长和面积；如果对象是一个矩形，显示它的面积。小组讨论并改善编码。 5.3 编写 ArrayList 类的 UML 类图，并详细说明该类的成员变量和方法。 5.4 新建 Java 项目文件，编码完成使用 ArrayList 来存储对象功能，小组讨论并改善编码。 5.5 完成工作页填写。	巡视并指导学生完成编码，及时给予反馈评价。
课时： 4 课时 1. 硬资源：移动互联应用开发学习工作站、展板、笔、A4 纸等。 2. 软资源：教材《Java 系统化项目开发教程》、教材《Java 基础案例教程》、《Java 面向对象程序设计》工作页、PPT 课件等。			

1 获取需求　2 系统设计　3 功能实现　4 功能测试

	工作子步骤	教师活动	学生活动	评价
功能实现	6. 拓展：抽象类	6.1 讲解抽象类的作用，抽象方法的语法格式。讲解 final 关键字和 static 关键字的作用。 6.2 布置任务：将 GeometricObject 类修改成抽象类。巡视并指导学生完成。 6.3 布置任务：找到一个 Number 对象列表中的最大数。巡视并指导学生完成。 6.4 布置任务：日历的打印。巡视并指导学生完成。 6.5 布置工作页填写任务。	6.1 聆听老师的讲解，分析抽象类的作用，抽象方法的语法格式。以及 final 关键字和 static 关键字的作用。 6.2 启动 eclipse 软件开发工具，新建 Java 项目文件，独立编码，完成 Geometric 抽象类的定义。 6.3 新建 Java 项目文件，独立编码，完成抽象的 Number 类。 6.4 新建 Java 项目文件，独立编码，完成日历的打印。 6.5 完成工作页填写。	巡视并指导学生完成编码，及时给予反馈评价。
	课时： 4 课时 1. 硬资源：移动互联应用开发学习工作站、展板、笔、A4 纸等。 2. 软资源：教材《Java 系统化项目开发教程》、教材《Java 基础案例教程》、《Java 面向对象程序设计》工作页、PPT 课件等。			
功能测试	1. 完成应用程序的开发后，对应用程序进行测试，并编写测试文档。	1.1 选择一个典型的测试文档案例，结合案例讲解软件测试方法。 1.2 用软件测试的方法思路，引导学生编写测试用例。 1.3 巡回指导，及时解决学生出现的问题，记录学生普遍存在的问题。 1.4 程序测试无误后，安排组长组织小组成员将测试文档内容填入工作页中。 1.5 对整个项目进行总体评价。	1.1 聆听理解软件测试方法。 1.2 思考各种可能的入参，参照软件测试方法完成测试用例编写。 1.3 组长组织小组成员对问题进行讨论，提出解决办法，并再次调试。 1.4 程序测试无误后，将测试文档内容填入工作页中。 1.5 根据老师的反馈信息，对整个项目做个回顾。	1. 教师巡回指导，及时反馈学生出现的问题。 2. 教师查看学生完成的开发成果，并依据任务评价表打分，进行总体评价。
	课时： 2 课时 1. 硬资源：移动互联应用开发学习工作站、展板、笔、A4 纸等。 2. 软资源：教材《Java 系统化项目开发教程》、教材《Java 基础案例教程》、《Java 面向对象程序设计》工作页、PPT 课件等。			

学习任务 2　工贸人员管理功能开发

任务描述

学习任务学时：40 课时

任务情境：

我院现有教职工 7 百多人，全日制学生 1 万余人。为了方便教职工和学生进行网上办公和信息维护等操作，现领导研究决定开发一款工贸信息管理系统软件。我专业老师结合本专业 18 级学生的现有能力，认为我们可以完成其中的部分功能——“工贸人员管理功能开发”开发，准备接受该订单，带领学生共同完成该任务。

具体要求见下页。

工资管理功能开发
研讨会
①信息收集

工作流程和标准

工作环节 1

获取需求

1

从项目主管处获取“员工管理系统登录”功能模块开发需求文档，读懂需求文档，明确功能要求，讨论、搜集学院的历史、基本情况等信息素材，列出功能点，并在工作页中书写“员工管理系统登录”功能列表文档。由功能列表文档分析出本系统的输入有：用户名和密码。

主要成果：

功能列表文档。

工作环节 2

系统设计

2

1. 了解业务流程图的技术信息，根据输入输出要求，绘制业务流程图。
2. 根据业务流程图，将操作步骤用文字表达出来，形成算法描述文档。
3. 根据业务流程图的实例类部分，分析类的成员变量和方法，制作 UML 类图。

主要成果：

1. 业务流程图；
2. 算法描述文档；
3. UML 类图

工作环节 3

功能实现

3

使用 Java 开发工具，根据员工类 UML 类图，实现 User.java 工程文件开发。功能实现过程中，要求学生按照 Java 编码规范定义类、成员变量、构造方法和成员方法，树立程序员的编码规范意识。

主要成果：

1.Employee.java 工程文件。

工作环节 4

功能测试

4

完成应用程序的开发后，对应用程序进行测试，并编写测试文档。

主要成果：

功能测试文档。

工作环节 5

评价展示

5

制作成果汇报 PPT，学生上台汇报。进行作品展示，介绍个人对学院的认知，唤起学生爱校情怀，培养学生的人文素养。

主要成果：

成果汇报 PPT。

学习内容

知识点	1.1“功能列表文档”的编写要求	2.1 流程图的概念、标准符号解析； 2.2 流程图的绘制方法	3.1 算法的概念； 3.2 算法描述文档的编写规范	4.1 类和对象的概念和关系
技能点	1.1 能从需求文档中提取功能点； 1.2 制作功能列表文档	2.1 能绘制“员工管理系统登录”流程图	3.1 编写“员工管理系统登录”算法描述文档	4.1 UML 类图的制作方法
工作环节	工作环节 1 获取需求		系统设计 工作环节 2	
成果	1.1 功能列表文档	2.1 业务流程图	3.1 算法描述文档	4.1 UML 类图
素养	1.1 通过收集学院信息，了解学院，培养其校情观念； 1.2 沟通表达能力			4.1 逻辑思维能力

学习任务 2　工贸人员管理功能开发

5.1 对象和类的概念； 5.2 构造方法的概念、语法和用法； 5.3 引用变量的概念； 5.4 对象成员访问操作符（.） 的使用； 5.5 集合工具类 HashMap 的概念； 5.6 HashMap 类添加方法调用的语法	6.1 测试的方法和技巧； 6.2 测试文档的编写方法	
5.1 使用类来建模 User 类对象； 5.2 使用 UML 图形符号描述 User 类； 5.3 创建 User 类，并定义成员变量、构造方法和成员方法； 5.4 创建 User 类对象； 5.5 使用对象成员访问操作符（.）调用成员变量和方法； 5.6 集合工具类 HashMap 对象的创建； 5.7 调用 HashMap 对象的 add（）方法添加 User 对象	6.1 编写测试文档	7.1 PPT 的制作方法与技巧； 7.2 强化沟通表达意识
工作环节 3 **功能实现**	**工作环节 4** **软件测试**	
5.1 Java 工程文件（工贸人员管理）	6.1 测试后的工贸人员管理项目文件	7.1 成果汇报 PPT
5.1 功能实现过程中，树立程序员的编码规范意识		7.1 进行作品展示，介绍个人对学院的认知，唤起学生爱校情怀； 7.1 强化沟通表达意识

课程 3 Java 面向对象程序设计

学习任务 2 工贸人员管理功能开发

	工作子步骤	教师活动	学生活动	评价
获取需求	从项目主管处获取需求文档，读懂需求文档，明确功能要求，列出功能点，编写功能列表文档。	1.1 PPT 展示、讲解学习任务描述。 1.2 与学生互动，运行程序，选取班上 2 位同学，请他根据教师的要求将用户名和密码输入程序中，引导学生观察输出结果。 1.3 提出探讨：两位同学都是按照老师的提示输入的，为什么返回的结果不一样呢？大家有没有兴趣探一探究竟？激发学生学习兴趣。 1.4 发放项目需求文档给学生，引导学生阅读需求文档。 1.5 引导学生把握功能列表文档的重点内容，布置任务：以小组为单位，要求学生讨论、搜集一些学院的历史、基本情况、校训、校徽等信息素材作为项目数据。	1.1 观看、聆听、明确学习任务。 1.2 配合老师报出自己的英文名，观看程序运行效果。 1.3 根据观察结果思考并回答问题。观看、聆听、思考教师的讲解演示。 1.4 获取项目需求文档，在老师的引导下阅读需求文档。 1.5 根据对程序运行的初步感受，在老师的引导下完成学习工作页（功能列表文档部分）的填写。	教师检查学生完成的功能列表文档是否准确，要素是否齐全（输入、输出、业务逻辑）。
	课时： 2 课时 1. 硬资源：移动互联应用开发学习工作站、展板、笔、A4 纸等。 2. 软资源：教材《Java 系统化项目开发教程》、教材《Java 基础案例教程》、《Java 面向对象程序设计》工作页、PPT 课件等。			
系统设计	1. 了解业务流程图的技术信息，根据输入输出要求，绘制流程图。	1.1 引导学生进行项目业务流程分析，并将分析结果板书展示。 1.2 指导学生在 A4 纸上绘制业务流程图，并填写工作页（业务流程图部分）。	1.1 跟随教师进行项目业务流程分析，讨论出分析结果。 1.2 以小组为单位，讨论、编写业务流程图。	教师点评学生编写的业务流程图是否准确（标准符号是否正确使用、业务逻辑是否合理）。
	课时： 2 课时 1. 硬资源：移动互联应用开发学习工作站、展板、笔、A4 纸等。 2. 软资源：教材《Java 系统化项目开发教程》、教材《Java 基础案例教程》、《Java 面向对象程序设计》工作页、PPT 课件等。			

系统设计

工作子步骤	教师活动	学生活动	评价
2. 根据业务流程图主类部分，将操作步骤用文字表达出来，形成算法描述文档。	2.1 根据业务流程图,分析出7个引导问题，并使用PPT课件展示，引导学生分析回答，并板书记录。 2.2 布置任务：学生依据7个问题的答案，以小组为单位编制算法描述文档，并填写工作页（算法描述文档部分）。	2.1 明确问题，积极思考，回答老师提出的7个问题。 2.2 以小组为单位，讨论、编写算法描述文档。	1. 教师对学生的口头答案及时进行反馈评价。 2. 教师点评学生编写的业务流程图是否准确（业务逻辑是否合理）。
课时： 2课时 1. 硬资源：移动互联应用开发学习工作站、展板、笔、A4纸等。 2. 软资源：教材《Java系统化项目开发教程》、教材《Java基础案例教程》、《Java面向对象程序设计》工作页、PPT课件等。			
3. 根据业务流程图的实例类部分，分析类的成员变量和方法，制作UML类图。	3.1 讲解类和对象的概念和关系，讲解并板书示范制作员工类的UML类图的制作过程，强调重点部分。 3.2 布置任务：学生依据教师的讲解，以小组为单位制作员工类的UML类图。教师巡回指导。 3.3 布置任务：请学生根据教师的反馈意见修改，并填写工作页。	3.1 聆听、思考类和对象的概念和关系，熟记UML类图的制作方法。 3.2 以小组为单位，讨论、制作圆类的UML类图。 3.3 根据教师的反馈意见修改，并填写工作页。	1. 教师巡堂、指导，及时指出学生制作UML类图中过程中遇到的问题。 2. 教师点评学生制作UML类图是否准确（是否符合UML类图的制作规范、是否准确描述员工类的成员变量和方法）。
课时： 6课时 1. 硬资源：移动互联应用开发学习工作站、展板、笔、A4纸等。 2. 软资源：教材《Java系统化项目开发教程》、教材《Java基础案例教程》、《Java面向对象程序设计》工作页、PPT课件等。			

学习任务 2　工贸人员管理功能开发

1 获取需求　2 系统设计　3 功能实现　4 功能测试　5 评价展示

功能实现

工作子步骤	教师活动	学生活动	评价
1. 使用 Java 开发工具，根据员工类 UML 类图，实现 User.java 工程文件开发。	1.1 抽选一名学生演示创建 Android 项目，并对学生创建的项目进行评价反馈。 1.2 打开员工类 UML 类图文档，布置任务：新建 Employee 实体类。巡查指导，关注学生的任务完成情况。 1.3 布置任务：让学生尝试根据员工类 UML 类图，完成 Employee 实体类的定义。巡查指导，记录学生在操作中碰到的疑惑点。 1.4 根据学生的疑惑点，统一讲解演示成员变量、构造方法和方法的概念、定义。 1.5 布置任务：让学生完成整个项目的编码。在编码过程中，要求学生遵循 Java 编码规范。巡视并指导学生完成编码。 1.6 讲明小组互评的要求，指导学生完成小组互评，并指导学生将评审结果记录在工作页中。	1.1 被点名的学生操作演示，其他学生观看，如有操作问题，及时指出。 1.2 明确任务，启动软件开发工具新建 Employee 实体类。 1.3 明确任务，依据算法文档，尝试编码，将操作中遇到的疑难点告知老师。 1.4 聆听、观看老师演示操作，学习核心代码的编写方法。 1.5 动手操作，完成整个项目的编码。 1.6 按照互评要求，组长组织小组成员开展互评工作，并将互评结果记录在工作页中。	1. 教师对学生创建的项目及时反馈评价。 2. 教师点评学生完成的注释情况。 3. 教师巡堂、指导，及时指出学生编码过程中遇到的问题。 4. 回答学生的疑惑点，及时给予反馈评价。 5. 巡视并指导学生完成编码，及时给予反馈评价。 6. 学生根据评价表相互评价并打分。
课时： 6 课时 1. 硬资源：移动互联应用开发学习工作站、展板、笔、A4 纸等。 2. 软资源：教材《Java 系统化项目开发教程》、教材《Java 基础案例教程》、《Java 面向对象程序设计》工作页、PPT 课件等。			
2. 拓展：List 集合类、Set 集合类、Map 接口	2.1 讲解 List 集合类的作用。 2.2 布置任务：创建集合对象，并向集合中添加元素，通过 set() 方法修改集合中的元素，再通过 add() 方法向集合中添加元素，通过迭代器遍历集合元素。巡视并指导学生完成。 2.3 讲解 Set 集合类的作用。 2.4 布置任务：创建 List 集合对象，并向 List 集合中添加元素。在创建一个 Set 集合，利用 addAll( ) 方法把 List 集合对象存入到 Set 集合中并除掉重复值，最后打印 Set 集合中的元素。巡视并指导学生完成。 2.5 讲解 Map 集合类的作用。 2.6 布置任务：向一个 Map 集合中插入元素并根据 key 的值打印集合中的元素。巡视并指导学生完成。 2.7 布置工作页填写任务。	2.1 聆听老师的讲解，分析 List 集合类的作用。 2.2 启动 eclipse 软件开发工具，新建 Java 项目文件，独立编码，完成 List 集合类的编码。 2.3 聆听老师的讲解，分析 Set 集合类的作用。 2.4 启动 eclipse 软件开发工具，新建 Java 项目文件，独立编码，完成 Set 集合类的编码。 2.5 聆听老师的讲解，分析 Map 集合类的作用。 2.6 启动 eclipse 软件开发工 3 具，新建 Java 项目文件，独立编码，完成 Map 集合类的编码。 2.7 完成工作页填写。	巡视并指导学生完成编码，及时给予反馈评价。
课时： 6 课时 1. 硬资源：移动互联应用开发学习工作站、展板、笔、A4 纸等。 2. 软资源：教材《Java 系统化项目开发教程》、教材《Java 基础案例教程》、《Java 面向对象程序设计》工作页、PPT 课件等。			

功能实现

工作子步骤	教师活动	学生活动	评价
3. 拓展：集合类接口的实现类	3.1 讲解 List 接口的实现类的作用。 3.2 布置任务：在项目中创建 Gather 类，在主方法中创建集合对象，通过 Math 类的 Random( ) 方法随机获取集合中的某个元素，然后移除数组中索引位置为 2 的元素，最后遍历数组。巡视并指导学生完成。 3.3 讲解 Set 接口的实现类的作用。 3.4 布置任务：遍历输出 HashSet 中的全部元素。巡视并指导学生完成。 3.5 讲解 Map 接口的实现类的作用。 3.6 布置任务：通过 HashMap 类实例化 Map 集合，并遍历该 Map 集合，然后创建 TreeMap 实例实现将集合中的元素顺序输出。巡视并指导学生完成。 3.7 布置工作页填写任务。	3.1 聆听老师的讲解，分析 List 接口的实现类的作用。 3.2 启动 eclipse 软件开发工具，新建 Java 项目文件，独立编码，完成 List 接口的实现类的编码。 3.3 聆听老师的讲解，分析 Set 接口的实现类的作用。 3.4 启动 eclipse 软件开发工具，新建 Java 项目文件，独立编码，完成 Set 接口的实现类的编码。 3.5 聆听老师的讲解，分析 Map 接口的实现类的作用。 3.6 启动 eclipse 软件开发工具，新建 Java 项目文件，独立编码，完成 Map 接口的实现类的编码。 3.7 完成工作页填写。	巡视并指导学生完成编码，及时给予反馈评价。
课时： 8 课时 1. 硬资源：移动互联应用开发学习工作站、展板、笔、A4 纸等。 2. 软资源：教材《Java 系统化项目开发教程》、教材《Java 基础案例教程》、《Java 面向对象程序设计》工作页、PPT 课件等。			
4. 拓展：异常	4.1 讲解可控式异常的作用。 4.2 布置任务：在项目中加载一个不存在的类，观察发生的异常。巡视并指导学生完成。 4.3 讲解运行时异常的作用。 4.4 布置任务：在项目中创建一个数组，然后使用超出数组下标范围的值访问数组中的元素，观察发生异常。巡视并指导学生完成。 4.5 讲解获取异常信息的方法及说明。 4.6 布置任务：使用上述方法输出进行除法运算时除数为 0 的异常信息。巡视并指导学生完成。 4.7 提出问题：在 Java 语言中当程序发生异常时，可以使用什么进行处理？ 4.8 布置任务：使用 try…catch…finally 处理异常。在项目中创建 IO 流，分配内存资源，使用完后，在 finally 中关闭 IO 流并释放内存资源。巡视并指导学生完成。 4.9 布置工作页填写任务。	4.1 聆听老师的讲解，分析可控式异常的作用。 4.2 启动 eclipse 软件开发工具，新建 Java 项目文件，独立编码，完成可控式异常的编码。 4.3 聆听老师的讲解，分析运行时异常的作用。 4.4 启动 eclipse 软件开发工具，新建 Java 项目文件，独立编码，完成运行时异常的编码。 4.5 聆听老师的讲解，分析获取异常信息的方法及说明。 4.6 启动 eclipse 软件开发工具，新建 Java 项目文件，独立编码，完成编码。 4.7 分析并回答问题。 4.8 启动 eclipse 软件开发工具，新建 Java 项目文件，独立编码，完成编码。 4.9 完成工作页填写。	巡视并指导学生完成编码，及时给予反馈评价。
课时： 4 课时 1. 硬资源：移动互联应用开发学习工作站、展板、笔、A4 纸等。 2. 软资源：教材《Java 系统化项目开发教程》、教材《Java 基础案例教程》、《Java 面向对象程序设计》工作页、PPT 课件等。			

学习任务 2　工贸人员管理功能开发

	工作子步骤	教师活动	学生活动	评价
功能测试	完成应用程序的开发后，对应用程序进行测试，并编写测试文档。	1.1 选择一个典型的测试文档案例，结合案例讲解软件测试方法。 1.2 用软件测试的方法思路，引导学生编写测试用例。 1.3 巡回指导，及时解决学生出现的问题，记录学生普遍存在的问题。 1.4 程序测试无误后，安排组长小组成员将测试文档内容填入工作页中。 1.5 对整个项目进行总体评价。	1.1 听讲理解软件测试方法。 1.2 思考各种可能的入参，参照软件测试方法完成测试用例编写。 1.3 组长组织小组成员对问题进行讨论，提出解决办法，并再次调试。 1.4 程序测试无误后，将测试文档内容填入工作页中。 1.5 根据老师的反馈信息，对整个项目做个回顾。	1. 教师巡回指导，及时反馈学生出现的问题。 2. 教师查看学生完成的开发成果，并依据任务评价表打分，进行总体评价。
	课时： 2 课时 1. 硬资源：移动互联应用开发学习工作站、展板、笔、A4 纸等。 2. 软资源：教材《Java 系统化项目开发教程》、教材《Java 基础案例教程》、《Java 面向对象程序设计》工作页、PPT 课件等。			
评价展示	8 制作成果汇报 PPT	1.1 教师展示汇报设计 PPT 示例，讲解 PPT 制作方式及技巧；讲解成果汇报内容，制作的界面，设计说明等。 1.2 学生按照学号顺序上台汇报 PPT。进行作品展示，展示作品答辩时需要讲出学院的历史、基本情况、校训、校徽等信息，增进学生对校园的了解，培养学生的人文素养。	1.1 根据教师的提示点制作 PPT。 1.2 上台汇报 PPT。	1. 教师点评 PPT 制作画面是否美观。 2. 教师点评学生陈述展示时使用的专业术语是否准确、展示时的仪态是否大方得体、语言表达是否清晰流畅。
	课时： 2 课时 1. 硬资源：移动互联应用开发学习工作站、展板、笔、A4 纸等。 2. 软资源：教材《Java 系统化项目开发教程》、教材《Java 基础案例教程》、《Java 面向对象程序设计》工作页、PPT 课件等。			

考核标准

员工管理系统开发

情境描述：

广东亿讯科技有限公司与我校是校企合作单位，该公司正在研发一款员工管理系统 APP，该公司技术主管符经理负责这个项目，符经理是我校兼职企业老师，他认为计算机程序设计班级的同学能够胜任“员工管理系统”功能模块开发这个任务，计划带领该班同学完成“员工管理系统”功能模块开发，要求能够设计一个名为 Person 的抽象类和它的两个名为 Student（学生类）和 Employee（员工类）的子类。Employee 又有两个子类：教员类 Faculty 和职员类 Staff。创建三个 Employee 对象，将他们存储在 ArrayList 集合中，实现对象的添加、删除、计数和集合对象显示操作。

任务要求：

1. 设计一个名为 Person 的抽象类和它的两个名为 Student（学生类）和 Employee（员工类）的子类。Employee 又有两个子类：教员类 Faculty 和职员类 Staff。

2. 创建三个 Employee 对象，将他们存储在 ArrayList 集合中。

3. 实现对象的添加、删除、计数和集合对象显示操作。

参考资料：

实施任务时，你可以使用所有的常见教学资料，例如：工作页、教材、个人笔记、网络等。

评价方式：

终结性考核包括纸笔测试（制定方案）成绩（30%）+ 实操测试成绩（70%）两部分。

纸笔测试（制定方案）成绩由任课教师考评；实操测试成绩由任课教师、同专业组教师、企业代表组成考评小组共同实施考核评价，取所有考核人员评分的平均分为学生考核成绩。

评价标准：

1. 项目工程文件：工程文件命名规范（权重 10）

2. Employee 类、Faculty 类、Person 类、Staff 类、Student 类、Test 类是否完备，根据功能是否准确适当扣分。（权重 40）

课程 4　Web UI 设计

学习任务 1
"技能强国"网页设计
(36）学时

学习任务 2
"奥林匹亚"响应式网页设计
(44）学时

课程目标

学生学习完本课程后，应当能够胜任网页设计工作，能完成如"技能强国"网页设计、"奥林匹亚"响应式网页设计等工作任务，并严格执行网页行业设计标准和"6S"管理规定，具备独立分析与解决专业问题的能力，培养爱岗敬业的精神，为国家荣誉奋斗和努力的拼搏精神。

具体目标为：

1. 能根据网页设计的行业标准，阅读技术文档、UI 设计规格说明书；

2. 能与客户进行充分的交流，收集获取各种信息和素材，为实施做好准备工作，形成客户需求至上的职业意识。；

3. 会绘制网页效果草图，设计方案，并进行填写客户需求分析表单；

4. 能拟定一份工作计划，交代网页效果图设计流程，描述各个工作环节内容；

5. 能使用 Photoshop 软件进行基本操作，如创建文件，文件大小，初步的页面布局；

6. 能合理运用网页色彩搭配的技巧，正确选择网站色调；

7. 能遵循网页页面设计大小的规范；

8. 能运用 Photoshop 软件进行网页版式设计，制作相关素材；

9. 能在执行环节，绘制一份网页架构图，分析每个链接的目标及关系；

10. 能通过网站策划方案进行网页界面的设计工作，有一定审美观、创意能力；

11. 在制作技能强国网页的过程中，能学习技术能手的拼搏精神，提高学习技术的动力；

12. 在制作响应式网页设计的时候，能了解行业规范，养成规范设计的职业习惯。

课时：80

课程内容

本课程的主要学习内容包括：

1. 用Photoshop软件进行基本操作，如创建文件，设置文件大小；
2. 绘制网页效果草图的方法；
3. 填写客户需求分析表单的规范；
4. 拟定工作计划的方法；
5. 网页效果图设计流程方法；
6. 网页色彩搭配的技巧；
7. 网页界面设计、版式设计技巧；
8. 绘制网页架构图，分析每个链接的目标及关系，并做记录；
9. 图形图像处理的技巧；
10. 赏析和借鉴优秀网页案例的方法；
11. 模拟一个综合案例进行操作的方法；
12. 响应式网页设计方法和规范。

学习任务 1　“技能强国”网页设计

任务描述

学习任务学时：36 课时

任务情境：

现有学院训练中心网站页面，要求学生根据该网站上的图片、文字等资料，设计一个“技能强国”主题网页，要求主页上有技能强国相关新闻、世界技能获奖选手照片和介绍入口、关于世界技能大赛各项目的介绍入口等。根据各团队设计风格进行素材收集与整理，从中提炼关键性特征元素，并手绘设计草图，根据草图使用 Photoshop 或 AI 软件绘制图标效果图，并优化效果，制作时间为 3 天，成果分别存储为 PSD 和 JPEG 文件格式，并进行效果展示、交付和总结。

具体要求见下页。

工作流程和标准

工作环节 1

明确任务：“技能强国”主题网页

美工从主管处接收任务后，确定客户要求设计“技能强国”主题网页，需要设计主体风格，在学院训练中心中可以找到相关素材。

主要成果：

1. “技能强国”网站主页设计。通过案例分析网站首页的构成；
2. 设计流程【成果】：首页基础尺寸标注图；
3. 任务【成果】：搜索框 初定风格。

工作环节 2

页面编排设计

收集整理任务相关素材，查找世界技能大赛选手和获奖者资料，查找世界技能大赛相关新闻资讯。根据收集的资料，确定网页图片与文字内容的对应关系。

主要成果：

1. 页面初步编排【成果】：技能强国主页设计初稿；
2. 导航、banner 等页面元素设计【成果】：主页导航、banner 文字的色彩。

工作环节 3

页面效果优化

3

根据训练中心网站案例和技能强国主页设计初稿，优化技能强国主页，根据制作的导航、banner 等相关素材，修订初稿，形成终稿。

主要成果：

1. 技能强国主页案例【成果】：技能强国优化效果图。

工作环节 4

评价反馈

4

掌握从草图到效果的制作方法，从构思到草图终稿，绘制并优化技能强国主页效果图。根据以上技能是否掌握进行评价。

主要成果：

1. 技能强国主页案例【成果】：技能强国优化效果图。

工作环节 5

任务拓展

5

通过技能强国主页的设计与优化，制作拓展任务，使之与企业应用接轨。有利于教学与企业对接，提高学生的知识应用能力。

主要成果：

1. 任务拓展【成果】：世界技能大赛历届工贸获奖选手介绍网页制作；
2. 任务拓展【成果】：世界技能大赛历届工贸获奖选手介绍网页效果图。

学习内容

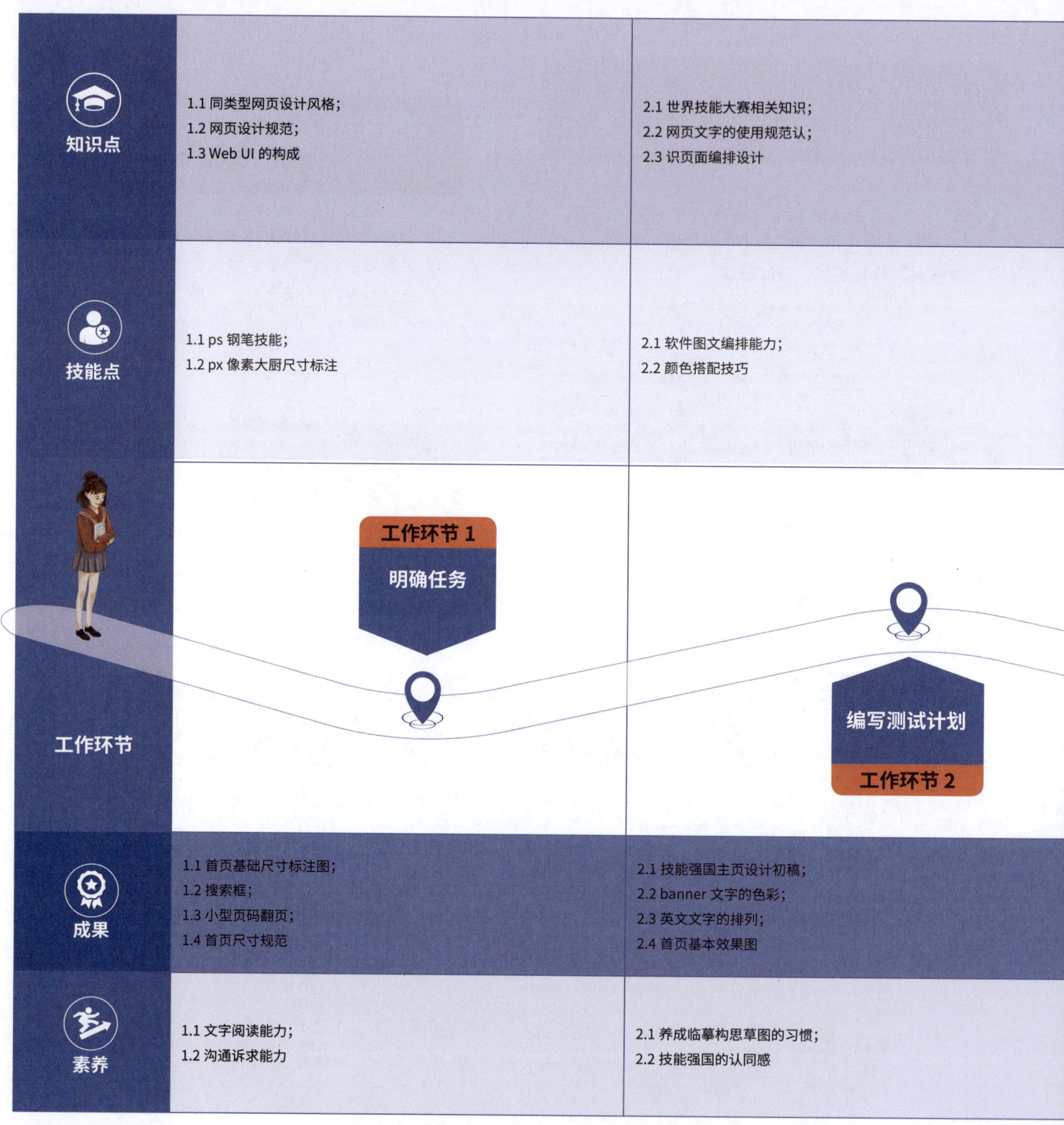

知识点	1.1 同类型网页设计风格； 1.2 网页设计规范； 1.3 Web UI 的构成	2.1 世界技能大赛相关知识； 2.2 网页文字的使用规范认； 2.3 识页面编排设计
技能点	1.1 ps 钢笔技能； 1.2 px 像素大厨尺寸标注	2.1 软件图文编排能力； 2.2 颜色搭配技巧
工作环节	工作环节 1 明确任务	编写测试计划 工作环节 2
成果	1.1 首页基础尺寸标注图； 1.2 搜索框； 1.3 小型页码翻页； 1.4 首页尺寸规范	2.1 技能强国主页设计初稿； 2.2 banner 文字的色彩； 2.3 英文文字的排列； 2.4 首页基本效果图
素养	1.1 文字阅读能力； 1.2 沟通诉求能力	2.1 养成临摹构思草图的习惯； 2.2 技能强国的认同感

学习任务 1　“技能强国”网页设计

3.1 扁平化风格的特点	4.1 页面的整体搭配知识	5.1 分页面网页设计特点
3.1 用扁平化风格修饰页面	4.1 jpg、png 格式存储	5.1 邻近色搭配
工作环节 3 页面效果优化	实施测试 工作环节 4	工作环节 5 评价展示
3.1 技能强国主页优化效果图	4.1 自评表	4.1 世界技能大赛历届获奖选手介绍网页效果图； 4.2 “世界技能大赛历届获奖选手介绍”网页优化文字方案
3.1 合理修饰页面； 3.2 修饰效果的审美素养	4.1 评价认知； 4.2 总结能力	5.1 自主设计的创新能力

学习任务 1　“技能强国”网页设计

1 明确任务　2 页面编排设计　3 页面效果优化　4 评价反馈　5 任务拓展

明确任务

工作子步骤	教师活动	学生活动	评价
接收设计任务，学习网页宽度等尺寸规范。	1.1 教师发放任务，模拟与客户沟通。角色扮演法。 1.2 讲解：web UI 的构成提炼关键词法组织学生明确任务。 1.3 组织学生反馈关于 web UI 的关键词。 1.4 引导学生学习学院训练中心首页尺寸 https://www.gzittc.edu.cn/forum/train/ 小组学生学习网页宽度基础尺寸。引导学生阅读相关资料（见学生活动） 1.5 引导明确搜索框基础尺寸：长度不少于130 像素,高度不低于18 像素。 1.6 布置任务：制作技能强国网页搜索框。要求：先画草图，再模仿其他的搜索框进行制作。 1.7 讲解小型页码翻页，布置学生为网页制作翻页界面。 1.8 登陆 http://fkjzjc25.faisco.cn/，引导学生查看网站现有导航图标，页面布局分析。 1.9 讲解钢笔工具。很多时候都需要用到钢笔工具，例如做精确选区、路径抠图等，都需要使用钢笔工具。 2.0 px 像素大厨尺寸标注图教学。	1.1 接受任务，了解客户沟通过程。 1.2 明确“技能强国”网页设计任务从模仿到优化。分组讨论，上网查资料，认识 web UI，使用提炼关键词法，记录 web UI 特征。 1.3 学生汇报。 1.4 网页宽度基础尺寸。小组学生接收任务，学习网页宽度基础尺寸。 小组讨论学习结果。用旋转木马法讨论新知识点。 1.5 学习搜索框设计基础尺寸。小组学生根据教师发放的资料，自学搜索框设计基础尺寸。 1.6 模仿其他搜索框，为技能强国网页制作搜索框。 1.7 小组学生上网查找页码设计基础尺寸。制作一个页面翻页界面。 1.8 了解网页设计风格,学习扁平化风格。 1.9 用钢笔工具制作练习，输出成果。 2.0 px 像素大厨使用技能。	1. 教师讲解 web UI，检验小组学习成果。抽查提问。 案例首页尺寸，学生对比答案互评，并修正。 2. 用工作站法（让学生任务互评），评分配比如下：构图 20%； 色彩搭配的合理性 20%；创意思维 30%； 完成及展示效果 30%。

课时： 10 课时

1. 硬资源：视觉设计学习工作站、设计台、多媒体教学设备、展示板、教学用笔等。
2. 软资源：Photoshop CS6 以上、卡纸等。
3. 教学资料：学院训练中心网站首页、同类网站素材（如世界技能大赛中国研究中心）:https://wscrc.tute.edu.cn/、同类网页整体效果图素材，了解同类网站设计的发展趋势、《Web UI 设计》工作页、学院训练中心模板素材等。

1 明确任务　2 页面编排设计　3 页面效果优化　4 评价反馈　5 任务拓展

页面编排设计

工作子步骤	教师活动	学生活动	评价
文字的编排。	2.1 教师下达任务：PPT 展示收集世界技能大赛中国研究中心网页 UI 素材任务（包含按钮图标，banner 视觉设计等类别）； 教师打开世界技能大赛中国研究中心网站（https://wscrc.tute.edu.cn/），采用对比学习法，提出小组学生总结对比世界技能大赛中国研究中心网站与"技能强国"网站异同，指导学生填写"UI 视觉设计优点"。 2.2 介绍网站素材编排方法，指导学生整理并做网站的初始编排，在编排过程中，多参考其他网站的页面布局和图片文字的编排方法。 2.3 引导研究同类网站，并总结此类网站存在的共同点和不同点。 2.4 教师分析 Web UI 设计的方法，并组织学生分组讨论各自搜集的案例。 2.5 讲解网页文字使用规范，引导学生正确设计和使用网页文字。 2.6 教师让学生互评，通过与原图的对比，对模仿的精度进行评估，提高学生的自主学习能力。	2.1 小组学生接收任务，进行素材的收集，收集历届世界技能大赛获奖选手资料，我校历届技能大赛参与选手资料，世界技能大赛相关新闻资讯。 2.2 根据收集到的文字和图片等素材，按照网站设计方法，学习不同行业网站页面编排的异同。制作页面编排效果。 2.3 对世界技能大赛中国研究中心网站（https://wscrc.tute.edu.cn/）UI 进行探索学习，了解该类网站与技能强国网站的异同。（不同行业网站进行对比学习，总结差异化设计需求。） 2.4 小组学生根据教师讲解的 UI 视觉特征，每个小组再搜集一个 Web UI 设计案例，组长轮流到各个小组演示本小组收集与整理 Web UI 的操作方法，并互相讨论点评。 2.5 学习网页文字使用规范。 2.6 网页图文编排案例模仿。（色彩搭配，图文编排规范。）	1. 教师综合分析不同行业网站编排的差异化（如：广汽乘用车类网站的交互性更强，建材类目标客户群多是采购商），小组自评（理解能力）。 2. 小组学生互评：素材收集方法与整理情况是否合理（Web UI 风格、分类）。 3. 学生自评，组织互评，教师总结。 4. 工作站法（任务结束互评），评价配分：构图 20%；色彩搭配的合理性 20%；创意思维 30%；完成及展示效果 30%。

课时： 10 课时

1. 硬资源：视觉设计学习工作站、设计台、多媒体教学设备、展示板、教学用笔等。
2. 软资源：Photoshop CS6 以上、卡纸等。
3. 教学资料：学院训练中心网站首页、同类网站素材（如世界技能大赛中国研究中心）:https://wscrc.tute.edu.cn/、同类网页整体效果图素材，了解同类网站设计的发展趋势、《Web UI 设计》工作页、学院训练中心模板素材等。

学习任务 1 “技能强国”网页设计

1 明确任务 → 2 页面编排设计 → 3 页面效果优化 → 4 评价反馈 → 5 任务拓展

页面效果优化

工作子步骤	教师活动	学生活动	评价
优化技能强国网效果图。	3.1 PPT 展示技能强国 Web UI 任务。教师展示效果图制作中流程图的案例，抽选学生分析案例与流程的关系。 3.2 组织学生对同类 LOGO 进行模仿与思考如何优化，并填写工作页。 3.3 组织学生模仿制作技能强国网导航栏、内容等，讲解网页色彩搭配知识，加深页面整体视觉设计的理解。 3.4 布置任务：填写工作页、制作首页元素效果图（优化）。 3.5 教师布置任务，加深学生理解，扁平化介绍及点评，学生模仿此案例。 3.6 教师展示学生作品，技能强国 Web UI 优化图，小组学生互评完成设计效果图的任务。	3.1 小组学生接受任务，实施可优化部分。 3.2 模仿同类 LOGO，思考并填写工作页。 3.3 认识 Web UI 网页色彩搭配，理解页面的整体视觉设计。 3.4 完成工作页填写，学习制作首页元素效果图优化。 3.5 根据教师讲授的知识以及所给素材，小组学生自学模仿扁平化案例。 3.6 小组学生分析完成网站 UI 设计，学生根据教师给出的修改建议进行修订作品，形成终稿并上交。	1. 教师适时点评学生制作的首页色彩搭配。 2. 工作站法（任务结束互评），评价配分：构图 20%； 色彩搭配的合理性 20%；创意思 30%； 完成及展示效果 30%。

课时： 8 课时

1. 硬资源：视觉设计学习工作站、设计台、多媒体教学设备、展示板、教学用笔等。
2. 软资源：Photoshop cs6 以上版本、卡纸等。
3. 教学资料：纸、笔、设计草图素材图、技能类 Web UI 模仿案例、其他 Web UI 手绘草图案例、技能类 Web UI 设计任务情境 PPT 演示文档、《Web UI 设计》工作页及参考答案等。

基准学时：36

页面编排设计

工作子步骤	教师活动	学生活动	评价
文字的编排。	4.1 组织学生根据案例评价作品。(从色彩、页面尺寸等方面分析）。 4.2 组织填写自评表。 评价对象概述： web design（又称为 Web UI design，WUI design，WUI），是根据企业希望向浏览者传递的信息（包括产品、服务、理念、文化），进行网站功能策划，然后进行的页面设计美化工作。作为企业对外宣传物料的其中一种，精美的网页设计，对于提升企业的互联网品牌形象至关重要。	4.1 学生每人收集 10 份案例，对收集的案例综合分析。 4.2 对学生自己作品中的不足进行自评。填写自评表。	1. 教师组织学生互评。 2. 工作站法（任务结束互评),评价配分: 构图 20%； 色彩搭配的合理性 20%; 创意思维 30%; 完成及展示效果 30%。
课时： 2 课时 1. 硬资源：视觉设计学习工作站、设计台、多媒体教学设备、展示板、教学用笔等。 2. 软资源：Photoshop cs6 以上版本、卡纸等。 3. 教学资料：《Photoshop 软件的界面构成和基本操作》、了解优秀案例：https://wscrc.tute.edu.cn/、《Web UI 设计》工作页等。			
“世界技能大赛历届工贸获奖选手介绍”网页优化方案。	5.1 教师提出学生独立上网查找不同行业的网页视觉效果。 5.2 教师点评“世界技能大赛历届工贸获奖选手介绍”网页效果图，对难点进行分析，重点进行讲解。	5.1 学生独立上网查找不同行业的网页视觉效果。 5.2 随机抽选学生演示世界技能大赛历届工贸获奖选手介绍 UI 设计输出，学生互评。	1. 展示工作页的正确答案，学生自评。 2. 教师点评：制作过程，组织学生互相学习。 3. 小组互评 工作站法（任务结束互评),评价配分: 构图 20%; 色彩搭配的合理性 20%; 创意思维 30%; 完成及展示效果 30%。
课时： 6 课时 1. 硬资源：视觉设计学习工作站、设计台、多媒体教学设备、展示板、教学用笔等。 2. 软资源：Photoshop CS6 以上、卡纸等。 3. 教学资料：电脑、视觉设计学习工作站、WORD 文档、演示文档、教材、一体机、投影、白板、教学用笔、《Web UI 设计》工作页等。			

学习任务 2 “奥林匹亚”响应式网页设计

任务描述

学习任务学时：44 课时

任务情境：

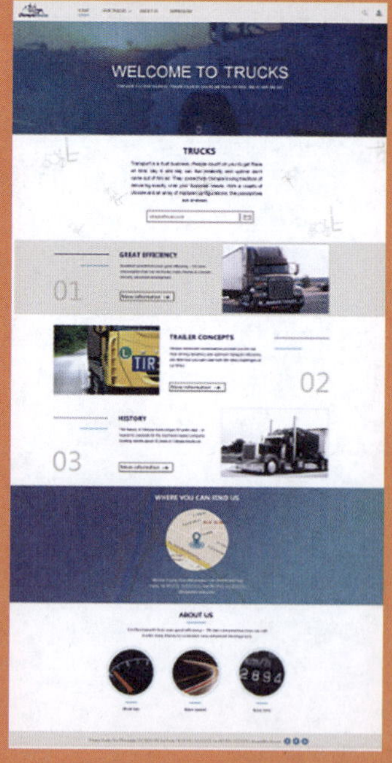

奥林匹亚”响应式网页设计的学习任务来自某物流运输公司的网站改版，为了提高目标客户的用户体验，现根据网站要求进行优化设计，保留原有主基调的同时增加视觉美感及实用性，交付 2 套设计图。网站视觉设计工作室的老师接到任务后，要求同学们明确该公司网站的设计风格，根据风格进行素材收集与整理，从中提炼关键性特征元素，并写出改版方案，根据方案使用 Photoshop 软件绘制字体效果图，并优化效果，制作时间为 3 天，成果分别存储为 PSD 和 JPEG 文件格式，最后进行展示、交付和总结。

具体要求见下页。

工作流程和标准

工作环节 1

明确任务

设计师从主管处接收任务后，根据网站要求进行优化设计，定制出 PC 端、平板、手机端的设计稿。保留原有主基调的同时增加视觉美感及实用性。在设计过程中，查找响应式网页的设计规范，严格按照相关设计规范来进行模板的制作。

主要成果：

三种规格的尺寸【成果】：创建三种规格的模板。

工作环节 2

页面元素设计

2

奥林匹亚公司相关字体素材收集和整理，并进行对比分析和风格参考，提炼“奥林匹亚”游戏网站广告字体的关键性特征元素，制作版式。页面元素的尺寸规范和布局等必须严格按照网页设计规范进行制作。

主要成果：

1. 全局导航元素【成果】：全局导航界面。
2. 页脚的设计【成果】：页脚的效果图。

工作环节 3

页面优化（Mobile）

3

按照“奥林匹亚”素材，规划该公司网站视觉设计。

主要成果：

1. 文字的编排（Mobile）【成果】：优化“车型推荐”UI 案例。
2. 图文的编排（Mobile）【成果】：优化“奥林匹亚”UI 设计。

工作环节 4

评价反馈

4

通过前置作品的制作设计，展开评价。

主要成果：

用工作站法开展互评【成果】：
工作站法互评表

工作环节 5

评价反馈

5

京东物流首页页面设计，展示交付效果，最后总结设计过程并存档。

总结：

总结的本任务所学和作用。

学习内容

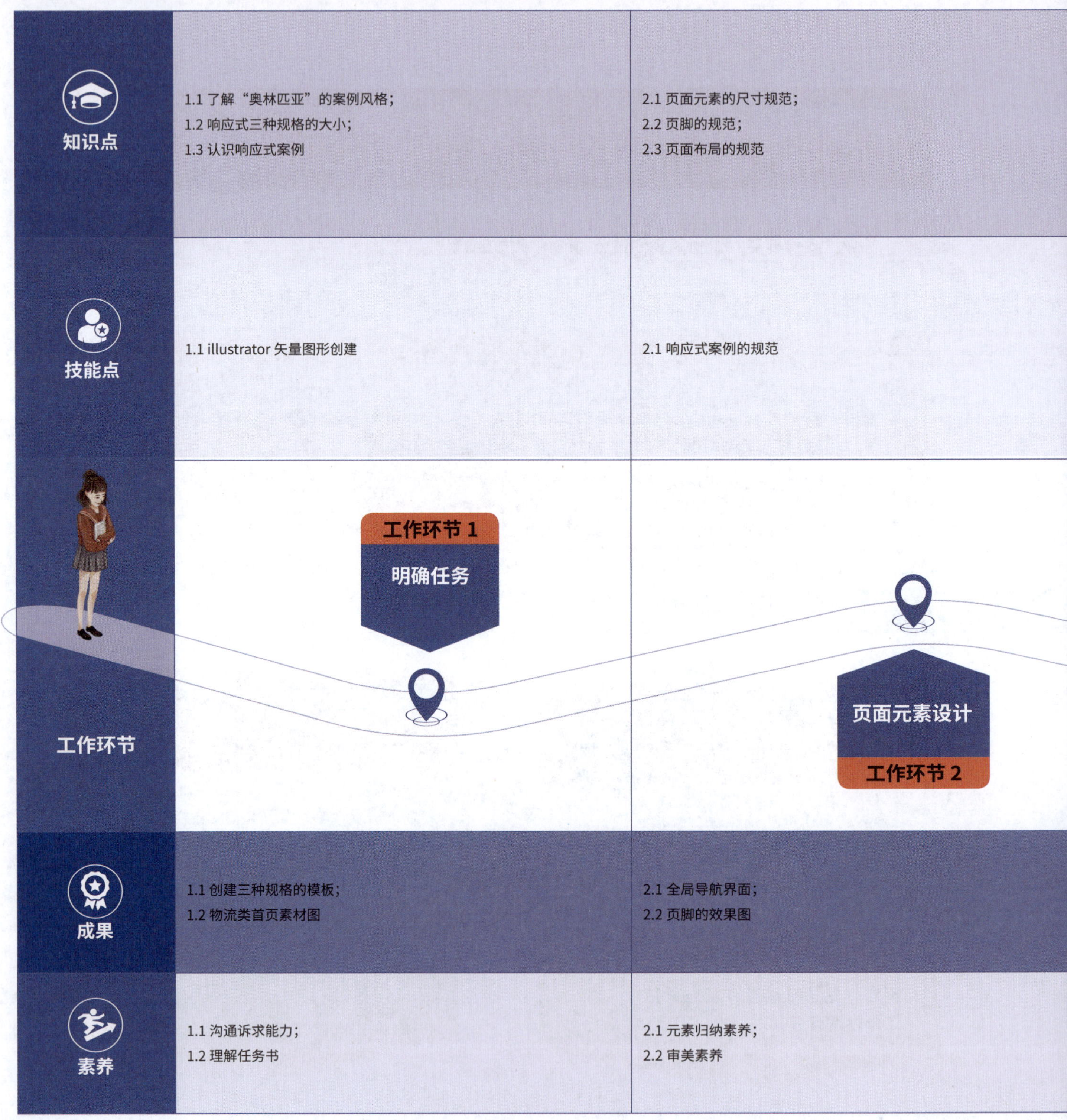

	工作环节 1 明确任务	工作环节 2 页面元素设计
知识点	1.1 了解“奥林匹亚”的案例风格； 1.2 响应式三种规格的大小； 1.3 认识响应式案例	2.1 页面元素的尺寸规范； 2.2 页脚的规范； 2.3 页面布局的规范
技能点	1.1 illustrator 矢量图形创建	2.1 响应式案例的规范
工作环节	工作环节 1 明确任务	页面元素设计 工作环节 2
成果	1.1 创建三种规格的模板； 1.2 物流类首页素材图	2.1 全局导航界面； 2.2 页脚的效果图
素养	1.1 沟通诉求能力； 1.2 理解任务书	2.1 元素归纳素养； 2.2 审美素养

学习任务 2　“奥林匹亚”响应式网页设计

3.1 图文的编排（Mobile）； 3.2 文字的编排（Mobile）	4.1 各组件间的色彩搭配； 4.2 产品图的背景色	5.1 风格的一致性
3.1 矢量图制作	4.1 产品图色彩变换	5.1 矢量图像绘制
工作环节 3 页面优化（Mobile）	工作环节 4 评价反馈	工作环节 5 任务拓展
3.1 优化“车型推荐”UI 案例； 3.2 优化“奥林匹亚”UI 设计	4.1 工作站法互评表	5.1 京东物流首页页面设计
3.1 分析能力； 3.2 知识的转化	4.2 综合分析	5.1 审美素养； 5.2 自主设计的创新能力

教学活动

学习任务 2 “奥林匹亚”响应式网页设计

1 明确任务　2 页面元素设计　3 页面优化（Mobile）　4 评价反馈　5 任务拓展

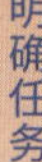

工作子步骤	教师活动	学生活动	评价
1. 接收设计任务，学习响应式案例网页宽度等尺寸规范。	1.1 教师发放任务。模拟与客户沟通。讲解：响应式网站设计是一种网络页面设计布局，其理念是：集中创建页面的图片排版大小，可以智能地根据用户行为以及使用的设备环境进行相对应的布局。提炼关键词法组织学生明确任务。  1.2 引导小组学生学习网页宽度基础尺寸。引导学生阅读相关资料（见学生活动）。 电脑 .1440*900 像素； 平板电脑 . 768*1024 像素； 智能手机 .320*480 像素。 1.3 引导学生了解网站现有风格，页面布局分析。  响应式网页设计就是一个网站能够兼容多个终端——而不是为每个终端做一个特定的版本。	1.1 接受任务，明确“奥林匹亚”任务从模仿到优化。分组讨论，上网查资料，认识响应式案例，使用提炼关键词法为任务寻找响应式案例。 学生接收老师所发资料：什么是响应式设计。 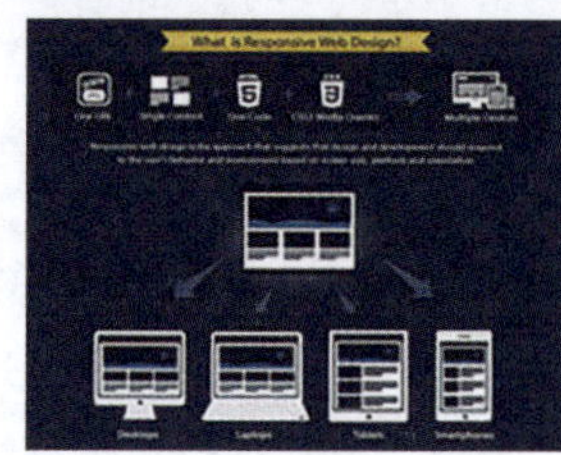 1.2 学生上网查询相关尺寸：网页宽度基础尺寸。小组学生接收任务，学习网页宽度基础尺寸。 小组讨论学习结果。用旋转木马法讨论新知识点。 1.3 了解“奥林匹亚”网设计风格，学习矢量图制作，便于响应式不同设备开发。 	1. 教师讲解响应式案例，检验小组学习成果。抽查提问。 案例首页尺寸，学生对比答案互评。并修正。 2. 用工作站法（让学生任务互评），评分配比：构图 20%； 色彩搭配的合理性 20%； 创意思维 30%； 完成及展示效果 30%。 3. 教师对学生作品进行点评，规范尺寸。

课时： 8 课时

1. 硬资源：视觉设计学习工作站、设计台、多媒体教学设备、展示板、教学用笔等。
2. 软资源：Photoshop 等。
3. 教学资料：物流类网站首页图片、同类企业网站素材（如京东物流图标）、物流类网页整体效果图素材，了解同类网站设计的发展趋势、《Web UI 设计》工作页、凡科建站模板素材等。

基准学时：44

页面编排设计

工作子步骤	教师活动	学生活动	评价
1. 页面元素设计。	2.1 教师下达任务：PPT 展示多种全局导航 UI 素材任务；  教师打开网址：http://blog.csdn.net，采用对比学习法，请小组学生总结对比上图素材与“奥林匹亚”全局导航的异同。 2.2 教师分析页脚设计的方法，并组织学生分组讨论各自搜集的案例。 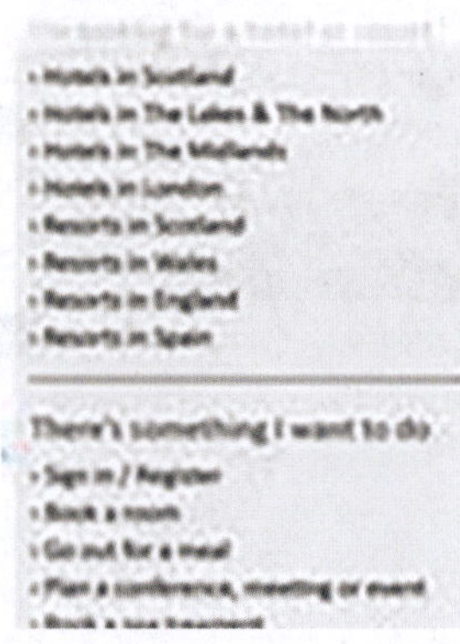 2.3 分析页面元素在不同的页面中的尺寸规范，并指导学生严格按照尺寸规范进行页面元素的制作和布局。	2.1 小组学生接收任务，并按照学习站法，制作全局导航效果，了解全局导航的设计。 （不同类型全局导航进行对比学习，总结差异化设计。） 2.2 小组学生根据教师讲解的页面元素特征，每个小组再搜集两个“页脚效果图”，组长轮流到各个小组演示本小组收集与整理 Web UI 的操作方法，并互相讨论点评。学习页脚使用规范。 2.3 学习并了解相关页面元素的尺寸规范，按照规范来进行设计和制作。	1. 教师综合分析不同行业网站元素的差异化。 2. 用工作站法（让学生评任务互评），评分配比：构图 20%； 色彩搭配的合理性 20%； 创意思维 30%； 完成及展示效果 30%。 3. 素材收集方法与整理情况是否合理，工作站法（任务结束互评）。

课时： 12 课时

1. 硬资源：视觉设计学习工作站、设计台、多媒体教学设备、展示板、教学用笔等。
2. 软资源：Photoshop CS6 以上、卡纸等。
3. 教学资料：UI 界面元素、全局导航案例、《Web UI 设计》工作页及参考答案等。

课程 4　Web UI 设计

学习任务 2　“奥林匹亚”响应式网页设计

1 明确任务 → 2 页面元素设计 → 3 页面优化（Mobile） → 4 评价反馈 → 5 任务拓展

页面优化（Mobile）

工作子步骤	教师活动	学生活动	评价
1. 文字编排、图文编排	3.1 PPT 展示奥林匹亚任务。 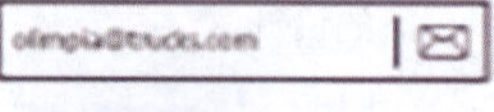  组织学生优化上图内容等。加深对页面整体视觉设计的理解。 3.2 布置任务：填写工作页、制作页面效果图（优化）。 3.3 教师布置任务，学生模仿此案例。指导分析学生模仿精度。  	3.1 小组学生接受任务，实施可优化部分。  教师布置：可通过图层效果增加图形的层次感，让画面丰富。 3.2 认识 Web UI 首页色彩搭配，制作优化案例。 3.3 掌握矢量图形制作的能力。  模仿制作。	1. 教师适时点评学生制作的首页色彩搭配。 2. 工作站法（任务结束互评），评分配比： 构图 20%； 色彩搭配的合理性 20%； 创意思维 30%； 完成及展示效果 30%。

课时： 12 课时

1. 硬资源：视觉设计学习工作站、设计台、多媒体教学设备、展示板等。
2. 软资源：Photoshop 等。
3. 教学资料：纸、笔、设计草图素材图、奥林匹亚 Web UI 模仿案例、其他 Web UI 手绘草图案例、奥林匹亚 Web UI 设计任务情境 PPT 演示文档、《Web UI 设计》工作页及参考答案等。

评价反馈

工作子步骤	教师活动	学生活动	评价
1. 学生互评，提高案例学习的效率。	4.1 组织学生根据案例评价作品。（从色彩、页面尺寸等方面分析。） 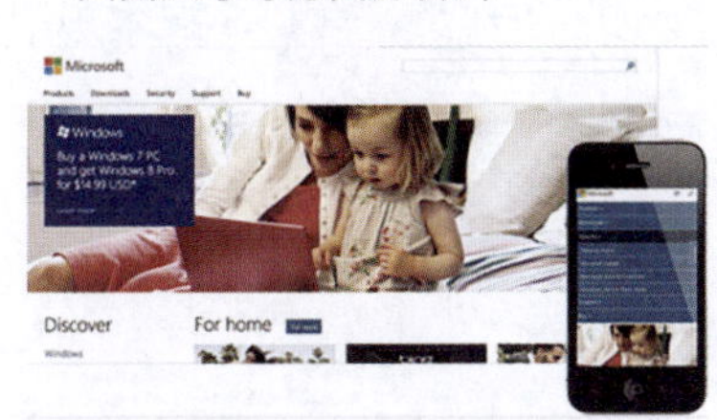 4.2 组织填写工作站法互评表。	4.1 学生每人收集 10 份案例，对收集的案例综合分析。 4.2 学生对自己作品中的不足进行自评。	1. 教师组织学生互评。 2. 工作站法（任务结束互评） 评价标准：构图 20%； 色彩搭配的合理性 20%； 创意思维 30%； 完成及展示效果 30%。

课时：4 课时

1. 硬资源：视觉设计学习工作站、设计台、多媒体教学设备、展示板等。
2. 软资源：Photoshop 等。
3. 教学资料：《Photoshop 软件的界面构成和基本操作》、凡科建站了解优秀案例 :http://wcd.im/、《Web UI 设计》工作页等。

任务拓展

工作子步骤	教师活动	学生活动	评价
任务拓展	5.1 发放任务，明确任务细节。 5.2 教师要求学生独立上网查找不同行业的网页视觉效果，制作京东物流网页。 5.3 教师点评“京东物流”首页效果图，对难点进行分析，重点进行讲解。 	5.1 接收任务，找相关素材。 5.2 京东物流网页视觉效果。  了解京东物流特点：京东物流以打造客户体验最优的物流履约平台为使命，通过开放、智能的战略举措促进消费方式转变和社会供应链效率的提升。 5.3 自评及教师点评。	教师点评制作过程，组织学生互相学习。 2. 小组互评 工作站法（任务结束互评），评分标准： 构图 20%； 色彩搭配的合理性 20%； 创意思维 30%； 完成及展示效果 30%。

课时：8 课时

1. 硬资源：视觉设计学习工作站、设计台、多媒体教学设备、展示板、教学用笔等。
2. 软资源：Photoshop 等。
3. 教学资料：电脑、视觉设计学习工作站、WORD 文档、演示文档、教材、一体机、投影、白板、教学用笔、京东物流制作效果图、《Web UI 设计》工作页等。

考核标准

一、方案设计（时间：320 分钟、成绩：80 分）

情境描述：

广州越秀区好居家楼房竣工开盘了，为了提升知名度，现委托耀星公司为其设计楼盘销售网页进行推广与宣传，要求网页界面具有中国风，整体界面清新舒适。客户提供了楼盘效果图，耀星公司项目主管小李找到你，按客户需求，落实本次楼盘销售网页效果图设计任务，并要求在 5 天内完成。本次任务不要求发布和测试。

任务要求：

1. 绘制网页草图：利用 A4 纸，把自己的设计创意草图画下来，交代清楚各个网页元素，网页内容，网页导航，甚至是把相关简要理念写下来。

2. 搜索资料

查找有关好居家楼盘的的资料，包括文字资料，图片资料等，查找相关楼盘广告的网站参考，收集相关模板。

3. 制作 LOGO

使用 Photoshop 软件进行绘制标识，标识可以是文字变体，可以是文字与图片混合组成，也可以是抽象图形组成，在 LOGO 文件下方粗略写下它的含义，要求 logo 也要体现中国风，最好带有中国元素。

4. 制作界面

至少制作两张界面，首页、专题页或任意一个内页，必需符合网页的特征，有常规的网页元素，通过设计图能感受到网页交互的意图，能富含足够的信息量，图片与文字安排合理。排版注意细节，注意适当的留白处理，信息内容清晰，容易阅读。务必注意客户需求，保证界面风格设计符合客户要求。

参考资料：

实施任务时，你可以使用所有的常见教学资料，例如：工作页、教材、技术规范手册、个人笔记、网络资源包等。

评价方式：

终结性考核包括纸笔测试（制定方案）成绩（30%）+ 实操测试成绩（70%）两部分。

纸笔测试（制定方案）成绩由任课教师考评；实操测试成绩由任课教师、同专业组教师、企业代表组成考评小组共同实施考核评价，取所有考核人员评分的平均分为学生考核成绩。

评价标准：

1. 纸笔测试（制定方案）中，主要考核学生设计草图和绘制原型图能力，各 15 分。

2. 实操测试主要考核学生的实操能力和展示能力，实操中包括企业 logo（10 分），页面布局（20 分）、网页元素（15 分），界面美观（15 分），展示能力 10 分。

3. 在图标和各页面的制作中，评价标准为界面或 logo 的规范性（30%）、界面美观性（20%）、难易度（20%）、创新性（10%）、中国风（10%）。

课程 5　Android 移动应用界面开发　　课时：100

学习任务 1
计算器 UI 界面开发
（50）学时

学习任务 2
美食 APP UI 开发
（50）学时

课程目标

完成本课程后，学生应当能够胜任 Android 移动应用软件开发中 Android 原生 UI 界面的开发工作，能按照行业规范实施编码；能严格执行企业管理制度、遵守网络安全规定、网络数据产权和 8S 管理规定;培养规则意识、技术运用、实践创新等职业意识。

具体包括为：

1. 能与主管（教师）沟通，明确用户软件开发的 UI 界面要求，形成客户需求至上的职业意识；
2. 能从主管（教师）处获取 UI 界面开发中需要的图形元素（例如：图标、图片、按钮等），并能根据布局需要进行图形处理；
3. 能够正确配置 Android Studio 开发环境；
4. 能够正确选择 Android UI 控件，按照行业编码规范（例如：控件 id 命名规范）编写代码实现 Android 软件的界面布局，形成自觉遵守职业规范的习惯；
5. 能开发个性化软件界面，提高用户体验，培养学生树立技术运用和创新意识；
6. 能够使用 Map、List 集合等完成数据的存储和读取等；
7. 能够使用第三方控件快速编码；
8. 能使用模拟器和真机进行软件开发成果的测试，判断和排除存在的问题；
9. 遵守软件开发企业和用户企业的相关规定，保护用户企业的商业机密等。

课程内容

本课程的主要学习内容包括：

1. Android 开发环境搭建；
2. Android 项目结构及项目清单配置；
3. Android 常见布局管理方式（LinearLayout、FrameLayout、RelativeLayout 等 5 种类型）的用途及用法；
4. Android 常用布局组件的用途及用法；
5. 列表组件（ListView、RecyclerView 等）的用途及用法，AdapterView 与 Adapter 构建动态界面的方法；
6. 集合（Map、List 等）的用途及用法；
7. Activity 组件的用途及用法；
8. 第三方控件使用的注入和使用，例如：ButterKnife 控件；
9. 结合生活生产，解决用户痛点，运用技术解决问题，在解决问题中提升创新意识；
10. 行业编码规范。

学习任务 1　计算器 UI 界面开发

任务描述

学习任务学时：50 课时

任务情境：

计算器是手机最常用的工具软件之一，小白到公司面试，面试官为考核小白的专业基础功底和创新意识，要求小白现场通过 Android 原生编码完成一个个性化计算器界面局。小白接到任务后：①创建计算器项目工程文件②配置 Andriod 开发环境③运用 Android UI 控件编码布局界面，在完成工作后交付面试官检查、确认。

开发项目实施中要严格遵守行业编码规范，养成编码规范的意识和习惯；在界面开发中要体现创新性、个性化的界面效果，运用 UI 界面开发技术，培养学生技术创新意识。

具体要求见下页。

计算器
3404
3404

工作流程和标准

工作环节 1

获取资讯

1. 与客户（考官）沟通，头脑风暴构思个性化计算器开发需求（创新意识）；熟悉 Android 开发环境搭建。
2. 编码实现简易 APP 启动页的布局。
3. 编码实现复杂 APP 启动页的布局。
4. 编码实现九宫格效果的布局。
5. 编码实现手机信息页面界面的布局。
6. 编码实现用户登录界面的布局。

主要成果：

1. 需求清单；
2. APP 启动页的线性布局工程文件；
3. APP 启动页的相对布局工程文件；
4. 九宫格效果布局的项目工程文件；
5. 手机信息页面界面的项目工程文件；
6. 用户登录界面布局的项目工程文件。

工作环节 2

界面设计和功能实现

1. 根据开发需求和获取的知识技能，按照 Android 开发规范（规则意识）编写代码，实现运用技术解决生活生产问题（技术运用（实践创新））目的。
2. 根据计算器业务逻辑，编码实现计算功能。

主要成果：

1. 计算器界面布局的项目工程文件；
2. 计算器项目工程文件。

工作环节 3

测试并交付

3

界面编码完成后，在模拟器和真机中进行测试，经测试无误后提交作业，考查学生技术运用（实践创新）成果；展示源代码过程中查看代码的规范性，考查规则意识（编码规范）养成情况。

主要成果：

计算器 apk 文件。

学习内容

知识点

1.1 Android 开发环境搭建；
1.2 Android 项目结构及项目清单配置；
1.3 Android 界面设计基础知识、界面视图组成元素；
1.4 Android 常见布局管理方式（LinearLayout、FrameLayout、RelativeLayout 等 5 种类型）的用途及用法；
1.5 AndroidAndroid 常用布局组件的用途及用法（TextView、EditView、Button、ImagView、ImageButton 等）；
1.6 Android 开发规范手册

技能点

1.1 能与客户（教师）沟通，获取该计算器的开发需求；
1.2 能利用开发平台 Android Studio，熟练使用 view 和 viewGroup 等视图控件完成 APP 启动页、 手机信息页、用户登录页等界面开发，编码需要符合 Android 开发规范

工作环节

工作环节 1

获取资讯

成果

1.1 APP 启动页、手机信息页、用户登录页等界面布局文件

素养

1.1 Android 编码规范的意识和习惯养成（遵守规则意识）；
1.2 阅读理解能力、自主探究能力、沟通表达能力

学习任务 1　计算器 UI 界面开发

工作环节 2 界面设计和实现	工作环节 3 界面测试及交付
2.1 第三方控件使用（ButterKnife）； 2.2 按钮事件及事件处理方式； 2.3 样式的用途和用法； 2.4 主题的用途和用法； 2.5 国际化设置方法； 2.6 Android 开发规范手册； 2.7 计算器功能实现逻辑； 2.8 Android 开发规范手册	3.1 真机的安装 apk 方法； 3.2 apk 文件的生成方法
2.1 能创建工程文件； 2.2 能利用布局类型和控件布局界面（界面布局创新）； 2.3 能运用样式和主题美化界面； 2.4 能使用第三方控件注入控件对象； 2.5 能根据计算器业务逻辑，编码实现功能（拓展）	3.1 会创建模拟器； 3.2 能在真机上安装测试； 3.3 根据展示需要制作 PPT，并能流利讲解学习成果
2.1 计算器界面布局项目文件； 2.2 计算器项目工程文件	3.1 计算器 Android 项目工程文件夹
2.1 创新意识，树立技术运用（实践创新）意识	3.1 语言表达能力

学习任务 1　计算器 UI 界面开发

1 获取资讯　2 界面设计和功能实现　3 界面测试并交付

获取资讯

工作子步骤	教师活动	学生活动	评价
课程教育 安全教育	1.1 展示讲解课程学习目标、内容、方法、成果及学习要求，激发学生学习兴趣。 1.2 展示讲解学院课堂管理要求、安全教育内容、8S 要求等。 1.3 展示任务效果，展示讲解时融入思政教育内容。 引出华为事件内容，引导学生思考，激发学生内心爱国爱岗（技能强国）信念。 1.4 随机抽取几名同学，谈谈对这两个事件的思考和认知，说说个人学习小目标。	1.1 观看、聆听、明确课程的学习目标、内容及要求。 1.2 观看、聆听、明确学院课堂管理要求、安全教育及 8S 管理要求。 1.3 观看效果图，聆听教师讲解：华为事件内容，独立思考，激发自我情感，引起内心震撼，树立爱国爱岗（技能强国）信念。 1.4 谈谈个人对事件的看法，精心思考并说出学习小目标，内心思想变化。	1. 口头提问：课程在专业中的位置是什么？课程学习内容有哪些？学习成果？学习方法？官方文档怎么查询？课堂教学管理有哪些主要要求？8S 指的是什么？ 2. 通过观察学生聆听典型事件后的表情了解华为事件对学生的触动情况。 3. 随机抽取 3 名（好、中、差）学生回答，通过聆听学生对事件的看法和说出的学习目标来了解和考查学生内心情感的变化，树立技能强国的意识。
课时： 2 课时 1. 硬资源：移动互联应用软件开发学习工作站（电脑及网络）等。 2. 软资源：课件或讲义、项目效果、思政教育案例等。			
1. 与客户（考官）沟通，头脑风暴构思个性化计算器开发需求。	1.1 布置任务：参照手机上自带的计算器外观以及需求分析获取的需求，根据获取的界面设计知识技能完成计算器界面的设计和实现。 【任务引导及要求】 1）结合工作生活案例讲解国家科技创新相关内容，在学生心中种下创新种子；能否开发一款与手机自带不同界面和功能的计算器？ 2）开发过程中要按照 Android 行业编码规范编写代码；能够独立编码完成真实计算器界面的布局。	1.1 接受任务、明确任务、任务说明。 【明确任务要求】 1）思考能否开发一款与手机自带不同界面和功能的计算器？ 2）明确 Android 行业编码规范。	

基准学时：50

1 获取资讯　2 界面设计和功能实现　3 界面测试并交付

获取资讯

工作子步骤	教师活动	学生活动	评价
1. 与客户(考官)沟通，头脑风暴构思个性化计算器开发需求	1.2 【头脑风暴】收集、分析目前常用手机中自带计算器的外观和功能；然后结合生活体验，头脑风暴产生新需求，并将分析结果记录在需求清单中。	1.2【头脑风暴】小组成员头脑风暴，结合生活体验，在组长带领下，头脑风暴讨论产生个性化计算器的新需求，并记录在需求清单中。	1. 通过查看学生提交的计算器界面规划结构图，考查学生是否树立创新意识。 2. 随机抽检(好、中、差)学生配备的开发环境，检测其是否配备正确，是否能正确工作。 3. 随机抽检学生完成的工作页内容（Android 应用程序构成目录及各目录用途），检查学生对 Android 开发环境的掌握情况。 4. 查看学生提交的项目（Helloworld）运行效果，考查学生是否掌握了 Android 项目的创建方法和运行测试方法。
	1.3 提出问题：同学们平时经常在手机上安装使用各类 APP，那么大家知道 APP 软件开发环境是什么？怎么安装并搭建开发环境？	1.3 聆听接受问题并思考回答。	
	1.4 引导学生阅读教材 P6~10 页，熟悉 Android Studio 的安装要求、安装方法、系统环境配置方法。巡回指导，帮助学生检查及测试。	1.4 在老师引导下，查阅教材，明确 Android Studio 的安装环境要求、JDK、SDK 概念及配置方法。并动手操作检查软件是否安装成功，环境配置是否正确、可用，回答工作页 P1 中的问题。	
	1.5 布置任务：启动 Android Studio 软件，创建第一个 Android 项目（在手机屏幕上显示欢迎界面），并通过两种方式测试项目运行效果： 1) 在模拟器上测试。 2) 在真机上测试，讲解说明任务实施方法及可用资源（教材）的用法。	1.5 接受任务，明确任务要求，边听边思边记老师讲解的创建项目的步骤和方法。	
	1.6 教师巡回指导，解答问题，若遇到多数学生询问同一问题则终止学生操作，统一讲解演示答疑，然后让学生继续操作，直至完成。	1.6 启动 Android studio 软件，阅读教材 P20~P23,创建第一个项目(工作页 P5 要求）并测试。操作过程中小组成员互帮互助，有疑问及时询问老师。完成后提交作业（项目源码、运行效果图截图）。	
	1.7 广播控屏幕，展示学生上交的作业效果，肯定表扬，并针对作业效果再次强化项目创建方法、产品发布方法及测试要求。	1.7 观看教师展示的作业效果，静心聆听、总结 Android 项目的创建方法、产品发布方法等。	
	1.8 布置工作页任务并抽查督促学生完成，强化对理论知识的理解，构建编程知识体系。	1.8 结合获取的知识技能和操作体验，观看教材 P26，熟悉 Android 应用程序构成目录及用途，完成工作页 P3~4 的问题。	

课时： 4 课时

1. 硬资源：移动互联应用软件开发学习工作站、展板、笔、A4 纸等。
2. 软资源：教材、工作页等。

课程 5 Android 移动应用界面开发

学习任务 1 计算器 UI 界面开发

1 获取资讯 2 界面设计和功能实现 3 界面测试并交付

工作子步骤	教师活动	学生活动	评价
2. 编码实现简易APP启动页的布局。	2.1 展示讲义或课件，引导学生认识Android界面设计视图组成元素。 2.2 提问：项目文件结构包中，哪一个目录的什么类型的文件是用户界面文件？用户界面文件的用途是什么？用户界面文件有什么构成？布局文件命名要求？ 引导学生阅读教材或官方文档，回答问题，熟悉界面设计相关知识。 2.3 展示课件或讲义，引导学生学习Android界面视图的组成元素及特点。 2.4 布置任务：完成教材相关 3 个案例训练。 2.5 引导学生阅读教材,熟悉布局类型，并完成线性布局任务。教师巡回指导，答疑解惑。 2.6 随机抽查学生编写的代码及运行结果,并收集学生操作中遇到的问题;结合问题，讲解演示线性布局的要点及核心属性的使用方法。 2.7 结合作业效果，引导学生完成工作页问题。	2.1 观看、聆听、知道Android界面设计基础知识、Android界面视图组成元素。 2.2 明确问题，阅读教材P31页，回答问题。 2.3 观看、聆听、熟悉Android界面视图的组成元素及特点。 2.4 明确任务。 2.5 阅读教材，在教材指引下，尝试编写代码，学习线性布局的用途及用法。 根据效果图和参考材料（教材P32），新建一个Android项目，在linearLayout.xml文件中录入代码，录入完毕后保存并在模拟器中运行。学生操作中会遇到很多问题，将问题及时反馈给老师。 2.6 观看作业效果，聆听教师对核心知识点、技能点的讲解和解惑。 2.7 接受任务，根据操作体验，填写工作页回答问题，强化对理论知识的内化吸收。	1. 随机抽检，通过提问方式考查学生对项目文件目录用途的掌握情况。 2. 随机抽检好、中、差学生代表完成的项目代码和运行效果，评价学生对线性布局方式的理解和使用情况。

获取资讯

课时： 4 课时

1. 硬资源：移动互联应用软件开发学习工作站等。
2. 软资源：教材、工作页、讲义、案例素材等。

工作子步骤	教师活动	学生活动	评价
3. 编码实现复杂APP启	3.1 展示 Android 相对布局效果图，提出学习任务及要求。 3.2 展示讲解任务实施方法：新建一个 Android 项目，在 RelativeLayout.xml 文件中录入代码、保存、运行代码。 【重点】 1）讲解演示 Android 开发规范手册的用法。 2）结合手册，讲解开发工程师职业素养中的规则意识，熟悉职业相关法律法规、坚守职业操守。 3）编写代码时查看手册按照行业编码规范编码。 4）完成工作页相关内容的填写，再次强化对相对布局编码理论知识的理解。 3.3 布置任务：利用线性布局完成 APP 启动页面的布局。 3.4 巡回指导，解答问题。 3.5 收作业，随机抽查作业质量，点评，强调重点、易错点。 3.6 布置新任务：利用相对布局，完成启动页界面布局。 3.7 收作业，随机抽查作业质量，点评，强调重点、易错点。 3.8 要求学生完成工作页内容，并引导学生做笔记。	3.1 观看、明确任务效果及要求。 3.2 观看、聆听、明确任务实施方法；据效果图和参考材料（教材 P36），新建一个 Android 项目，在 RelativeLayout.xml 文件中录入代码，录入完毕后保存并在模拟器中运行。 【重点】聆听老师讲解行业编码规范，上网查找、学习：开发工程师需要具备的职业素养中的规则意识，熟悉职业相关法律法规、坚守职业操守（决不能运用技术害人、违法犯罪），引起思想上对生活、工作中规则的遵守意识。 接受任务，根据操作体验，填写工作页回答问题，强化对理论知识的内化吸收。 3.3 明确任务：线性布局实现启动页效果。 3.4 新建项目 SplashApp，拷贝素材，运用所学的线性布局完成启动页的布局。在编码时 查询并熟悉Android应用开发规范，编写代码时遵守编码规范。 3.5 交作业，观看、互学作品，强化、吸收。 3.6 观看课件或讲义，明确任务。运用所学相对布局特性完成界面布局。 3.7 交作业，观看、互学作品，强化、吸收。 3.8 完成上述任务的同学：仔细阅读、熟记，完成工作页 P13~15 的问题作答。完成所有任务后，将线性布局和相对布局的特征进行梳理、小结。	课堂巡查过程中： 1. 检查是否符合 Android 开发规范手册。 2. 关注学生是否按照手册规范进行编码（督促学生树立规则意识）。 学业成果检查： 1. 查看学生操作完成的 APP 启动页效果，评价相对布局和线性布局知识的运用情况。 2. 查看源代码，考查学生规范编码的实施情况。

课时： 6 课时

1. 硬资源：移动互联应用软件开发学习工作站等。
2. 软资源：教材、工作页、讲义、案例素材等。

学习任务 1　计算器 UI 界面开发

1 获取资讯　2 界面设计和功能实现　3 界面测试并交付

获取资讯

工作子步骤	教师活动	学生活动	评价
4. 编码实现九宫格效果的布局。	4.1 展示 Android 表格布局效果图，提出学习任务及要求。 4.2 展示讲解任务实施方法：新建一个 Android 项目，在 TableLayout.xml 文件中录入代码、保存、运行代码。 4.3 教师巡回指导，关注学生任务完成情况，及时答疑解惑。 4.4 完成工作页相关内容的填写，再次强化对相对布局编码理论知识的理解。 4.5 布置任务：熟悉帧布局特征及属性。 4.6 引导学生阅读教材 P37 页，熟悉帧布局特征及代码。 4.7 巡回指导学生完成教材 P38 的帧布局案例，熟悉帧布局特征及属性用途用法。	4.1 观看、明确任务效果及要求。 4.2 观看、聆听、明确任务实施方法；据效果图和参考材料（教材 P36），新建一个 Android 项目，在 TableLayout.xml 文件中录入代码，录入完毕后保存并在模拟器中运行。 4.3 将操作中遇到的问题，及时反馈给老师。 4.4 接受任务，根据操作体验，填写工作页回答问题，强化对理论知识的内化。 4.5 接受任务：知道任务内容及要求。 4.6 阅读教材 P37，画出帧布局特征的关键词，认识帧布局。 4.7 在表格布局项目文件中新建模块，编写代码实现 P38 页效果所示的帧布局代码，掌握帧布局。	1. 随机抽检，查看学生完成的表格布局 XML 文件，评价表格布局掌握情况。 2. 随机抽检，查看学生完成的帧布局 XML 文件，评价学生掌握情况。 3. 查看工作页问题完成情况，评价学生对常用布局方式（表格布局、帧布局、相对布局等）的掌握情况。
课时： 4 课时 1. 硬资源：移动互联应用软件开发学习工作站、展板、笔、A4 纸等。 2. 软资源：工作页、教材等。			
5. 编码实现手机信息页面界面的布局。	5.1 学习任务：展示任务效果图，要求运用表格布局（TableLayout）完成“手机信息页面运行界面的布局。 5.2 引导学生分析表格布局的结构图，复习回顾教材 P38 页表格布局代码。	5.1 接受任务：观看课件或讲义，明确学习任务及要求。 5.2 观看效果，思考，分析布局结构，并绘制布局结构，然后查询 P38 页表格布局属性，分析并书写出布局框架代码及核心属性。	1. 查看项目运行效果图和源代码，考核学生运用表格布局的掌握情况，考核样式的设置和使用情况，考核国际化设置的情况。 2. 课后查看学生提交的工作页答案，考核学生是否掌握表格布局的属性、样式和国际化设置的创建方法和核心属性。

工作子步骤	教师活动	学生活动	评价
获取资讯	5.3 讲解演示实现过程、核心代码含义、测试方法、编码规范等。	5.3 观看效果，在老师引导下：	
	1）样式的设置与使用方法：引导学生查看教材 P60~61 页的内容，模仿操作实现样式的设置与使用。	1）分析各个元素的共性特征，先找一行元素将属性及属性值设置，观看效果，若达到布局要求，则将共性样式抽 res/strings.xml 中 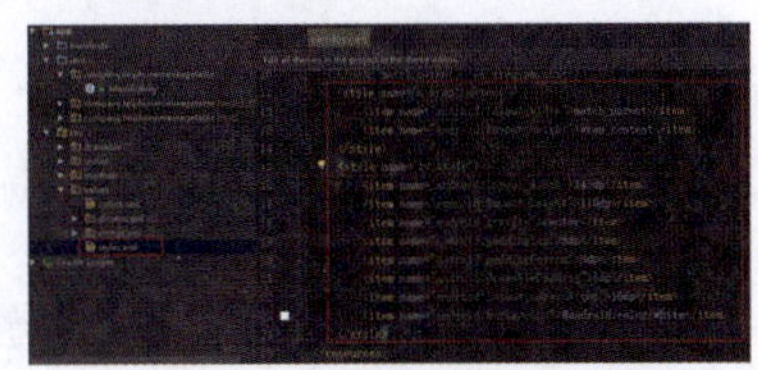 然后在需要用到样式的 view 或 viewGroup 中使用属性。 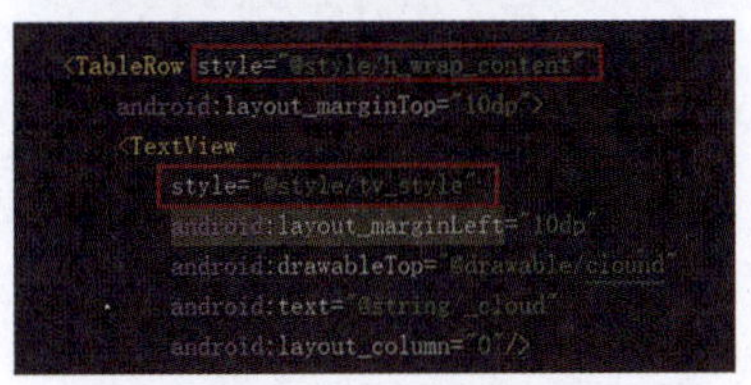 	
	2）国际化设置方法：引导学生查看教材 P62~65 页的内容，模仿编写实现国际化效果。 指导学生编码，巡回指导，查看学生掌握情况。	2）根据效果图，分析并设置国际化：参考教材 P62~65 页的内容，模仿编写代码实现国际化效果。	
	5.4 随机抽取学生机控屏幕，展示学生作业效果并引导其他学生比对自身效果，给出正确、错误等方面的评价，评价中自检，解决技术疑难点。	5.4 提交作业。观看屏幕，比对自身作业效果，聆听其他同学的评价，反思、内化知识的应用。对错误的或不完善的部分进行修改、调整。	
	5.5 布置任务：工作页问题作答和手写笔记。	5.5 完成工作页中相应内容的问题作答。阅读教材、工作页相应内容，核心点做笔记。	

课时： 6 课时

1. 硬资源：移动互联应用软件开发学习工作站、展板、笔、A4 纸等。
2. 软资源：工作页、教材、项目素材及源代码等。

课程 5　Android 移动应用界面开发

学习任务 1　计算器 UI 界面开发

获取资讯　→　2 界面设计和功能实现　→　3 界面测试并交付

	工作子步骤	教师活动	学生活动	评价
获取资讯	6. 编码实现用户登录界面的布局。	6.1 提出学习任务：利用常用控件完成用户登录界面的布局。 6.2 引导学生分析界面元素。 6.3 引导学生查阅资料，熟悉控件用途及属性，根据界面元素选择登录界面需要的控件、控件属性。 6.4 布置任务：编码完成界面布局。巡回指导，及时解答问题。共性问题，统一讲解演示。 6.5 抽查学生代码，考核学生是否掌握了控件的正确用法，是否完成了用户登录界面的布局。结合作业，再次讲解强化核心知识技能的使用方法和注意事项。 6.6 布置作业：完成工作页 P27 页的用户登录界面布局，强化知识的运用。	6.1 观看效果，明确任务。 6.2 依据效果，思考、讨论、分析并说出界面元素。 6.3 回顾或查阅教材熟悉各控件（TextView、EditText、Button、ImageView）的用途，结合效果图，思考、讨论、分析出各元素选用的控件及控件属性。 6.4 根据分析结果，新建 Login.XML 布局文件，录入代码，完成界面元素的布局。操作中互帮互助，学会使用控件布局界面元素。 6.5 观看任务效果，反思各个控件的用途、用法。 6.6 接收作业，明确要求，按时完成。	1. 随机抽选学生说出用户登录界面的界面元素构成，根据回答情况，考查学生是否理解并掌握常用控件的用途和用法。 2. 检查学生提交的用户登录页面效果及源代码，考核学生是否掌握 Android 常见控件的正确使用方法以及编码是否符合行业规范。
获取资讯	**课时：** 4 课时 1. 硬资源：移动互联应用软件开发学习工作站等。 2. 软资源：工作页、教材、案例素材及源码等。			
界面设计和功能实现	1. 按照安卓开发规范编码实现计算器界面的布局。	1.1 展示前一个工作完成的成果：个性化计算器开发需求。明确学习任务：请根据需求选择合适的视图控件，通过编码完成个性化计算器界面的开发。 1.2 讲解演示实现方法及核心要点： 1) 画出布局结构图。 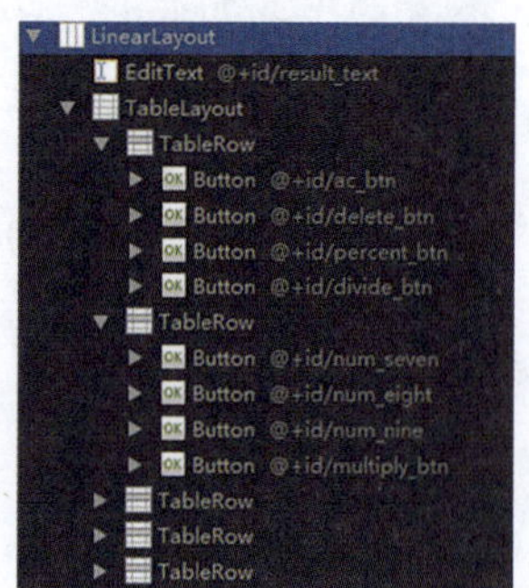	1.1 观看并打开前一个工作步骤的成果：个性化计算器开发需求，明确学习任务。 1.2 根据新需求规划开发界面效果的结构图。 1) 根据前边获取的知识技能规划计算器的界面控件	

 获取资讯  界面设计和功能实现 3 界面测试并交付

工作子步骤	教师活动	学生活动	评价
界面设计和功能实现	2) 根据结构图，指导学生编码，完成界面各元素的布局。 强调：编码规范的意识和习惯。	2) 根据结构图，边思考边动手编码，实现控件的布局。操作中若遇到问题，可以回看前期学习成果、教材；也要发挥团队力量，互帮互助共同提高。在实现任务时，先查询并熟悉 Android 应用开发规范，在编写代码时遵守编码规范。	
	3) 根据效果图，引导学生分析各个控件的共性样式，将其抽离出来，设计成样式（灰色按钮效果和红色按钮效果）； 讲解演示：应用样式给其他按钮的方法。	3) 以小组为单位，独立分析各个控件属性，并能将共性样式抽离出来，生成样式 styles.xml 文件，并学习将样式应用给其他对象的方法。	
	1.3 巡回指导，观察学生运用知识技能解决问题的情况，发现共性问题及时讲解答疑，督促学生能独立思考、小组互助完成布局任务。	1.3 根据效果图，结合上一步骤分析的结果，新建项目文件，编码实现界面的布局。 注意：编写困难，可参考工作页 P44~53 页的代码提示。	
	1.4 随机抽取学生机控屏幕，展示学生作业效果并引导其他学生比对自身效果，给出正确、错误等方面的评价，评价中自检，解决技术疑难点。 【展示作业注意事项】 展示作品时，查看源代码，考核开发规范。	1.4 观看屏幕，比对自身作业效果，聆听其他同学的评价，反思、内化知识的应用。对错误的或不完善的部分进行修改、调整。 观看源代码、评价代码的规范性。	
	1.5 引导学生总结 Android 界面布局的思路、控件选择方法及属性设置方法。	1.5 回顾、思考、总结 APP 界面布局思路、方法、常用控件用途及属性设置方法。	
	1.6 布置作业：阅读教材 P43~46，熟悉点击事件的处理方法。	1.6 明确作业要求，业余时间完成，遇到问题，及时与老师沟通。	

课时： 10 课时

1. 硬资源：移动互联应用软件开发学习工作站等。
2. 软资源：工作页、教材、案例素材及源码等。

学习任务 1 计算器 UI 界面开发

1 获取资讯 → 2 界面设计和功能实现 → 3 界面测试并交付

工作子步骤	教师活动	学生活动	评价
2. 根据计算器业务逻辑，编码实现计算功能。	2.1 展示任务效果，明确任务要求及学习目标。 【任务说明】 每位同学必须能够根据前期训练获取的知识技能、规则意识（编码规范），自觉按照规范完成任务，并按时上交（责任担当）。	2.1 观看、聆听、明确任务要求及学习目标。 【任务说明】运用前期训练获取的知识技能、规则意识（编码规范），能自觉按照规范完成任务，并按时上交（责任担当）。	1. 随机抽检，查看学生完成的表格布局 XML 文件，评价表格布局掌握情况。
	2.2 结合任务效果，引导学生分析界面构成，并要求学生独立编写实现界面布局。	2.2 思考、分析界面构成元素，新建项目，编写代码实现界面布局。	2. 随机抽检，查看学生完成的帧布局 XML 文件，评价学生掌握情况。
	2.3 提出问题：单击按钮后，改变按钮上的文字，该如何处理？提出新知识、新技能的学习：点击事件的 3 种处理方法： 1）指定 Button 的 onClick 属性方式。 引导学生观看教材 P44~45 页内容，梳理并讲解、演示实现方法及核心点巡回指导，解答问题。 2）采用匿名内部类方式。 引导学生观看教材 P44~45 页内容，梳理并讲解、演示实现方法及核心点巡回指导，解答问题。 3）接口方式。 引导学生观看教材 P44~45 页内容，梳理并讲解、演示实现方法及核心点巡回指导，解答问题。	2.3 观看、聆听、思考。学习新知识、新技能的用法。 1）指定 Button 的 onClick 属性方式。 边听边看边理解点击的处理方法 动手操作，编码实现点击效果，体验知识的应用，学习技能。 2）匿名内部类方式。 边听边看边理解点击的处理方法 动手操作，编码实现点击效果，体验知识的应用，学习技能。 3）接口方式。 边听边看边理解点击的处理方法 动手操作，编码实现点击效果，体验知识的应用，学习技能	3. 查看工作页问题完成情况，评价学生对常用布局方式（表格布局、帧布局、相对布局等）的掌握情况。
	2.4 布置任务：点击计算器数字按钮和运算符号后，将点击的内容显示在结果框中。	2.4 明确任务：计算器按钮点击事件的业务处理。	
	2.5 引导学生思考编码思路，讲解演示核心代码的编写方法、代码用途、编码规范（注释语句、命名规范等）。	2.5 在老师引导下思考、梳理编码思路，动手编码实现任务要求。 注意： 工作页 P53~60 页参考代码	
	2.6 课后作业：利用业余时间完成计算器各运算符的运算功能，并为计算器设置自定义的启动图标，最后经测试无误后能够安装到手机中进行简单的数字运算。	2.6 明确课后作业要求，课余时间编码实现计算功能，并测试计算器功能，最后发布安装。	

1 获取资讯　2 界面设计和功能实现　3 界面测试并交付

	工作子步骤	教师活动	学生活动	评价
界面设计和功能实现		2.7 教师下发计算器各按钮业务逻辑的核心代码。 2.8 课后按时督促学生完成课后作业，及时解决学生遇到的问题，及时催缴作业。	2.7 接收教师下发的学习材料。 2.8 按照课后作业要求，及时完成并上交，遇到问题及时与老师沟通、解决。	
	课时： 8 课时 1. 硬资源：移动互联应用软件开发学习工作站等。 2. 软资源：工作页、教材、案例素材及源码等。			
界面测试并交付	1. 界面功能测试及发布	1.1 布置任务：将用户登录界面输入的用户名和密码显示在消息对话框中。 1.2 引导学生分析实现思路，查看教材内容，熟悉 Toast 消息框的语法。 1.3 讲解演示核心代码的编码方法。 1.4 巡回指导，解答问题，查看学生任务完成情况，评价任务。 1.5 提出问题：Logcat 的用途是什么？用法？ 引导学生查阅教材 P67 页，知道 Logcat 的用途和用法。 1.6 收缴学生的学业成果和成果展示 PPT。 1.7 教师讲解作品展示的方法和要求： 1）在真机上展示计算器界面效果，小组要汇报创新点 2）展示源代码，查看编码规范；然后引导各小组展示分享学业成果。 1.8 课外作业：每位同学结合自身在本任务学习过程中获取知识、技能以及思想情感的变化，写一份不少于 150 字的总结，课后一周内上交。	1.1 接受并明确任务要求。 1.2 在教师引导下，思考并明确任务实现思路；查看教材内容，熟悉 Toast 消息框的语法和用法。 1.3 聆听、理解，学习消息框的用法。 1.4 打开前期用户登录界面项目文件，编写代码，实现显示输入内容在消息框的功能。 1.5 明确问题，查看教材，寻找答案，知道 Logcat 的用途。动手编写代码，知道用法。 1.6 上交学业成果和成果展示 PPT。 1.7 明确作品展示要求，在老师指引下，展示并讲解作品的创新点、结合 Android 规范编码手册展示并说出源代码规范性的具体体现。 1.8 每位同学明确作业要求：结合自身在本任务学习过程中获取知识、技能以及思想情感的变化，写一份不少于 150 字的总结，课后一周内上交。	1. 在真机中展示计算器界面效果，考查学生技术运用（实践创新）成果。 2. 展示源代码过程中查看代码的规范性，考查规则意识（编码规范）养成情况。 3. 查看学生写的小结，考核学生思想层面的变化。
	课时： 2 课时 1. 硬资源：移动互联应用软件开发学习工作站、展板、笔、A4 纸等。 2. 软资源：教材、工作页、视频等。			

学习任务 2　美食 APP UI 开发

任务描述

学习任务学时：50 课时

任务情境：

实际生活中，很多餐馆都提供APP订餐业务。小白刚到公司上班，公司现阶段正在为一个饭店开发订餐 APP，主管将该 APP 软件界面布局的任务交给了小白，小白领到任务后按照如下步骤实施：①明确该订餐 APP 界面要求②运用 Android Studio 软件创建项目③利用 Android 提供的布局控件完成各界面的布局，在完成工作后交付主管检查、确认。

具体要求见下页。

食
Mei shi
JAPANESE FOOD
CHINESE FOOD
THAI FOOD
JAPANESE FOOD

工作流程和标准

工作环节 2

界面设计和实现

根据美食 APP 软件界面要求，创建 Android 项目工程文件，运用获取的知识和技能，按照行业编码规范，编码实现美食 APP 软件界面的布局。

1. 按照行业编码规范，编码实现美食 APP 店铺界面的布局。
2. 按照行业编码规范，编码实现美食 APP 店铺产品介绍的布局。
3. 按照行业编码规范，编码实现美食 APP 用户登录的布局。

主要成果：

1. 美食 APP 店铺界面布局的项目工程文件；
2. 美食 APP 店铺产品介绍界面的项目工程文件；
3. 美食 APP 用户登录的布局文件

工作环节 3

测试及交付

界面编码完成后，在模拟器中进行测试，经测试无误后提交给教师（主管）进行审核和评价。

主要成果：

1. 测试后工程文件；
2. apk 安装文件。

工作环节 1

获取资讯

1. 与客户（教师）沟通，获取美食 APP 界面布局需求。
2. 获取开发新知识和技能，编码实现动态列表效果。
3. 获取开发新知识和技能，编码实现宝宝相册界面的布局。
4. 获取开发新知识和技能，编码实现 Android 应用市场界面的的布局。
5. 获取开发新知识和技能，编码优化 Android 应用市场界面的的布局。
6. 获取开发新知识和技能，编码实现复杂相册效果的界面布局。
7. 获取开发新知识和技能，编码实现卡片式食物介绍界面的布局。
8. 获取开发新知识和技能，编码实现负复杂动态相册效果的界面布局。

主要成果：

1. 美食 APP 界面布局的工作要求和图文素材；
2. 动态列表效果的布局工程文件；
3. 宝宝相册界面的布局工程项目文件；
4.Android 应用市场界面布局效果；
5. 优化的 Android 应用市场界面布局效果；
6. 复杂效果的宝宝相册布局项目文件；
7. 卡片式的食物介绍界面的布局项目文件；
8. 复杂动态相册效果的布局项目文件。

学习内容

知识点
1.1 ListView、CardView、RecyclerView 的用途和用法；
1.2 ArrayAdapter 用途和用法；
1.3 SimpleAdapter 适配器用途和用法；
1.4 BaseAdapter 适配器的用法和用法
技能点
1.1 与客户（教师）沟通，获取美食 APP 开发需求；
1.2 能使用 ListView 和适配器完成动态列表信息的呈现；
1.3 能使用 RecyclerView 和适配器完成动态列表信息的呈现；
1.4 能使用 CardView 和适配器完成动态卡片式信息的呈现；
1.5 能混合使用上述控件实现动态数据的呈现功能
工作环节
工作环节 1
获取资讯
成果
1.1 宝宝相册界面布局效果；
1.2 Android 应用市场界面布局效果
素养
1.1 分析解决问题能力

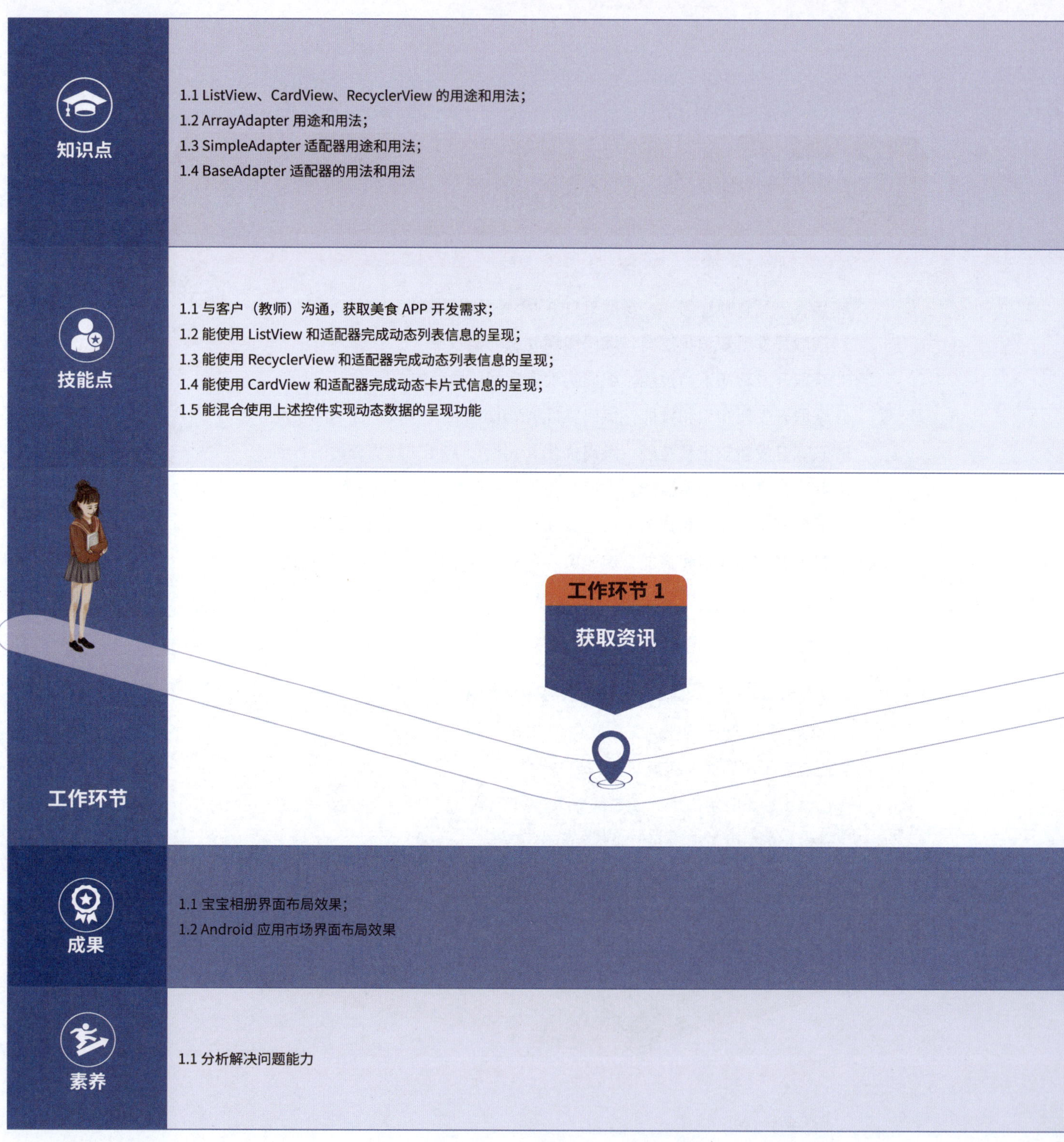

学习任务 2　美食 APP UI 开发

工作环节 2	工作环节 3
2.1 常用控件（Textview、Editview、Button）等； 2.2 常见布局（LinearLayout、FrameLayout、RelativeLayout）混合搭配使用； 2.3 ListView、CardView、RecyclerView 的混合使用； 2.4 适配器的用途和用法	
2.1 能根据界面布局要求，绘制布局结构图； 2.2 能根据布局结构图，熟练编码实现界面布局	3.1 会生成 apk 安装文件； 3.2 会安装测试效果
2.1 美食 APP 软件界面工程文件	3.1 apk 安装文件
2.2 自主探究能力、分析解决问题能力	3.2 沟通表达能力

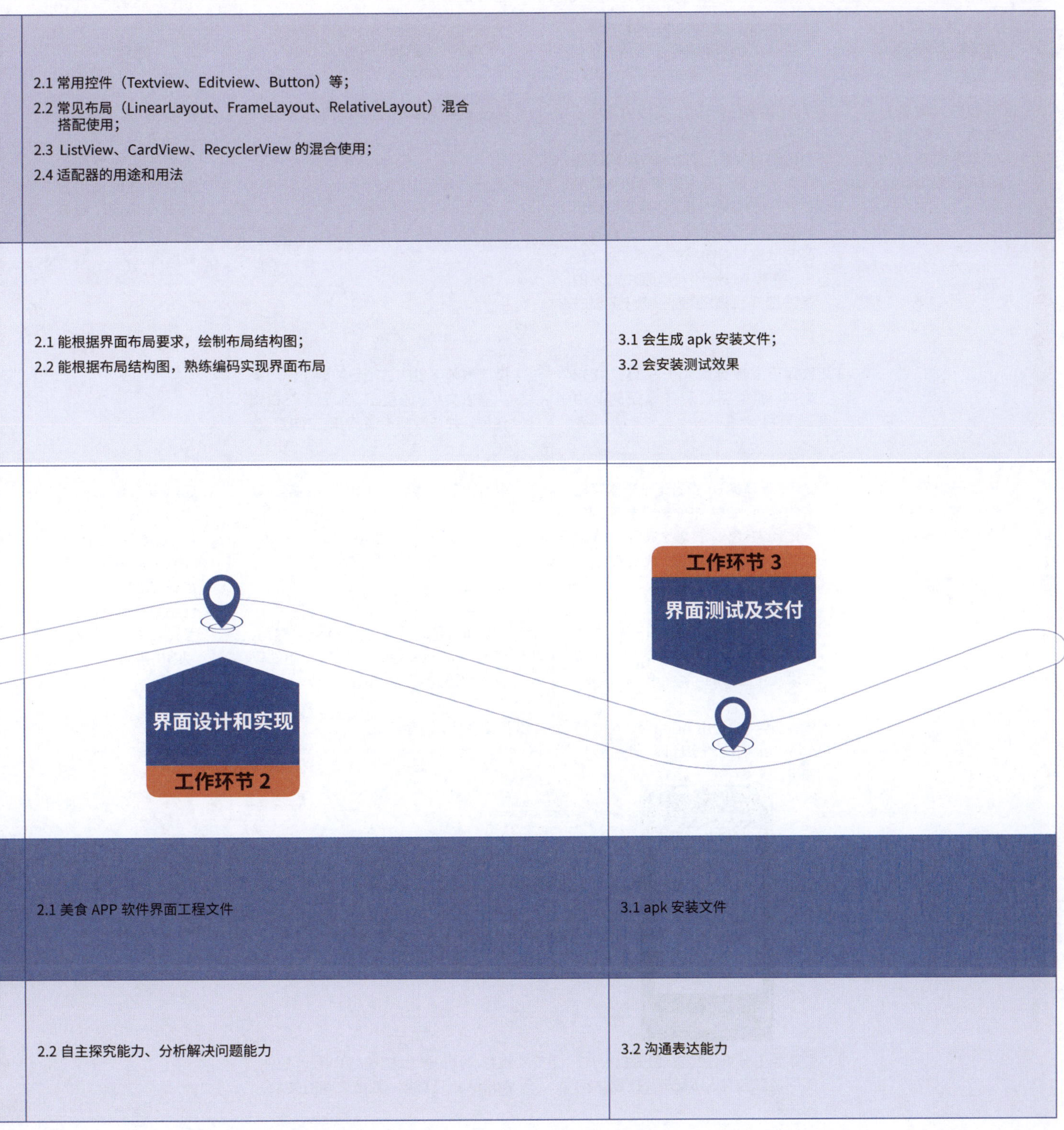

课程 5 Android 移动应用界面开发

学习任务 2 美食 APP UI 开发

获取资讯

工作子步骤	教师活动	学生活动	评价
1. 与客户（教师）沟通，获取美食 APP 界面布局的工作要求和素材。	1.1 展示、讲解任务情境：实际生活中，很多餐馆都提供 APP 订餐业务。小白刚到公司上班，公司现阶段正在为一个饭店开发订餐 APP，前期该 APP 的需求分析、项目原型图设计等工作已经完成，现在主管将该 APP 软件界面布局的任务交给了小白，要求小白按照安卓原生开发的要求选择合适的控件编码实现布局。 1.2 教师下发该美食 APP 项目的需求文档、原型图以及各界面的 PSD 源文件给学生。	1.1 观看、聆听、明确任务情境和工作要求。 1.2 接收教师下发的该项目前期工作成果（需求文档、原型图、各界面 PSD 文件等），并与教师沟通，明确工作要点。	1. 随机抽检，询问学生是否明确学习任务要求，对获取的项目资源的使用方法进行询问，考查学生本环节的任务完成情况。
2. 获取开发新知识和技能，编码实现动态列表效果。	2.1 提问：计算机 UI 界面是一个固定内容的界面，如果 APP 软件界面的内容是动态变化，该怎么布局这样的界面？引入学习内容：数据展示控件和数据适配器的应用。 2.2 引导学生查看教材 P139~141 页内容，认识 ListView 控件的用途和用法以及适配器的用途和用法。 2.3 布置任务：请利用 AdapterView 与 Adapter 构建动态界面，参考效果如下： 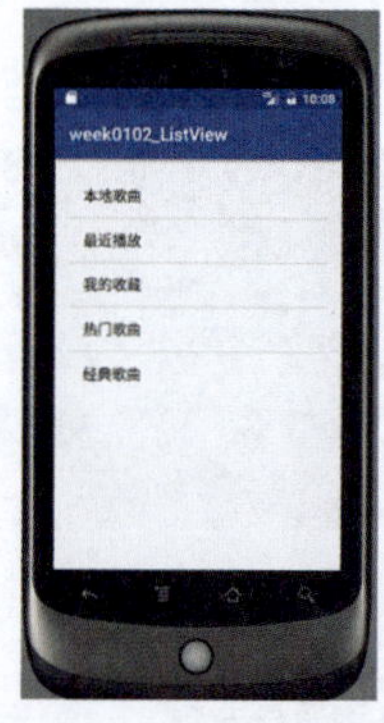 2.4 引导学生分析任务实现思路，通过图例讲解控件、适配器、数据之间的关系。	2.1 观看、聆听、思考，明确学习内容：动态呈现数据信息，认识 AdapterView 与 Adapter 构建动态界面。 2.2 在教师引导下阅读教材，标记关键词，认识 ListView 控件的用途和用法以及适配器的用途和用法。 2.3 接受任务，明确要求。 2.4 观看、聆听、思考、梳理 ListView 控件、Adapter 适配器、数据之间的关系。	1. 通过查看学生完成的界面效果，考核学生是否能运用 ListView 实现动态数据的呈现。 2. 查看学生源代码，考核学生编码逻辑和编码规范。

基准学时：50

工作子步骤	教师活动	学生活动	评价
	2.5 根据实现思路，讲解演示。 1) ListView 控件的添加和属性设置。 2) 获取数据：网络或设备，创建测试数据（通过数组存储创建数据）。 3) ArrayAdapter 适配器参数介绍；编写代码实现数据适配到控件中。 2.6 教师巡回指导，个别答疑或集体讲解，及时解决学生问题，关注学生掌握情况。 2.7 随机抽查学生编写的代码及运行结果，并收集学生操作中遇到的问题；结合作业问题，再次强化实现思路及核心代码的使用。	2.5 观看、聆听、理解、记忆、学习新知识、新技能。 1) ListView 控件用途、用法。 2) 创建测试数据（通过数组存储创建数据）的方法。 3) ArrayAdapter 适配器参语法及用法。 2.6 新建项目文件，根据理解，参考工作页 P65~66 参考代码动手编写代码，实现动态信息的显示功能。 将操作中遇到的问题，及时反馈给老师。 2.7 观看、互学，强化、吸收。完成任务后，小结、书写笔记。	
课时： 6 课时 1. 硬资源：移动互联应用软件开发学习工作站等。 2. 软资源：教材、工作页、讲义、案例素材、该 APP 项目前期工作成果（需求文档、原型图、PSD 界面源文件等）等。			
3. 获取开发新知识和技能，编码实现宝宝相册界面的布局。	3.1 布置任务：利用 ListView 和 SimpleAdapter 完成相册展示效果的界面布局。 3.2 引导学生分析实现思路，复习回顾 ListView 控件的用法。 3.3 讲解演示实现过程、核心代码。 1) ListView 控件的添加和属性设置。 2) 获取数据：List<Map>。 3) SimpleAdapter 适配器用途及各个参数使用要求，编写代码实现数据适配到控件中。 3.4 教师巡回指导，个别答疑或集体讲解，及时解决学生问题，关注学生掌握情况。	3.1 接受任务，明确要求和任务参考效果图。 3.2 观看、聆听、思考实现思路，回顾 ListView 控件用法。 3.3 观看、聆听、理解、记忆、学习新知识、新技能。 1) ListView 控件使用。 2) 创建测试数据（通过 List<Map> 创建数据）的方法。 3) SimpleAdapterr 适配器用途及参数要求。 3.4 新建项目文件，根据获取的知识和技能参考工作页 P67~69 参考代码，动手编写代码，实现宝宝相册信息的显示功能。	1. 巡查中关注学生的学习状态和任务完成情况，考核学生对 ListView 和 SimpleAdapter 的用法的运用情况。 2. 查看学生操作完成的布局效果和源代码，考查学生的编码逻辑和编码规范。

获取资讯

学习任务 2　美食 APP UI 开发

1 获取资讯　2 界面设计和实现　3 测试及交付

获取资讯

工作子步骤	教师活动	学生活动	评价
	3.5 随机抽取学生机控屏幕，展示学生作业效果，并引导其他学生比对自身效果，给出正确、错误等方面的评价，评价中自检，解决技术疑难点。结合作业问题，再次强化实现思路及核心代码的使用。 3.6 布置任务：回看工作页代码，边敲边理解，做笔记：将 SimpleAdapter 适配器各个参数的用途介绍清楚。	将操作中遇到的问题及时反馈给老师。 3.5 观看、互学，强化、吸收。完成任务后，小结、书写笔记。 3.6 接受任务，按要求完成。	
课时： 4 课时 1. 硬资源：移动互联应用软件开发学习工作站等。 2. 软资源：教材、工作页、讲义、案例素材等。			
4. 获取开发新知识和技能，编码实现 Android 应用市场界面的的布局。	4.1 学习任务：利用 ListView 和 BaseAdapter 完成“安卓应用市场界面效果”的布局。 4.2 引导学生分析、讲解演示实现过程。 1) ListView 控件的添加和属性设置。 2) 获取数据：List<Map>。 3) BaseAdapter 适配器用途及各个参数使用要求，编写代码实现数据适配到控件中。 4.3 教师巡回指导，个别答疑或集体讲解，及时解决学生问题，关注学生掌握情况。 4.4 随机抽取学生机控屏幕，展示学生作业效果，并引导其他学生比对自身效果，给出正确、错误等方面的评价，评价中自检，解决技术疑难点。结合作业问题，再次强化实现思路及核心代码的使用。	4.1 接受任务，明确学习任务及要求、观看任务参考效果图。 4.2 观看、聆听、理解、记忆、学习新知识、新技能。 1) ListView 控件使用。 2) 创建测试数据（通过 List<Map> 创建数据）的方法。 3) SimpleAdapterr 适配器用途及参数要求。 4.3 新建项目文件，根据获取的知识和技能，参考教材 P142~144 参考代码，动手编写代码，实现图文信息动态呈现功能。 将操作中遇到的问题及时反馈给老师。 4.4 观看、互学，强化、吸收。	1. 课堂巡查中关注学生的学习状态和任务完成情况，考核学生对 BaseAdapter 的用法的运用情况。 2. 查看项目运行效果图和，考核学生运用（样式和国际化等）知识技能解决问题的能力。 3. 查看项目源代码，考查学生代码的规范性。
课时： 4 课时 1. 硬资源：移动互联应用软件开发学习工作站等。 2. 软资源：教材、工作页、讲义、案例素材等。			

获取资讯　界面设计和实现　测试及交付

工作子步骤	教师活动	学生活动	评价
5. 获取开发新知识和技能，优化 Android 应用市场界面的的布局性能。	5.1 提出问题：当页面内容超过一屏幕，进行滑动时，有些 view 会滑去，有些 view 会滑进来．每次构建 ListView 中的 item 项目时，都会调用 getVIew 方法，方法中代码会执行很多次，消耗内存。怎么处理呢？ **引出新思路：** 滑出去的 view，能不能把里边的内容擦掉，把 view 留下来，新的数据放进去，这样就避免加载多次 view 对象（和生活中粽叶的复类似）。 **处理方法：** Android 底层处理： 把滑出去的 view 保存到 convertView，提供给需要使用 view 的对象。 **代码编写思路：** 刚启动时，页面没有滑动，contentView 为空，getview 方法构建 itemview；若页面有滑动，直接将 contentView 取出来（粽叶）使用。 5.2 布置任务请按照重复使用粽叶的理论，优化 ListView 控件。 	5.1 观看、明确问题，在老师引导下思考、找出并明确问题的解决思路、实现原理。 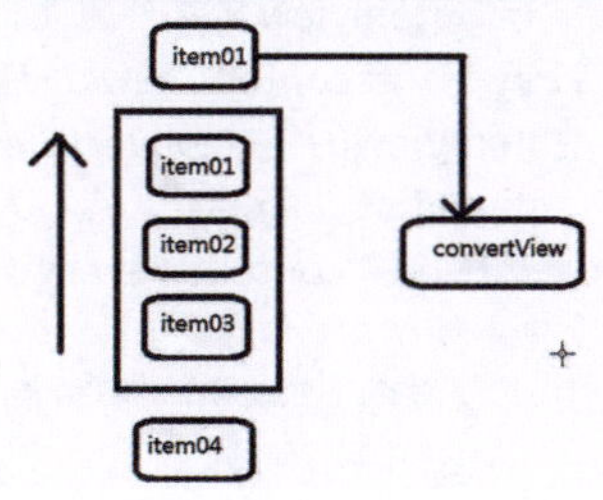 5.2 接受任务，明确学习任务及要求。	1. 课堂巡查中关注学生的学习状态和任务完成情况，考核学生对 ListView 优化思路的理解和运用情况。 2. 查看项目运行效果图和，考核学生使用 contentView 优化 ListView 性能的掌握情况（知识技能解决问题的能力。 3. 查看项目源代码，考查学生优化代码的规范性。

获取资讯

课时： 6 课时

1. 硬资源：移动互联应用软件开发学习工作站、展板、笔、A4 纸等。
2. 软资源：工作页、教材、项目素材及源代码等。

学习任务 2　美食 APP UI 开发

1 获取资讯　2 界面设计和实现　3 测试及交付

工作子步骤	教师活动	学生活动	评价
	5.3 讲解演示编码过程重写 getView 方法。 1）创建 ViewHolder 类,定义成员变量，存储 itemview 的控件属性。 2）判断：若 contentView 为空，构建 itemview，并在 convertView 中将 itemview 进行标记；若不为空，则从直接将 contentView 取出来（粽叶）使用。 3）绑定数据（包粽子）：将数据包到粽叶中。 5.4 教师巡回指导,个别答疑或集体讲解，及时解决学生问题，关注学生掌握情况。 5.5 随机抽取学生机控屏幕，展示作业效果并引导其他学生比对自身效果。结合作业问题，再次强化实现思路及核心代码的使用。 5.6 布置任务：反复敲代码，熟练掌握 ListView 优化方法。做笔记：写出 ListView 优化步骤。	5.3 观看、聆听、理解、记忆、学习新知识、新技能。 1）创建 ViewHolder 类，定义成员变量，存储 itemview 的控件属性。 2）判断：若 contentView 为空，构建 itemview，并在 convertView 中将 itemview 进行标记；若不为空，则从直接将 contentView 取出来（粽叶）使用。 3）绑定数据（包粽子）：将数据包到粽叶中。 5.4 新建项目文件，根据获取的知识和技能，参考教材 P145 参考代码，动手编写代码，实现对 Listview 的优化。操作中会遇到很多问题，将问题及时反馈给老师。 5.5 观看、互学，强化、吸收。 5.6 接受任务，反复敲代码，熟悉并深刻理解代码含义及用法。	
课时： 4 课时 1. 硬资源：移动互联应用软件开发学习工作站等。 2. 软资源：教材、工作页、讲义、案例素材等。			
6. 获取开发新知识和技能，编码实现复杂相册效果的界面布局	6.1 学习任务：利用 RecyclerView 和 Adapter 完成风景介绍效果的布局。 6.2 引导学生阅读工作页 P75 页的内容，知道 RecyclerView 的用途及用法要求。 引导学生查看官方文档 https://developer.android.google.cn/guide/topics/ui/layout/recyclerview#RecyclerView 通过查看、分析 RecyclerView 的案例源码，学习 RecyclerView 的用法。	6.1 接受任务，明确学习任务及要求，观看任务参考效果图。 6.2 在教师引导下，熟悉 RecyclerView 的用途、用法要求。 查看官方文档，熟悉 RecyclerView 的使用规则。	1. 课堂巡查中关注学生的学习状态和任务完成情况，考核学生对 BaseAdapter 的用法的运用情况。 2. 查看项目运行效果图和，考核学生运用（样式和国际化等）知识技能解决问题的能力。 3. 查看项目源代码，考查学生代码的规范性。

获取资讯

获取资讯

工作子步骤	教师活动	学生活动	评价
5. 获取开发新知识和技能，优化Android应用市场界面的的布局性能。	6.3 一步一步引导学生动手操作，编码使用 RecyclerView 动态显示数据信息。 1) Add the support library（添加依赖）。 2) Add RecyclerView to your layout（在布局文件中添加 RecyclerView）。 3) RecyclerView 应用的实现。 ● Activity 中获得 RecyclerView ●性能优化 ● LayoutManager（布局管理） ● Data ● Adapter 6.4 教师巡回指导，个别答疑或集体讲解，及时解决学生问题，关注学生掌握情况。 6.5 随机抽取学生机控屏幕，展示作业效果，并引导学生比对效果，评价中自检。结合作业，再次强化实现思路及核心代码的使用。引导学生做笔记：梳理 RecyclerView 的使用步骤。	6.3 新建项目文件，在老师引导下，先明白实现流程，然后跟着老师的引导一步一步编码实现布局。在编码过程中理解、掌握 RecyclerView 的用途和用法。 6.4 操作中会遇到很多问题，将问题及时反馈给老师。 6.5 观看、互学，强化、吸收。 6.6 回顾操作过程，梳理 RecyclerView 的使用步骤，做好笔记，强化理解、记忆。	1. 课堂巡查中关注学生的查阅官方文档的学习情况，考核学生自主探究学习能力。 2. 查看项目运行效果图，考核学生是否正确使用 RecyclerView 显示动态的图文界面效果（知识技能解决问题的能力）。 3. 查看项目源代码，考查学生代码的规范性，反复强调，让学生养成规范编码的习惯。

课时： 6 课时

1. 硬资源：移动互联应用软件开发学习工作站、展板、笔、A4 纸等。
2. 软资源：工作页、教材、项目素材及源代码等。

学习任务 2 美食 APP UI 开发

1 获取资讯 2 界面设计和实现 3 测试及交付

工作子步骤	教师活动	学生活动	评价
8. 获取开发新知识和技能，编码实现负复杂动态相册效果的界面布局。	8.1 学习任务：能复合使用RecyclerView+CardView动态显示图文并茂界面信息。 要求： 运用所学 RecyclerView 的CardView用法尝试编码，实现布局效果。 8.2 教师巡回指导，个别答疑或集体讲解，及时解决学生问题，关注学生掌握情况。 若同一问题有多个学生询问，则控制屏幕统一讲解、答疑。 8.3 随机抽取学生机控屏幕，展示作业效果，并引导学生比对效果，评价中自检。 结合作业，再次强化实现思路及核心代码的使用。 引导学生做笔记：梳理RecyclerView+CardVIew的使用步骤。 8.4 作业：完成工作页中问题作答。	8.1 接受任务，明确学习任务及要求，观看任务效果图。 8.2 新建项目文件，运用先前所学知识、技能，独立思考，尝试编写代码实现页面布局。若有困难，可查看工作页 P80~84 的参考代码。将操作中遇到的问题，及时反馈给老师。 8.3 观看、互学，强化、吸收。回顾操作过程，梳理 RecyclerView 的使用步骤，做好笔记，强化理解、记忆。 8.4 接受作业，运用所学知识解答问题。	1. 查看项目运行效果图和源代码，考核学生综合运用RecyclerView+CardVIew解决问题的能力。

获取资讯

课时： 6 课时

1. 硬资源：移动互联应用软件开发学习工作站等。
2. 软资源：工作页、教材、项目素材及源代码等。

1 获取资讯　2 界面设计和实现　3 测试及交付

界面设计和实现

工作子步骤	教师活动	学生活动	评价
1. 按照行业编码规范，编码实现美食 APP 店铺界面的布局。	1.1 学习任务：能使用 ListView 动态显示美食列表信息。要求：运用所学 LisView 用法，尝试编码，实现布局效果。 1.2 引导学生分析任务实施过程，并记录在笔记本上。参考步骤： 1) 主界面布局，使用 ListView。 2) itemView 项目布局结构分析及定义、样式分析及定义。 3) 构建数据（List<Map>）。 4) 使用 SimpleAdapter 或者 BaseAdpter 实现数据适配，要求 ListVIew 优化。 1.3 教师巡回指导，个别答疑或集体讲解，及时解决学生问题，关注学生掌握情况。若同一问题有多个学生询问，则控制屏幕统一讲解、答疑。 1.4 随机抽取学生机控屏幕，展示作业效果，并引导学生比对效果，评价中自检。结合作业，再次强化 ListVIew 的用法。	1.1 接受任务，明确学习任务及要求，观看教师提供的任务参考效果。 1.2 根据效果图要求，先独立思考，然后小组讨论，分析出任务实施步骤，将分析结果记录在笔记本上。 1.3 根据分析的步骤，新建项目文件，运用先前所学知识、技能，独立思考，尝试编写代码实现页面布局。若有困难，小组讨论，互帮互助，也可以将问题及时反馈给老师。 1.4 观看、互学、强化、吸收。回顾操作过程，再次强化 ListView 的用法，要求能够举一反三，运用知识技能解决各种实际问题。	1. 查看项目运行效果图和源代码，考核学生灵活运用 ListVIew 解决问题的能力。

课时： 4 课时

1. 硬资源：移动互联应用软件开发学习工作站等。
2. 软资源：工作页、教材、项目素材及源代码等。

学习任务 2 美食 APP UI 开发

1 获取资讯 → 2 界面设计和实现 → 3 测试及交付

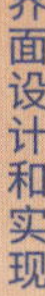

工作子步骤	教师活动	学生活动	评价
2. 按照行业编码规范，编码实现美食 APP 店铺产品介绍的布局。	2.1 学习任务：能复合使用 RecyclerView+CardView 动态显示美食信息。 要求： 运用所学 RecyclerView+CardView 的用法，尝试编码，实现布局效果。 2.2 引导学生分析任务实施过程，并记录在笔记本上。参考步骤： 1）添加依赖。 2）主界面布局，使用 RecyclerView。 3）itemView 项目布局结构使用 CardView，分析其他元素、样式分析及定义。 3）构建数据（List<Map>），使用 RecyclerView.Adapter 实现数据适配。 2.3 教师巡回指导，个别答疑或集体讲解，及时解决学生问题，关注学生掌握情况。 若同一问题有多个学生询问，则控制屏幕统一讲解、答疑。 2.4 随机抽取学生机控屏幕，展示作业效果，并引导学生比对效果，评价中自检。结合作业，再次强化核心知识、技能点的应用。	2.1 接受任务，明确学习任务及要求，观看任务参考效果 2.2 根据效果图要求，先独立思考，然后小组讨论,分析出任务实施步骤，将分析结果记录在笔记本上。 2.3 根据分析的步骤，新建项目文件，运用先前所学知识、技能，独立思考，尝试编写代码实现页面布局。若有困难，小组讨论，互帮互助，也可以将问题及时反馈给老师。 2.4 观看、互学，强化、吸收。回顾操作过程，要求能够举一反三，运用知识技能解决各种实际问题。	1. 查看项目运行效果图和源代码，考核学生灵活运用 RecyclerView+CardVIew 解决问题的能力。
课时： 6 课时 1. 硬资源：移动互联应用软件开发学习工作站等。 2. 软资源：工作页、教材、项目素材及源代码等。			
	3.1 学习任务：能综合运用 view 和 viewGroup 布局页面元素，能使用 shape 和 selector 美化界面 view。 要求： 1）先绘制布局结构图，然后编码。 2）要运用 shape、样式、Toast、Selector 等内容美化界面元素和布局效果。	3.1 接受任务，明确学习任务及要求，观看教师提供的任务参考效果图	1. 抽检学生绘制的美食 APP 用户登录界面的布局结构图并点评其正确性和合理性。

	工作子步骤	教师活动	学生活动	评价
界面设计和实现	3. 按照行业编码规范，编码实现美食 APP 用户登录的布局。	3.2 说明任务实施步骤，教师巡回指导，个别答疑或集体讲解，及时解决学生问题，关注学生掌握情况。 若同一问题有多个学生询问，则控制屏幕统一讲解、答疑。 3.3 巡查中若遇到多数学生自主探究困难，则统一演示讲解。 3.4 随机抽取学生机控屏幕，展示作业效果，并引导学生比对效果，评价中自检。结合作业，再次强化核心知识、技能点的应用。	3.2 根据效果图要求，先思考页面布局结构，然后选择合适 view，新建项目文件尝试编写代码实现页面布局。若有困难，小组讨论，互帮互助，也可以将问题及时反馈给老师。 3.3 查看工作页 P31~38，熟悉 shape 形状和 selector 选择器的用途及用法，然后创建 shape 和 selector 美化元素。 3.4 观看、互学、强化、吸收。回顾操作过程，要求能够举一反三，运用知识技能解决各种实际问题。	2. 抽检学生(好、中、差)提交的用户登录界面，查看项目运行效果图，考核学生对 shape 形状和 selector 选择器的灵活使用情况。 3. 抽检学生提交的项目代码，考核学生综合运用所学知识、技能解决问题(用户登录界面)的能力以及代码是否符合行业编码规范。
	课时： 4 课时 1. 硬资源：移动互联应用软件开发学习工作站等。 2. 软资源：工作页、教材、项目素材及源代码等。			
测试及交付		1.1 接受并明确任务要求。 1.2 在教师引导下，观看、学习真机上安装、测试的方法和操作。 1.3 学生根据任务要求和获取的知识技能安装、测试美食 APP 软件界面效果 1.4 观看屏幕，比对自身作业效果，反思、内化知识的应用。对错误的或不完善的部分进行修改、调整。	1.1 布置任务：在真机上安装生成的 apk 文件，并测试各界面功能，效果在真机上测试（手机安装 APP 和手机电脑同屏显示）。 1.2 随机抽取一位学生作品，控屏，讲解演示安装、测试方法以及手脑同屏的方法。 1.3 指导学生安装、测试，巡回答疑。查看学生任务完成情况，评价任务。 1.4 收作业，随机抽查手机安装效果，评价并小结。	1. 抽检学生手机上市会否正确安装美食 APP 的 apk 文件，界面效果显示功能是否符合要求。 2. 抽检学生提交的项目源代码，评价是否符合行业编码规范。
	1. 硬资源：移动互联应用软件开发学习工作站、手机等。 2. 软资源：教材、工作页、项目文件等等。			

考核标准

情境描述：

信息服务产业系每年都会组织唱红歌歌咏比赛，以期借助一首首经典歌曲，带领师生用首首经典红歌重温党史、新中国史，用深情嘹亮的歌声歌颂我们伟大的党、伟大的祖国，唱响我们奋进新时代、追梦新征程的豪迈情怀。希望通过大赛对师生进行思想意识形态教育，激励同学们树立技能报国理想，并为之努力学习。

为服务好该项活动，计算机程序设计（移动互联应用开发）专业的同学计划开发一款红歌会音乐播放器，将经典红歌进行收集，利用所学专业技术完成该 APP 软件的 UI 开发，开发过程中可以发散思维，做出与众不同的创新界面效果。

任务要求：

1. 请你明确项目开发背景及要求；
2. 请先搜集你认为最经典的红歌，要求汇总歌曲媒体信息数据，同时将歌曲创作背景也进行收集和整理；
3. 请你运用 Android Studio 开发平台，运用运用所学的 JAVA、Andriod UI、Activity、数据存储等知识技能按照行业规范编写代码实现红歌会各 UI 界面；
4. 请你测试各界面跳转功能是否正确；
5. 请打包提交项目 apk 安装文件和项目工程源文件；

请你做好展示准备，能讲出该 APP 中任何一首经典歌曲的创作背景。

参考资料：

实施任务时，你可以使用所有的常见教学资料，例如：工作页、教材、个人笔记、网络等。

评价方式：

终结性考核包括纸笔测试（制定方案）成绩（30%）+ 实操测试成绩（70%）两部分。

纸笔测试（制定方案）成绩由任课教师考评；实操测试成绩由任课教师、同专业组教师、企业代表组成考评小组共同实施考核评价，取所有考核人员评分的平均分为学生考核成绩。

评价标准：

1. 项目工程文件：工程文件命名规范（权重 10）
2. 启动页：启动页效果美观，控件命名符合行业编码规范，点击“跳转”按钮，能调到主界面（权重 20）
3. 主界面：界面美观，有创新，控件选择合适，符合行业编码规范；界面数据显示正确（权重 30）
4. 安装 apk 文件：该文件打包正确，能够在真机上安装使用（权重：10）

课程 6　单机安卓软件开发　　课时：100

学习任务 1
通讯录开发
（50）学时

学习任务 2
记事本开发
（50）学时

课程目标

完成本课程后，学生应当能够胜任 Android 移动应用软件开发工作中的数据存储、数据处理方面的工作，通过对通讯录开发、记事本开发等工作任务的学习，学生能根据开发需求选择适合数据存储和数据处理方式。能按照行业规范实施编码；能严格执行企业管理制度、遵守网络安全规定、网络数据产权和 8S 管理规定；培养爱岗敬业、客户至上的职业意识。

具体包括：

1. 能与主管（教师）沟通，明确用户软件开发要求，形成客户需求至上的职业意识；
2. 能根据布局需要，自行设计制作界面所需图形素材（例如：图标、图片、按钮等）；
3. 能够熟练选择 Android UI 控件，按照行业编码规范，快速编写代码实现 Android 软件界面布局，形成自觉遵守职业规范的习惯；
4. 能够使用 Activity、Intent 实现跳转和数据回传；
5. 能够熟练编码实现数据的存储和读取等操作；
6. 能对 JSON 格式数据进行解析；
7. 能使用模拟器和真机进行软件开发成果的测试，判断和排除存在的问题；
8. 遵守软件开发企业和用户企业的相关规定，保护用户企业的商业机密等。

课程内容

本课程的主要学习内容包括：

1.Intent 意图的用途及用法；

2.Activity 数据传递的方法；

3.Android 数据存储的方式；

4.SharedPreferences 的用途及用法；

5.JSON 数据格式及解析方法；

6.SQLite 数据库的创建以及使用方法；

7. 行业编码规范。

学习任务 1　通讯录开发

任务描述

学习任务学时：50 课时

任务情境：

某电商类公司需要一款个性化通讯录软件，拥有能对客户电话号码等信息进行存储、读取等的功能，快速完成收货人的信息管理。小白刚到公司上班，公司现阶段正在开发一款电商类 APP 通讯录，主管将该 APP 软件中开发任务交给了小白，小白领到任务后按照如下步骤实施：①明确模块功能要求；②运用 Android Studio 软件创建项目；③利用 Android 提供的组件完成各界面布局及业务功能的实现，在完成工作后交付主管检查、确认。

具体要求见下页。

工作流程和标准

工作环节 2

界面设计与功能实现

2

1. 按照行业编码规范，编码实现通讯录界面布局。
2. 按照行业规范编码实现数据表的创建。
3. 按照行业规范编码实现对数据表的添加和删除操作。
4. 按照行业规范编码实现对数据表的查询和更新功能。

学习成果：

1. 通讯录界面布局的工程文件；
2. 存储通讯录数据的数据表；
3. 实现对数据表的添加和删除操作功能；
4. 通讯录的工程项目文件。

工作环节 3

软件测试及交付

3

项目编码完成后在模拟器中进行测试，经测试无误后提交作业。

学习成果：

通讯录项目 apk 文件。

学习任务1　通讯录开发

工作环节1

获取资讯

1. 获取新知新能，编码实现 APP 界面间的跳转。
2. 获取新知新能，编码实现浏览器窗口的打开和网页浏览功能。
3. 按照行业规范编码实现用户注册界面功能。
4. 按照行业规范编码实现用户信息显示功能。
5. 按照行业编码规范，编码实现数据回传功能。

学习成果：

1. APP 界面跳转功能实现的项目工程文件；
2. 浏览器打开某网站首页面的项目工程文件；
3. 用户注册界面功能；
4. 用户信息显示功能的项目工程文件；
5. 用户购买产品功能的工程文件。

学习内容

知识点
1.1 Android 开发规范手册；
1.2 Activity 间的跳转（Intent 的用途和用法）、Activity 间的数据传递等；
1.3 Activity 的用途及用法
技能点
1.1 能创建 Activity 组件；
1.2 能使用显式 Intent 意图，实现 Activity 间的跳转；
1.3 能使用隐式 Intent 意图，实现浏览器窗口的打开
工作环节
工作环节 1
获取资讯
成果
1.1 APP 界面跳转项目工程文件；
1.2 打开某网站项目工程文件
素养
1.1 沟通表达、自主探究能力

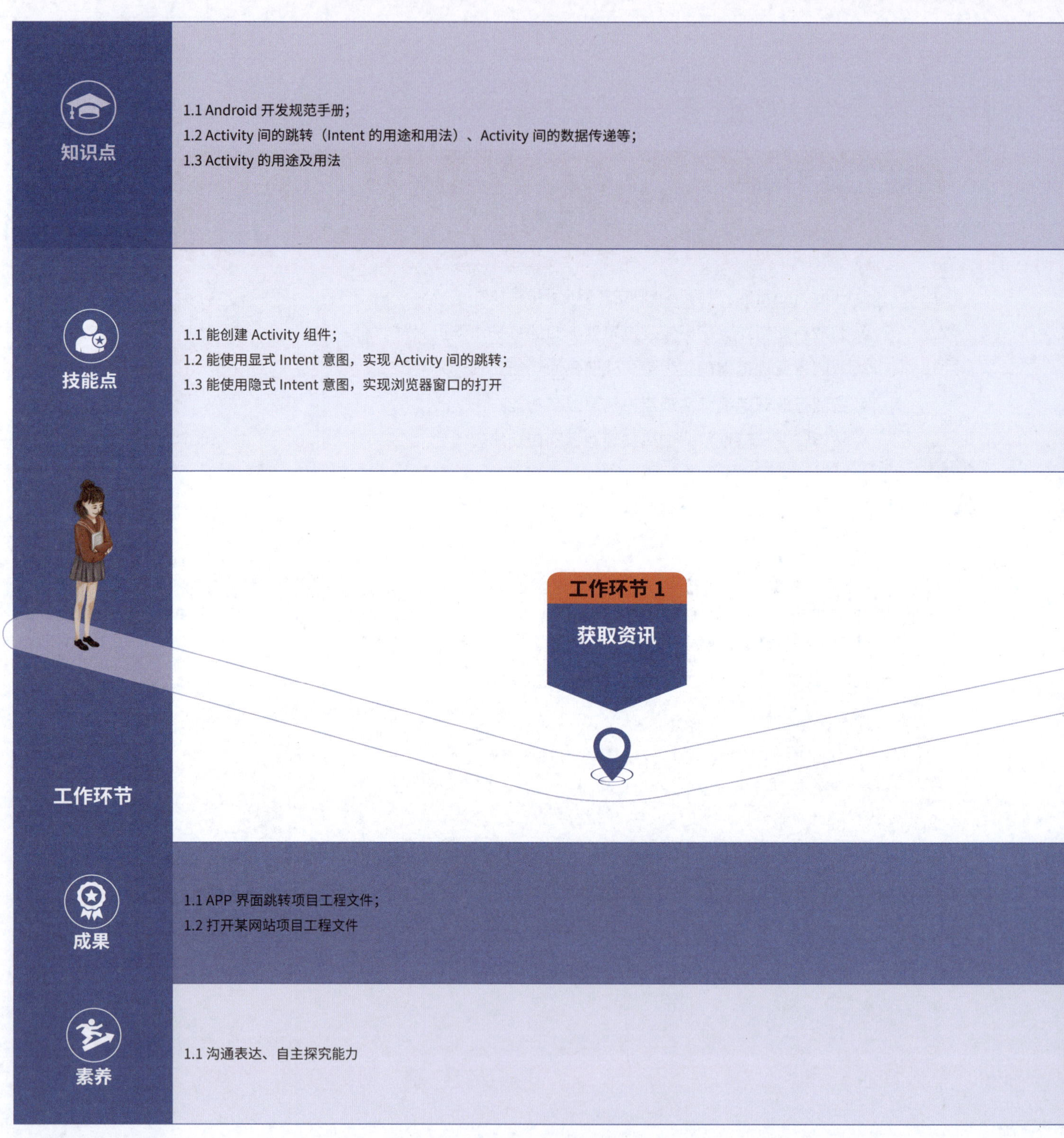

学习任务 1　通讯录开发

2.1 Android 开发规范手册； 2.2 第三方控件 afina 的用途和用法； 2.3 SQLite 数据库的创建及数据表的添加、删除、查询、更新等操作； 2.4 ProgressBar 的用途和用法； 2.5 常见布局（LinearLayout、FrameLayout、RelativeLayout 等）的组合使用方法； 2.6 常用控件（Textview、Editview、Button|ImagView）等用法	3.1 生成 apk 文件的方法
2.1 能编码实现通讯录的界面布局； 2.2 能编码创建存储通讯录数据的数据库和数据表； 2.3 能对数据表进行增删改查操作	3.1 能熟练生成 apk 文件并在真机上进行测试
界面设计和功能实现 工作环节 2	工作环节 3 软件测试及交付
2.1 通讯录项目工程文件	3.1 通讯录项目 apk 安装文件
2.2 自主探究能力、解决问题能力	3.1 自主探究能力、解决问题能力

❶ 获取资讯　❷ 界面设计与功能实现　❸ 软件测试及交付

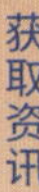

获取资讯

工作子步骤	教师活动	学生活动	评价
1. 获取新知识和技能，编码实现 APP 界面间的跳转。	1.1 学习准备：要求学生打开并运行项目文件。	1.1 学习准备：按照要求打开项目文件和虚拟机。	通过查看学生完成的项目代码，评价学生对界面间跳转的实现技术认知程度。
	1.2 结合项目文件，我们已经创建并使用过 Activity。Activity 是什么？有什么用途？引导学生作答：查看教材 P74 页内容，认识 Activity 的用途。Android 应用程序由四大组件(Activity：活动、Service：服务、ContentProvider：内容提供者、BroadcastReceiver：广播接收器)构成。 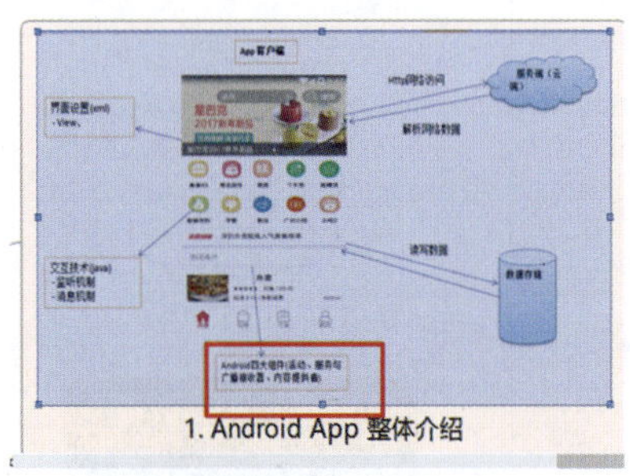 1. Android App 整体介绍	1.2 观看屏幕，思考老师提出的问题。阅读教材，从理论上认识 Activity。观看、聆听，明确 App 应用程序组成，如下图： 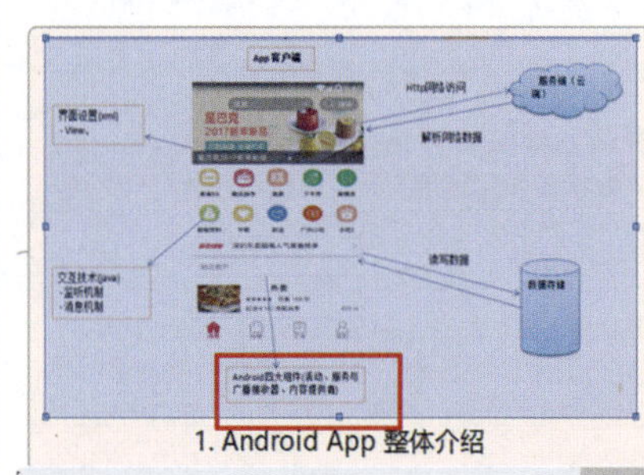 1. Android App 整体介绍	
	1.3 结合学生完成的饮食效果，提问：如何实现单击“跳过”按钮，跳转到饮食主界面文件。	1.3 观看屏幕，思考问题。	
	1.4 结合图形，讲解四个组件间通讯或跳转是通过 Intent 对象实现的。 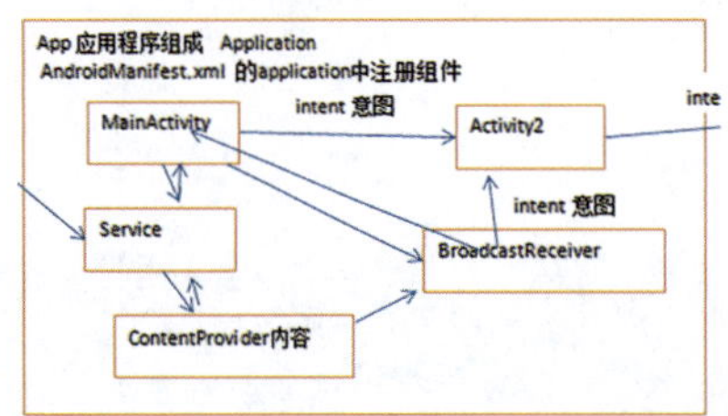 实现 Activity 之间的跳转，需要通过 Intent 对象，引导学生查阅教材 P83，寻求答案。	1.4 观看屏幕，了解组件间通讯的实现技术；在教师引导下查看教材 P83，熟悉 Intent 的用途、用法，画出关键词。	
	1.5 引导学生结合教材 P83 显式意图的语法，边讲解边演示实现两个 Activity 之间的跳转功能。	1.5 学生观看、思考，学习如何使用显式意图，实现两个 Activity 之间的跳转功能。	
	1.6 教师巡回指导学生实现跳转功能，个别答疑或集体讲解，及时解决学生问题，关注学生掌握情况。	1.6 查阅教材 P83，根据学会的知识技能，动手操作，编码实现界面间的跳转。	

工作子步骤	教师活动	学生活动	评价
获取资讯	1.7 随机抽取学生机控屏幕，展示学生作业效果并引导其他学生比对自身效果，给出正确、错误等方面的评价。结合作业问题，再次强化实现思路及核心代码的使用。 1.8 提问：Activity 生命周期有哪些？分别什么时候执行？引导学生查看教材 P76~77 页，熟悉 Activity 生命周期及各个生命周期方法的执行顺序。 1.9 布置任务：在加载页 Activity 中重写生命周期各个方法通过 Log 打印日志，体会生命周期方法执行顺序。 1.10 结合本次课学生完成的任务成果，对所学内容进行总结、强化。	1.7 观看、互学、强化、吸收。完成任务后小结，强化所学。 1.8 将在操作中遇到的问题，及时反馈给老师。画出生命周期的各个状态，熟悉生命周期方法。并将在操作中遇到的问题，及时反馈给老师。 1.9 明确任务并动手操作：重写生命周期方法，通过 Log 日志显示生命周期方法执行顺序。遇到困难，可先查阅教材 P77~79 提供的操作方法，尝试解决问题；若还有困难，则请教同学或老师解答。将操作中遇到的问题，及时反馈给老师，请求老师或同学的帮助。 1.10 回顾本次课学习过程，梳理、总结所学重难点知识、技能，做好笔记。	
课时： 6 课时 1. 硬资源：移动互联应用软件开发学习工作站等。 2. 软资源：教材、工作页、讲义、案例素材等。			
2. 获取新知识和技能，编码实现浏览器窗口的打开和网页浏览功能。	2.1 学习任务展示案例效果讲解任务要求利用隐式意图，点击界面按钮时，打开百度网站。 2.2 引导学生分析实现思路，讲解演示实现过程、核心代码等。 1）项目素材下发。 2）界面布局结构分析；布局核心代码。 3）单击按钮事件处理，显示意图的参数含义及用法。 2.3 教师巡回指导，个别答疑或集体讲解，及时解决学生问题，关注学生掌握情况。	2.1 接受任务，明确学习任务及要求，观看教师提供的任务参考效果图。 2.2 观看、聆听、理解、学习新知识、新技能：隐式意图的创建方法。 2.3 新建项目文件，根据获取的知识和技能，结合教师讲解演示，独立思考、编写代码实现隐式意图的创建，实现打开浏览器效果。操作遇到困难，先参考教材 P84~85，动手编写代码，实现功能。若无法解决，可将问题及时反馈给老师，寻求帮助和解惑。	查看项目运行效果图和源代码，考核对隐式意图的掌握情况。

学习任务 1　通讯录开发

1 获取资讯　2 界面设计与功能实现　3 软件测试及交付

工作子步骤	教师活动	学生活动	评价
	2.4 随机抽取学生机控屏幕，展示学生作业效果，结合作业问题，再次强化实现思路及核心代码的使用。 2.5 布置任务：反复敲代码，熟练掌握隐式意图的用法。另外，完成工作页 P88 问题。	2.4 观看、互学，强化、吸收。 2.5 接受任务，反复敲代码，熟悉并深刻理解代码含义及用法完成工作页 P88 页内容。	
课时： 4 课时 1. 硬资源：移动互联应用软件开发学习工作站、展板、笔、A4 纸等。 2. 软资源：工作页、教材、项目素材及源代码等。			
3. 规范编码实现用户注册界面功能。	3.1 展示并提出学习任务：完成用户注册界面的布局，并将用户信息收集及传递，展示参考效果图给学生。 3.2 下发素材，巡回指导学生运用已学知识完成界面的布局，可参考教材相关内容。 （教师巡查中观察到绝大多数学生完成任务时，可进入下一个学习环节。） 3.3 随机抽取学生机控屏幕，展示效果，错误地方指出。 3.4 结合效果图，提出问题：用户填写完注册信息后，需要在另一个界面中显示注册信息，怎么实现？ 引出新知识新技能： 通过 Intent 传递和接收数据。 3.5 带领学生查看教材中数据传递的实现方法和核心代码 3.6 结合任务，边讲解边演示编码实现 Activity 间数据传递的实现过程。 3.7 教师巡回指导,个别答疑或集体讲解，及时解决学生问题，关注学生运用获取的知识技能解决问题的能力。	3.1 观看，明确学习任务及要求，观看教师提供的任务参考效果图。 3.2 接收素材。启动软件，创建项目文件 UserRegist，并创建第一个 Activity 为 LoginActivity。 3.3 根据效果图，先尝试分析，独立编写实现界面布局。 编码困难可查看教材代码提示。 3.4 观看作业效果，比对自查。 3.5 观看、明确问题，在老师引导下思考、找出并明确问题的解决思路、实现原理。 3.6 在老师引导下，阅读学材，熟悉数据传递的思路和实现技术。 3.7 观看屏幕,学习数据传递编码的方法，并熟悉核心代码。 3.8 根据任务要求和所获取的知识技能，动手操作，编码实现数据的获取及传递。	查看项目运行效果图和源代码，考核学生对 Intent 实现跳转和传递数据的掌握情况。
课时： 6 课时 1. 硬资源：移动互联应用软件开发学习工作站、展板、笔、A4 纸等。 2. 软资源：工作页、教材、项目素材及源代码等。			

获取资讯

工作子步骤	教师活动	学生活动	评价
4. 规范编码实现用户信息的显示功能。	4.1 布置任务：打开上次课半成品，提出学习任务：接收传递的数据，并在界面中显示。 4.2 逐步引导学生实现任务功能。 1) UserRegister 中新建一个新 Activity，并命名为 ShowActivity，展示参考效果，要求学生运用所学编码实现该界面的布局。 2) 随机抽取学生机控屏幕,展示作业效果，指出错误之处。学生完成第一个子任务后进入下一个子任务。 3) 讲解、演示实现思路及技术要求： ● 初始化：获取控件对象等 ● ShowActivity 实现： ● 创建 intent，接收数据 ● 将数据显示在指定位置 4) 逐步引导学生编码实现功能。教师巡回指导，个别答疑或集体讲解，及时解决学生问题，关注学生掌握情况。 4.3 随机抽取学生机控屏幕，展示作业效果,并引导学生比对效果,评价中自检。结合作业，再次强化实现思路及核心代码的使用。引导学生做笔记：梳理 Activity 间跳转和数据传递的实现思路和核心代码。	4.1 明确任务，打开项目文件，做好学习准备。 4.2 明确任务和任务效果，在教师逐步引导下,思考、编码完成任务功能要求(界面效果可以创新设计）。 1) 根据教师提供的布局结构图，思考、选择合适 view，编码布局用户注册界面效果。遇到困难，可以查阅教材 P88~89 的代码,务必学会界面的布局。操作中小组成员间互帮互助，组内还无法解决，及时求助老师。 2) 展示完成子任务 1 效果，聆听、接受教师点评，若有错误，及时修正。完成后进行下一个子任务活动。 3) 观看、聆听、思考，明确任务实施思路及核心技术。然后查看工作页 P94 实现思路，再次梳理实现步骤。 ● 编写代码实现控件初始化 initView。 ● ShowActivity 中编码实现数据接收和显示。 4.3 观看、互学，强化、吸收。反复敲代码，熟悉并深刻理解义及用法。做好笔记。	教师检查学生提交的项目运行效果及源代码，考核学生 Activity 间的数据传递的使用情况。

获取资讯

课时： 4 课时

1. 硬资源：移动互联应用软件开发学习工作站等。
2. 软资源：工作页、教材、案例素材及源码等。

❶ 获取资讯 ❷ 界面设计与功能实现 ❸ 软件测试及交付

工作子步骤	教师活动	学生活动	评价
5. 规范编码实现购买产品信息显示的功能。	5.1 打开上次课完成的半成品项目文件，说明本次课任务要求点击按钮"GO"，接收返回的装备信息，并将其回传数据在 ShowActivit 中显示。 5.2 逐步引导学生实施任务 子任务 1：需求描述 打开 ShopActivity 文件，实现功能：点击界面任意位置，将购买的"武器名称、攻击力、敏捷度、生命力"等信息封装到类 ItemInfo 中，通过 Intent 回传给 ShowActivity。 引导学生分析： 1) 创建一个武器类对象，将需要购买的信息封装到该对象中。 2) 将购买的武器信息在界面中对应控件处显示。 3) 界面添加点击事件，点击时通过 Intent 携带武器类数据并跳转到 ShowActivity。 4) 教师巡回指导，指导学生编码操作。个别答疑或集体讲解，及时解决学生问题，关注学生掌握情况。巡回指导中发现学生完成本任务后，则进入下一个子任务。 子任务 2： 打开 ShowActivity 文件，初始化控件对象。 引导学生分析思路： 1) 获取需要操作的各个控件的 id。 2) 进度条初始化：获取 id 及设置最大值。 3) 指导学生编码实现功能，教师巡回指导，指导学生编码操作。 子任务 3：接收回传数据并更新界面： 重写 OnActivityResult 的方法，接收 ShopActivity 回传的数据。 1) 实现思路	5.1 接受任务，明确学习任务及要求。打开上次课完成的半成品项目文件。 5.2 在老师引导下，思考、明确任务实施思路、核心代码编写方法。 子任务 1： 打开项目文件 MyGame 的 ShowActivity 文件。 1) 在老师引导下，思考、梳理实现思路，最好记录在笔记上。 2) 学生编码、测试： 根据分析的思路，查询相应代码示例，按照语法编码、测试。 3) 若有困难，可查看教材 P99 的参考代码。学生操作中会遇到很多问题，将问题及时反馈给老师进行解决。 子任务 2： 打开项目文件 MyGame 的 ShowActivity 文件。 1) 在老师引导下，思考、梳理实现思路，最好记录在笔记上。 2) 学生编码、测试： 根据分析的思路，查询相应代码示例，按照语法编码、测试。 3) 若有困难，可查看教材 P99 的参考代码。学生将操作中遇到的问题，及时反馈给老师进行解决。 子任务 3：接收回传数据并更新界面。 1) 观看、明确任务要求，在老师引导下思考、梳理、明确任务实施思路。	1. 查看项目运行效果图和源代码，考核学生 Intent 跳转和数据回传的使用情况。 2. 查看工作页，检测学生目标达成情况。

获取资讯

	工作子步骤	教师活动	学生活动	评价
获取资讯		判断 data 值，若回传的 data 不为空，则接着判断请求码 requestCode 和 resultCode 是否与发布的一致；若一致，则接收回传的 ItemInfo（游戏装备信息），并更新 ProgressBar 的进度内容。 2) 任务实施指导学生按照思路编写代码，实现回传数据的接收。 巡回指导：指导学生编码实现回传数据的判断和接收。个别答疑或集体讲解，及时解决学生问题，关注学生掌握情况。 5.3 随机抽测作业质量，并结合本次课学生完成的任务成果及过程中存在的问题进行答疑解惑。 5.4 布置作业：课后编码美化购买游戏装备界面的效果，课后 3 天内完成作业并提交。	2) 按照任务实施思路，在 ShowActivity 中编写代码：重写 OnActivityResult 的方法，接收 ShopActivity 回传的数据，并在 ShowActivity 中更新 ProgressBar 内容。 遇到困难，可先参考教材 P100 页的参考代码，小组成员间互帮互助，组内还无法解决，及时求助老师。 5.3 观看、回顾本次课任务成果及任务实施过程中遇到的问题及解决方法，总结数据回传代码。 5.4 明确任务要求，按时保质保量完成，并及时提交给小组长，小组长在课后 3 天内提交给老师。	
	课时： 6 课时 1. 硬资源：移动互联应用软件开发学习工作站等。 2. 软资源：工作页、教材、项目素材及源代码等。			
界面设计与功能实现	1. 按照行业编码规范，编码实现通讯录界面布局和存储数据的数据库创建。	1.1 控屏展示通讯录 APP 界面的效果和功能。 1.2 提出学习任务，实现电话信息的存储、读取、更新、删除等功能，学会使用 SQLite 数据库的创建及数据操作。 1.3 学习过程 子任务 1：实现界面布局 1) 新建项目文件，根据效果图，分析布局结构。 2) 选择合适控件，编码实现界面布局 xml 文件。 （教师巡回指导，及时解答疑问。教师巡查发现，绝大多数学生完成任务后，进入下一任务。）	1.1 观看教师展示的通讯录效果。 1.2 明确学习任务要求。 1.3 在老师逐步引导下，编码实现项目功能。 子任务 1：明确任务 - 实现界面布局 1) 根据效果，思考、梳理界面布局结构，绘制布局图。 2) 动手操作创建项目编写代码实现布局，遇到困难,可查阅教材 P134~136 页。	1. 查看项目运行效果图和源代码，考核学生界面布局相关知识的应用能力、数据库的认知情况。

学习任务 1 通讯录开发

1 获取资讯 → 2 界面设计与功能实现 → 3 软件测试及交付

界面设计与功能实现

工作子步骤	教师活动	学生活动	评价
	子任务 2：实现数据库的创建 1) 带领学生阅读教材 P129，明确 SQLite 的用途，存储数据的类型。 2) 结合生活案例，讲解并引导学生熟悉一些数据库相关概念。 3) 数据库的创建及使用 带领学生阅读教材 P129~133，熟悉 SQLite的创建方法、数据操作方法等。 4) 完成工作页对应部分的内容 P118。 1.4 随机抽测作业质量，并结合本次课学生完成的任务成果及过程中存在的问题进行解惑，小结本次课内容。	子任务 2：实现数据存储功能 3) 阅读教材 P129~133，对 SQLite 的创建方法、数据操作方法等有一个初步认识并熟悉其代码格式。 4) 完成工作页 P118 问题。 1.4 在老师引导下，对本次课内容进行梳理、小结。	
课时： 4 课时 1. 硬资源：移动互联应用软件开发学习工作站等。 2. 软资源：工作页、教材、项目素材及源代码等。			
2. 按照行业规范编码实现数据表的创建。	2.1 打开上次课完成的半成品项目文件，说明本次课任务要求：创建一个数据库 itcast.db 文件，存储用户名和电话号码；创建数据表 Information。并向数据表中添加数据。 2.2 逐步引导学生实施任务：创建数据库及数据表 1) 引导学生查看创建数据库的示例代码，学习创建方法。P129。 2) 指导学生动手编码，实现数据库及数据表的创建。 3) 结合学生体验结果，讲述数据表创建的语法结构。 2.3 随机抽测作业质量，并结合本次课学生完成的任务成果及过程中存在的问题进行讲解解惑，小结本次课内容，并组织课后拓展作业。	2.1 打开上次课完成的半成品项目文件，观看、聆听个，明确本次课任务。 2.2 在老师逐步引导下，思考、编码实现任务：创建数据库及数据表 1) 查看 P129 创建数据库的示例代码，学习创建方法。 2) 根据获取的知识，动手编码，实现数据库及数据表的创建。 3) 结合操作经历，认真聆听、强化数据表创建的语法结构。 2.3 在老师引导下，对本次课内容进行梳理和小结，并接收课后作业，按要求完成。	查看项目运行效果图和源代码，考核学生对数据库的创建、数据表操作的掌握情况。
课时： 6 课时 1. 硬资源：移动互联应用软件开发学习工作站等。 2. 软资源：工作页、教材、项目素材及源代码等。			

界面设计与功能实现

工作子步骤	教师活动	学生活动	评价
3. 按照行业规范编码实现对数据表的添加和删除操作。	任务说明：实现向数据表中添加和删除数据的操作。 3.1 界面需要操作的对象有哪些？需要控件初始化操作（获取操作对象的id）。 3.2 界面需要实现点击事件的对象有哪些？需要添加点击事件。 以上问题代码参考教材 P136~137。 3.3 “添加”按钮功能实现： 1）点击事件发生时，先建立与数据表的读写连接，获取读写权限。 2）将需要添加的数据获取。 3）通过数据表的 insert 方法实现对数据的添加。 3.4 “删除”按钮功能实现： 1）明确实现思路。 2）实现核心代码说明。 3.5 随机抽测作业质量，并结合本次课学生完成的任务成果及过程中存在的问题进行解惑，小结本次课内容。	任务说明：实现向数据表中添加和删除数据的操作。 3.1 思考、回答逐个提出的各个问题，梳理出任务的编码思路及需要编写的代码，在笔记本上书写实现过程。 3.2 控件初始化操作（获取操作对象的id）。 3.3 首先梳理好实现思路，然后在老师引导下，编码实现“添加”按钮的功能。 1）点击事件发生时，先建立与数据表的读写连接，获取读写权限。 2）将需要添加的数据获取。 3）通过数据表的 insert 方法实现对数据的添加。 3.4 学生自主探究学习，查阅教材 P138，实现“删除”功能。 3.5 在老师引导下对本次课内容进行梳理、小结。	查看项目运行效果图和源代码，考核学生对数据库的创建、数据表操作的掌握情况。
课时： 4 课时 1．硬资源：移动互联应用软件开发学习工作站等。 2．软资源：工作页、教材、项目素材及源代码等。			
4. 按照行业规范编码实现对数据表的查询和更新功能。	4.1 打开上次课完成的半成品项目文件，说明本次课任务要求：实现“查询”和“更新”功能。 4.2 提出任务实施要求。 1）学生自主查看参考代码、编码实现对数据的查询和更新功能。 2）教师讲明方法，巡回指导，指导学生独立完成编码，及时解答疑惑。 3）引导学生上网搜集有关数据库的增删改查的语法，并归纳总结。 4.3 教师结合学生操作成果，再次讲解、帮助学生内化数据库操作的相关理论。	4.1 打开上次课完成的半成品项目文件，观看、聆听，明确本次课任务。 4.2 明确任务实施要求： 1）学生自主编码实现对数据的查询和更新功能。 2）查看教材 P137~138 页的代码，尝试编写、测试。在操作过程中体会代码的用途、用法。遇到问题，及时寻求帮助。 3）学生自主上网，搜集数据库的增删改查的语法，记录在笔记本上，熟悉、强化理解和记忆。 4.3 观看、聆听，结合自身实践操作，内化、吸收数据库的增删改查的编码方法。	查看项目运行效果图和源代码，考核学生对数据库的增删改查的掌握和使用情况。

学习任务 1 通讯录开发

1 获取资讯 2 界面设计与功能实现 3 软件测试及交付

工作子步骤	教师活动	学生活动	评价
界面设计与功能实现	4.4 随机抽测作业质量，并结合本次课学生完成的任务成果及过程中存在的问题进行解惑，小结本次课内容。 4.5 课后拓展：教师提供学材和案例资源，指引学生自主探究学习第三方控件 afinal 的用途和用法，实现对数据库的创建及对数据表的增删改查操作。 4.6 课后及时督促学生上交拓展学习成果，并及时进行答疑。	4.4 在老师引导下，对本次课的内容进行梳理、小结。 4.5 课后拓展训练：根据个人情况，在讲义的引导下，将前期学习的知识、技能进行一个综合应用。 4.6 查看教师提供的学材，自主探究学习 afinal 第三方控件的用法，并编码实现通讯录功能，养成主动学习新工具新技术的意识。学习中遇到问题及时与老师沟通、交流，按照时间要求提交学习成果给老师。	

课时： 9 课时

1. 硬资源：移动互联应用软件开发学习工作站等。
2. 软资源：工作页、教材、项目素材及源代码等。

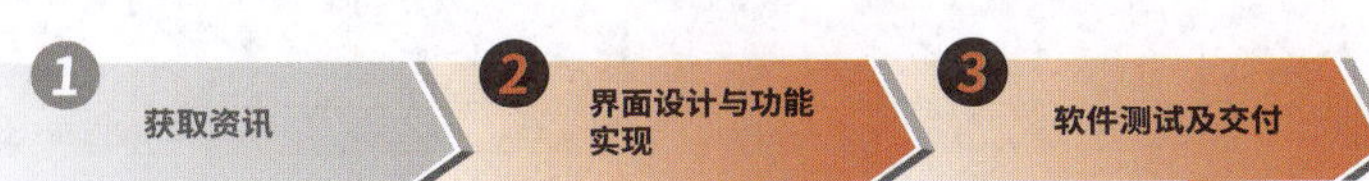

软件测试及交付

工作子步骤	教师活动	学生活动	评价
软件测试及交付。	1.1 布置任务将通讯录项目生成apk文件，并在模拟机上先测试，然后将apk文件安装到真机上进行测试，记录测试结果。 1.2 指导学生根据测试结果，修改完善项目功能，优化代码。 1.3 结合本课学习任务完成情况，引导学生对数据传递、数据回传的使用方法进行总结。 1) 在工作页P94~95中绘制出本项目中的类文件关系以及类文件的用途。 2) 阅读工作页P92~95，再次梳理项目实现思路、核心代码记忆、强化。	1.1 明确任务，并动手操作完成项目的模拟机测试和真机安装测试，记录测试结果。 1.2 根据测试结果,对项目进行代码优化、代码注释以及功能完善。 1.3 在老师引导下，对本次课内容的梳理、小结。 1) 请在工作页P94~95中绘制类文件关系及各类文件用途。 2) 认真阅读工作页P92~95，再次梳理项目实现思路、核心代码记忆、强化。	1. 随机抽检好、中、差学生代表的真机测试效果，检测学生对apk文件的生成和安装。 2. 查看项目运行效果图和源代码，考核界面跳转和数据传递的掌握情况。 3. 查看工作页，检测学生目标达成情况。

课时： 1 课时

1. 硬资源：移动互联应用软件开发学习工作站等。
2. 软资源：工作页、教材、项目素材及源代码等。

学习任务 2　记事本开发

任务描述

学习任务学时：50 课时

任务情境：

近年来，随着生活节奏的加快，工作和生活的双重压力全面侵袭着人们，如何避免忘记工作和生活中的诸多事情而造成不良的后果就显得非常重要。为此，我们开发一款基于 Android 系统的简单记事本，它能够便携记录生活和工作的诸多事情，从而帮助人们有条理的进行时间管理。

同学们领到任务后按照如下步骤实施：①明确任务要求；②运用 Android Studio 软件创建项目；③按照规范编码实现对记事本界面布局与功能开发，完成后测试并装机使用。

具体要求见下页。

标题

工作流程和标准

工作环节 1

需求分析

1

模拟项目开发流程开展项目需求分析。

主要成果：

记事本的系统架构分析图、数据库表、界面原型图

工作环节 2

界面设计和功能实现

2

1. 按照行业规范编码实现记事本界面的布局。
2. 按照行业规范编码实现记事本的业务功能。

主要成果：

1. 记事本界面布局的工程文件
2. 记事本功能的工程文件

工作环节 3

3

测试及交付

项目编码完成后在模拟器中进行测试，经测试无误后提交给主考官。

主要成果：

记事本项目 apk 文件

工作环节 4

4

拓展训练

1. 按照规范编码实现 SP 存储用户名和密码的功能。
2. 按照行业规范编码实现和 JSON 数据解析功能。

主要成果：

1. SP 存储用户名和密码功能的工程文件
2. 天气预报界面布局与数据解析呈现的工程文件

学习内容

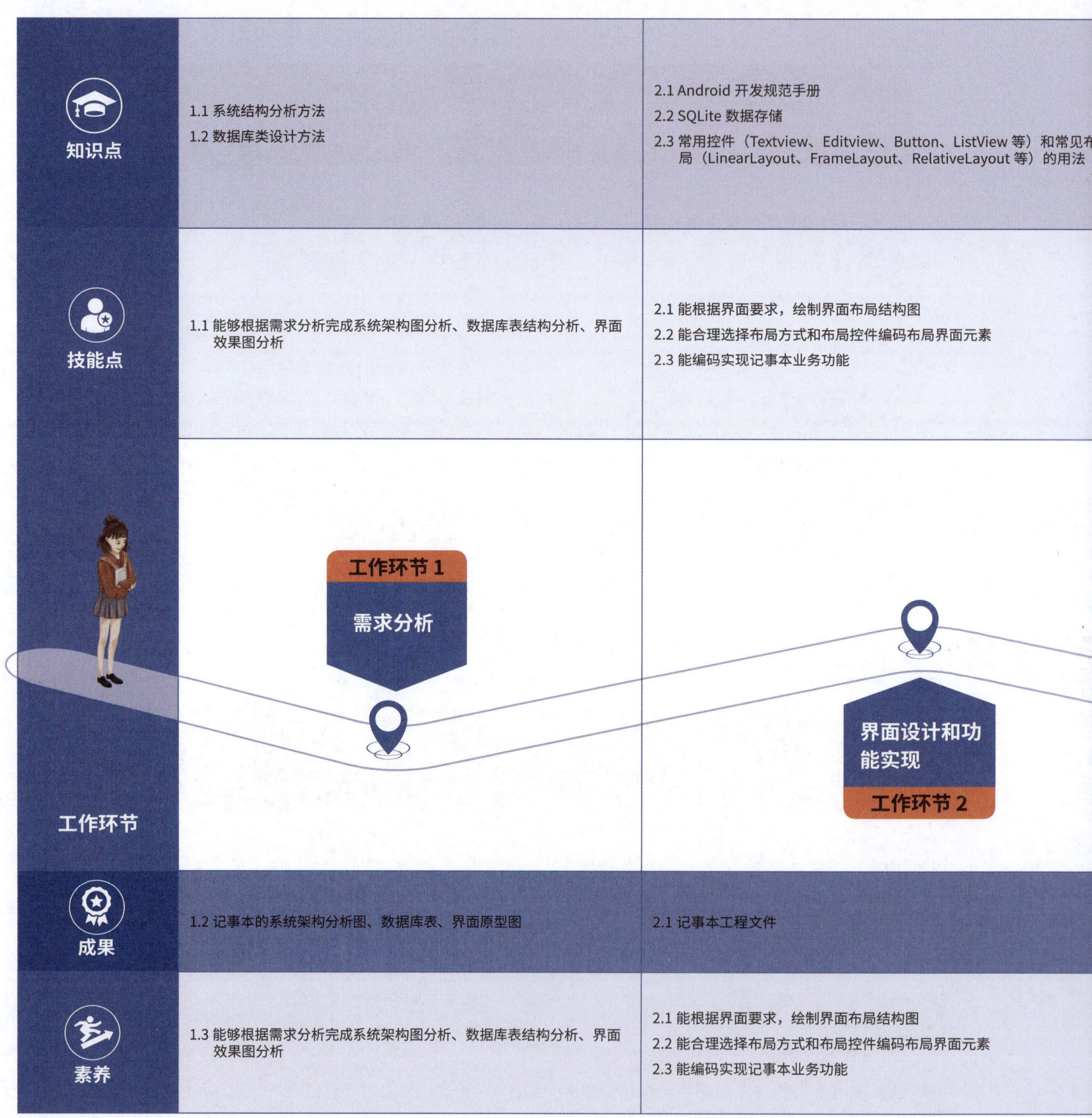

知识点	1.1 系统结构分析方法 1.2 数据库类设计方法	2.1 Android 开发规范手册 2.2 SQLite 数据存储 2.3 常用控件（Textview、Editview、Button、ListView 等）和常见布局（LinearLayout、FrameLayout、RelativeLayout 等）的用法
技能点	1.1 能够根据需求分析完成系统架构图分析、数据库表结构分析、界面效果图分析	2.1 能根据界面要求，绘制界面布局结构图 2.2 能合理选择布局方式和布局控件编码布局界面元素 2.3 能编码实现记事本业务功能
工作环节	工作环节 1 需求分析	界面设计和功能实现 工作环节 2
成果	1.2 记事本的系统架构分析图、数据库表、界面原型图	2.1 记事本工程文件
素养	1.3 能够根据需求分析完成系统架构图分析、数据库表结构分析、界面效果图分析	2.1 能根据界面要求，绘制界面布局结构图 2.2 能合理选择布局方式和布局控件编码布局界面元素 2.3 能编码实现记事本业务功能

	4.1 Android 数据存储方式 4.2 SharedPerence 的用途及用法 4.3 JSON 数据解析分析
3.1 能创建并安装记事本 apk 文件	4.1 能与客户（教师）沟通，获取记事本开发需求 4.2 能运用 SharedPreference 实现用户登录信息的存储和读取 4.3 能对 json 格式数据进行解析
工作环节 3 测试及交付	工作环节 4 拓展训练
3.1 apk 安装文件	4.1 SP 保存用户登录信息项目文件 4.2 天气预报数据（JSON）呈现文件
3.1 能创建并安装记事本 apk 文件	4.1 能与客户（教师）沟通，获取记事本开发需求 4.2 能运用 SharedPreference 实现用户登录信息的存储和读取

课程 6　单机安卓软件开发

学习任务 2　记事本开发

① 需求分析　② 界面设计和功能实现　③ 测试及交付　④ 拓展训练

工作子步骤	教师活动	学生活动	评价
模拟项目开发流程开展项目需求分析。	1.1 展示讲解任务要求展示讲解任务背景，引导学生进行业务需求分析，将分析结果进行记录。 【任务描述】：近年来，随着生活节奏的加快，工作和生活的双重压力全面侵袭着人们，如何避免忘记工作和生活中的诸多事情而造成不良的后果就显得非常重要。为此，我们开发一款基于 Android 系统的简单记事本，它能够便携记录生活和工作的诸多事情，从而帮助人们有条理的进行时间管理。 引导学生	观看聆听： 1.1 明确学习任务： 明确记事本开发的背景和业务需求，将分析的需求分析记录在工作页中指定位置。	查看学生操作完成需求分析成果，评价学生对需求分析内容及方法的内化效果。
	1.2 架构分析 引导学生根据记事本的业务需求进行项目的架构分析，并绘制系统架构图。	1.2 明确记事本应用的系统架构。 在老师的引导下，学会分析系统架构的方法，并根据记事本应用的需求在工作页指定位置处绘制该项目的系统架构图。	
	1.3 数据库类设计分析 数据库设计是项目开发中非常重要的一个环节，结合记事本的需求，引导学生进行数据分析，并完成本项目的数据库表设计。	1.3 明确数据库类的分析方法。 在老师的引导下，学习项目数据库的分析方法，然后根据记事本需求分析本项目的数据库表设计，并将结果记录在工作页指定位置。	
	1.4 界面需求分析 引导学生根据记事本需求分析需要的界面及界面元素。	1.4 界面需求分析 在老师引导下，根据记事本需求，分析本项目需要的界面及各个界面中需要呈现的元素，绘制界面原型图在工作页中的指定位置。	
	1.5 随机抽选各小组学生代表，查看其工作页中记录的需求分析成果，引导学生互评，评价中肯定成果，纠正错误。 引导学生对需求分析进行回顾、总结，提升职业能力。	1.5 按照老师的抽选要求，展示需求分析成果，在老师引导下，能够客观评价他人成果，能够反思总结自身优点和不足，在交流互动中提升个人职业能力。	

需求分析

课时： 4 课时

1. 硬资源：移动互联应用软件开发学习工作站等。
2. 软资源：教材、工作页、讲义、参考案例资源等。

界面设计和功能实现

工作子步骤	教师活动	学生活动	评价
1. 按照行业规范编码实现记事本界面的布局。	1.1 展示教师提供的参考项目效果，明确学习任务：完成记事本应用的各界面 XML 文件的布局。 1.2 提问：*** 接受该任务后，说说你的任务实现流程。结合学生回答情况，教师引导学生梳理完成任务的过程、步骤及注意实现。 1) 创建项目。 2) 导入界面图片。 3) 放置界面控件。 4) 规划样式、自定义形状等，美化界面控件。 5) 修改清单文件，去掉标题栏。 1.3 巡回指导，解答问题，及时纠正不规范编码，督促指导学生完成各个界面的布局。 1) 搭建记事本界面布局 2) 搭建记事本界面 Item 布局 3) 美化各界面控件 1.4 收取各小组完成的学习成果。 1.5 每个小组随机抽选学生代表，全体师生一起查看其完成的界面效果是否符合项目要求，此过程中教师引导学生进行评价。结合评价肯定优点，纠正错误和不足。 1.6 引导学生对本次课任务进行小结。 1.7 布置课后作业。	1.1 观看、聆听，明确学习任务：完成记事本各个界面的布局。 1.2 被随机抽到的同学，回答教师问题。认真聆听记录教师说明的任务实施过程、核心步骤及注意事项。 记录实现步骤： 1) 创建项目。 2) 导入界面图片。 3) 放置界面控件。 4)规划样式.自定义形状等.美化界面控件。 5) 修改清单文件，去掉标题栏。 1.3 运用获取的知识和技能，根据界面布局的要求，启动 Android Studio 软件，创建项目，并按照行业规范编码实现记事本各界面的布局。 任务实施中注意以小组为单位，运用团队的力量，互帮互助完成学习任务。操作中遇到问题，先尝试小组内解决，若不能解决，则及时请教老师解决。 1.4 组长负责收取小组成员作业，并按要求在指定时间提交给老师。 1.5 观看教师抽选的作业效果，聆听教师和同学代表的评价比对自身作业效果，自评作业是否符合项目要求。 1.6 回顾学习过程，反思总结任务中的核心知识点技能点，再次内化吸收。 1.7 接收作业，并按要求完成上交。	1. 查看学生完成记事本各界面的效果，评价学生任务的完成情况。 2. 查看项目源代码，检查其编码是否按照行业企业规范。

课时： 6 课时

1. 硬资源：移动互联应用软件开发学习工作站等。
2. 软资源：教材、工作页、讲义、参考案例资源

学习任务 2　记事本开发

1 需求分析　2 界面设计和功能实现　3 测试及交付　4 拓展训练

工作子步骤	教师活动	学生活动	评价
2. 按照行业规范编码实现记事本的业务功能。	2.1 展示参考记事本项目的业务功能效果，提出学习任务：编码实现记事本的业务功能。 2.2 逐步引导学生完成记事本业务功能。 1）创建数据库 ● 根据需求分析中的数据库类分析结果，引导小组讨论并记录：创建数据库需要编写哪几个类文件，每个类中实现的功能是什么？ ● 随机抽选一个小组的讨论成果，大屏幕展示，教师评价其是否满足记事本开发的需要。针对错误，进行纠正，讲解答疑。给出该项目需要的数据库类（DBUtils 类、SQLiteHelper 类）及类需要实现的功能。 巡回指导，解答问题，督促学生编码实现数据库的创建。 2）实现记事本界面的显示功能。 ● 引导学生分析实现的思路：通过创建一个 showQueryData() 方法查询数据库中存放的记录信息，并将该信息显示到记录列表总，同时实现添加按钮的点击事件。 ● 展示核心代码给学生解析。 ● 巡回指导，督促学生按照规范编码，实现记事本界面的显示功能。 3）搭建添加记录界面和修改记录界面的布局。 巡回指导，解答问题，督促学生完成添加和修改记录界面的布局。 4）实现“添加”“修改”“删除”等记事本信息管理的操作。 ● 逐步引导学生分析“添加”“修改”“删除”等记事本信息管理的实现的思路。 ● 展示核心代码给学生解析。 ● 巡回指导，督促学生按照规范编码，实现记事本“添加”“修改”“删除”等记事本信息管理的业务功能。	2.1 观看、明确记事本的业务功能效果，明确学习任务。 2.2 在老师引导下，逐步完成记事本业务功能。 1）创建数据库 ● 聆听、明确教师的问题，组长组织小组讨论、记录讨论结果（类文件名称、类实现的功能描述）。 ● 在教师引导下，观看、思考、比对教师提供的答案自评小组分析的类文件（DBUtils 类、SQLiteHelper 类）是否合适，类功能是否完整。根据比对结果，进行纠错，记录正确的数据库类文件及类功能。 2）实现记事本界面的显示功能。 ● 在老师引导下，思考并分析实现的思路：通过创建一个 showQueryData() 方法查询数据库中存放的记录信息，并将该信息显示到记录列表总，同时实现添加按钮的点击事件。 ● 思考理解核心代码用途。 ● 按照规范编码，动手编码实现记事本界面的显示功能。 3）搭建添加记录界面和修改记录界面的布局。 学生运用前期获取的知识技能，独立编码实现界面的布局。 4）实现“添加”“修改”“删除”等记事本信息管理的操作。 ● 在老师逐步引导下，依次分析“添加”“修改”“删除”等记事本信息管理的实现思路及核心代码。 ● 以小组为单位，按照编码规范，逐步编码实现“添加”记录功能、“修改记录”功能、“删除记录”功能等，操作中遇到问题，先尝试组内解决，若不能解决，及时请教老师解决	1. 查看学生完成的记事本各界面的业务功能效果，评价学生任务的完成情况。 2. 查看项目源代码，检查其编码是否按照行业企业规范。

工作子步骤	教师活动	学生活动	评价
界面设计和功能实现	2.3 收取学生作业，随机抽选学生代表（好、中、差），展示其完成的学业成果，肯定优点，纠正错误。 2.4 引导学生对本次课任务进行小结。 2.5 布置课后作业：完善各功能效果，检查代码规范性，在工作页指定位置按要求填写规范性检查记录	2.3 组长收齐小组作业，按时提交给老师。观看学业成果效果、聆听评价内容，比对自身成果，及时纠正错误。 2.4 回顾、反思对本次课任务进行归纳总结。 2.5 明确课后作业及要求，按时完成并上交。	
课时： 18 课时 1. 硬资源：移动互联应用软件开发学习工作站等。 2. 软资源：教材、工作页、讲义、参考案例资源等。			
测试及交付。	1.1 布置任务：将项目生成 apk 文件，在模拟机和真机上测试，记录测试结果。 1.2 指导学生根据测试结果，修改完善项目功能，优化代码，将最终项目成果提交给老师（考官）。 1.3 结合本课学习任务完成情况，引导学生对 Json 数据解析的思路及核心代码进行归纳总结。并在工作页中手动绘制 Json 解析实现思路及核心代码。	1.1 明确任务，并动手操作完成项目的模拟机测试和真机安装测试，记录测试结果。 1.2 根据测试结果，对项目进行代码优化、代码注释以及功能完善。 1.3 在老师引导下，对本次课的内容进行梳理、小结，按照要求在工作页中记录项目开发中遇到的问题及解决方法、记录核心代码，强化内化吸收。	1. 随机抽检好、中、差学生代表的真机测试效果，检测学生对 apk 文件的生成和安装。 2. 查看项目运行效果图和源代码，考核学生编码的规范性和任务完成情况。 3. 查看工作页，检测学生目标达成情况。
课时： 2 课时 1. 硬资源：移动互联应用软件开发学习工作站等。 2. 软资源：工作页、教材、项目素材及源代码等。			

拓展训练

工作子步骤	教师活动	学生活动	评价
1. 按照规范编码实现 SP 存储用户名和密码的功能。	1.1 结合 APP 软件效果图，展示、讲解 Android 数据存储方式。	1.1 观看、聆听，明确 Android 数据存储的用途及类型。 常见移动存储方案： 手机内部存储 手机外部存储 SharedPreferences SQLite ContentProvider 网络存储	随机抽检，通过查看学生完成的项目代码和项目效果，评价其对 SharedPreference 存储数据和读取数据的掌握情况。
	1.2 引导学生查看教材 P103，知道存储类型及各种类型的特点。	1.2 在老师引导下，阅读教材 P103，知道存储类型及各种类型的特点，标记各类型的关键词，记忆。	
	1.3 布置任务：利用 SharedPreferences 方式存储用户名和密码。	1.3 明确任务及要求。	
	1.4 引导学生分析任务实施步骤及需要的技术。分析如下： 1）需要一个用户登录项目文件。 2）需要知道 SharedPreference 存储方式的用途及用法。 3）编码实现使用 SharedPreference 存储用户名和密码，再次启动界面时显示用户名和密码。	1.4 观看、聆听，在老师引导下思考、分析并明确任务实施步骤。	
	1.5 逐步引导学生完成上述 3 个步骤，实现存储用户名和密码的功能。 步骤一：获取用户登录项目 引导学生找出前面任务完成的用户登录项目文件，在 Android Stuido 中打开该项目。	1.5 在老师的逐步引导下，编写代码实现信息的存储和读取。 步骤一：获取用户登录项目 在 Android Stuido 中打开前期完成的用户登录项目文件。	
	步骤二：知道 SharedPreference 存储方式的用途及用法 引导学生先阅读教材 P124~125，查看参考代码，熟悉 SharedPreference 存储方式的用途及用法。	步骤二：在老师的引导下，阅读教材 P124~125，查看参考代码，熟悉 SharedPreference 存储方式的用途及用法。	
	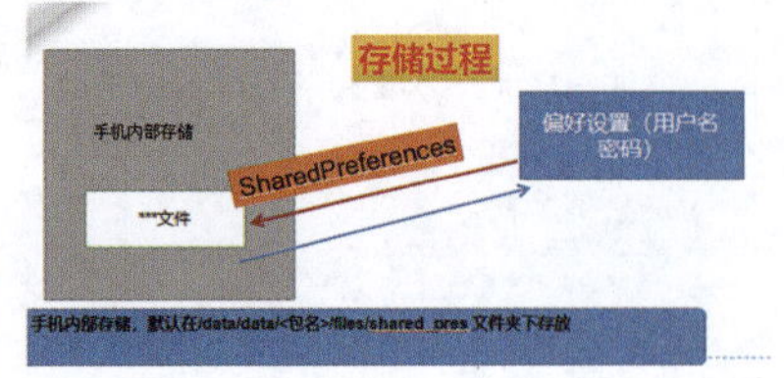	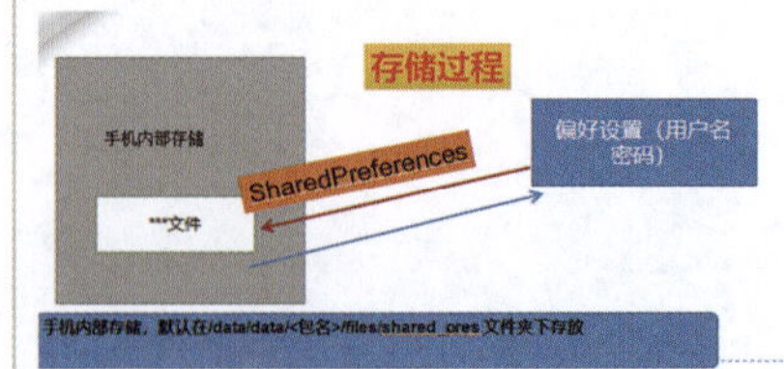	

拓展训练

工作子步骤	教师活动	学生活动	评价
	步骤三：编码实现使用SharedPreference存储用户名和密码。 1）讲解演示实现思路、核心代码编写。 2）引导学生编码代码，实现功能。 1.5 教师巡回指导，个别答疑或集体讲解，及时解决学生问题，关注学生掌握情况。 1.6 随机抽查学生编写的代码及运行结果，点评作业。 1.7 结合本次课学生完成的任务成果，对所学内容进行总结：SP的用途、使用步骤、要点。并要求学生完成工作页相关部分内容。	步骤三：编码实现使用SharedPreference存储用户名和密码。 1）观看、聆听实现思路，学习核心代码的用途及编写方法。 2）学生动手操作，完成代码的编写和测试。 1.5 动手编写代码，实现功能。学生操作中遇到问题，先尝试自己查资料解决，解决不了时将问题及时反馈给老师。 1.6 按照老师要求，展示作业，认真聆听教师点评。 1.7 回顾本次课学习过程，梳理、总结所学重难点SP的用途使用步骤要点。工作页问题作答，强化、巩固。	随机抽检，通过查看学生完成的项目代码和项目效果，评价其对SharedPreference存储数据和读取数据的掌握情况。
课时：6课时 1．硬资源：移动互联应用软件开发学习工作站等。 2．软资源：教材、工作页、讲义、案例素材等。			
2. 按照行业规范编码实现JSON数据解析功能。	2.1 展示任务效果图，明确任务要求：运用所学view和viewGroup布局天气预报界面。 2.2 引导学生分析界面结构，并要求学生绘制布局结构图。 2.3 要求学生按照结构图，编写代码，实现界面布局。教师巡回指导，个别答疑或集体讲解，及时解决学生问题，关注学生掌握情况。	2.1 观看教师展示的任务效果接受任务，明确要求。 2.2 根据效果图，在老师引导下，运用所学知识、技能分析界面布局结构图及元素，在纸上绘制布局结构图。 2.3 创建项目文件Weather，根据结构图尝试编写代码，实现布局。操作遇到困难,可以参考教材相应内容，动手编写代码，实现功能。 学生操作中会遇到很多问题，将问题及时反馈给老师，寻求帮助和解惑。	查看学生操作完成的效果图和源代码，评价运用Android UI分析解决问题的能力。
课时：4课时 1．硬资源：移动互联应用软件开发学习工作站等。 2．软资源：教材、工作页、讲义、案例素材等。			

1 需求分析　2 界面设计和功能实现　3 测试及交付　4 拓展训练

工作子步骤	教师活动	学生活动	评价
2. 按照行业规范编码实现 JSON 数据解析功能。	2.4 打开已完成的界面布局文件，提出本次课学习任务：解析存储天气信息的 Json 文件，显示天气信息。单击“北京”，显示北京天气信息；点击“上海”，则显示上海天气信息。 技术分析： 从网络上获取的数据多数是 XML 格式和 json 格式，如何将获取的 json 格式的数据进行解析，并呈现给用户界面，是程序员必须掌握的一个技术，本次课任务：将天气预报信息做成 JSON 格式文件，学习解析 JSON 格式数据的方法，解析并呈现数据。 2.5 课件展示，引导学生查看教材 P118~121，认识 json 数据的类型、语法格式、解析方法，并回答相关问题。 2.6 子任务 1：完成 weather.json 文件的创建及编辑。 讲解、演示 json 文件的语法、创建方法。 2.7 指导学生创建并编辑 weather.json 文件，解决问题。 2.8 子任务 2：解析 JSON 数据。 1) 引导学生阅读教材，熟悉解析的方法，并要求学生标注核心代码。 2) 以案例为载体，快速演示、讲解解析的类型及各个类型的操作方法。 3) 巡回指导学生练习 3 种解析方法及核心代码，解决问题。 ● 使用 JSONObject 解析 JSON 对象 ● 使用 JSONArray 解析 JSON 数组 ● 使用 Gson 第三方控件解析 json 数据 2.9 子任务 3：实体类（WeatherInfo.java）的创建，封装天气信息。 要求：成员变量与 json 文件的 key 值一致，设置 get 和 set 方法。	2.4 接受新任务明确学习任务及要求。单击“上海”，显示上海天气信息。 将天气预报信息做成 JSON 格式文件，学习解析 JSON 格式数据的方法，解析并呈现数据。 2.5 观看、聆听、阅读教材 P118~121，认识 json 数据的类型、语法格式、解析方法。并在教材中画出关键词，回答教师提出的问题，强化理解和记忆。 2.6 子任务 1：完成 weather.json 文件的创建及编辑： 观看、学习 json 文件的语法、创建方法。 2.7 打开项目文件，在 res 文件夹中创建 raw 文件夹，在该文件夹中创建并编辑 weather.json 文件。 2.8 明确新任务要求。 1) 阅读教材 P120，熟悉解析的方法，标注核心代码。 2) 观看、聆听教师的讲解和演示操作。 3) 创建新的项目文件 JSONParse， ● 参考教师案例，逐个编码实现对 ● json 数据的解析和显示。 ● 使用 JSONObject 解析 JSON 对象 使用 JSONArray 解析 JSON 数组 使用 Gson 第三方控件解析 json 数据 2.9 明确子任务 3 的要求。	随机抽检，通过查看学生完成的项目代码和项目效果，评价其对 SharedPreference 存储数据和读取数据的掌握情况。

工作子步骤	教师活动	学生活动	评价
	2.10 巡回指导，帮助解决问题，把握课堂进度和效果。	2.10 切换到 MyWeather 自己的项目文软，在包中右击鼠标，创建 WeatherInfo.java 类，编码实现对 JSON 天气信息的封装。遇到问题,及时求助学习团队或老师。	
	2.11 子任务 4: 创建 WeatherService.java 文件，解析 Json 数据，并将其存入 List<Map> 集合中。 1）引导学生思考实现思路。 2）按照思路，编写相应代码，提醒注意点和要点，避免程序录入出现人为错误。 3）指导学生操作，解答问题。	2.11 子任务 4: 创建 WeatherService.java 文件，解析 Json 数据，并将其存入 List<Map> 集合中。 1）思考、明确任务实施思路。 2）模仿教师操作，打开项目编写 WeatherService.java 文件，解析 Json 数据，并将其存入 List<Map> 集合中。 3）遇到困难，先独立思考，然后组成员间互帮互助，组内还无法解决，及时求助老师。	
	2.12 子任务 5: 将解析好的 List<Map> 集合数据在主界面中相应控件中显示。	2.12 接受任务明确学习任务功能要求: 在 MainActivity 中 调用 WeatherService 工具类，解析 JSON 文件并将解析到的数据展示在主界面相应控件上。	
	2.13 逐步引导学生分析、思考、动手编码实现。 任务: 初始化操作(所有需要操作的控件)。 任务要求：创建一个方法 initView(); 初始化控件。 任务实施：要求学生独立编写初始化控件方法。	2.13 在教师引导下，学习新知识、梳理编码思路,动手编码实现业务功能。	
	2.14 教师巡回指导，指导学生编码初始化控件。个别答疑或集体讲解，及时解决学生问题，关注学生掌握情况。	2.14 打开项目文件，动手操作，新建 initView() 方法，编写代码，实现初始化控件操作。遇到困难，小组成员间互帮互助,组内还无法解决，及时求助老师。	
	2.15 逐步引导学生分析、思考、动手编码实现。 任务描述：单击“北京”“广州”“上海”不同按钮时，显示不同城市的天气预报信息。 任务实施：引导学生思考任务实施思路、尝试编写代码，给按钮添加侦听事件。	2.15 在教师引导下，学习新知识、梳理编码思路,动手编码实现业务功能。 任务：明确任务要求，在老师引导下，思考实施思路、尝试编写代码，给按钮添加侦听事件。	

学习任务 2　记事本开发

1 需求分析　2 界面设计和功能实现　3 测试及交付　4 拓展训练

工作子步骤	教师活动	学生活动	评价
界面设计和功能实现	2.16 教师巡回指导，指导学生编码实现。个别答疑或集体讲解，及时解决学生问题，关注学生掌握情况。	2.16 打开项目文件，动手操作，编写代码。遇到困难，查看教师提供的核心代码或查看教材 P117 页代码，编写 onClick 事件处理代码，实现单击不同城市的按钮时，切换显示不同城市的天气信息。	
	2.17 逐步引导学生分析、思考、动手编码实现。	2.17 在教师引导下，学习新知识、梳理编码思路、动手编码实现业务功能。	
	任务描述： 1）读取 Weather.json 文件中数据并将其存储到 List<Map> 结合中。 2）测试天气预报数据是否正确解析及显示。 任务实施：引导学生思考任务实施思路、尝试编写代码,完成数据读取及封装。	明确任务要求，在老师引导下，思考实施思路、尝试编写代码。 1）读取 Weather.json 文件中数据并将其存储到 List<Map> 结合中。 2）测试天气预报数据是否正确解析及显示。	
	2.18 教师巡回指导，指导学生编码实现天气预报信息的读取和封装。个别答疑或集体讲解，及时解决学生问题，关注学生掌握情况。	2.18 打开项目文件中的 MainAcActivity.java 文件，动手操作，编写代码。遇到困难，查看教师提供的核心代码或查看教材，编写读取 JSON 文件及数据封装的代码，实现各个城市天气预报信息的获取和封装。	
	2.19 随机抽测作业质量，并结合本次课学生完成的任务成果及过程中存在的问题，引导学生回顾总结本课重难点内容，强化认知。	2.19 观看、回顾本次课任务成果及任务实施过程中遇到的问题和解决方法，总结 XML 解析的思路及核心代码。	

课时： 10 课时

1．硬资源：移动互联应用软件开发学习工作站、展板、笔、A4 纸等。

2．软资源：工作页、教材、项目素材及源代码等。

考核标准

情境描述:

手机通讯录是每部手机都会自带的功能，而开发手机通讯录所需要的技能也是 Android 开发工程师必须具备的能力；手机自带的通讯录界面简单，某手机商想个性订制手机通讯录，作为 Android 开发工程师，接收该项任务，在现有技能的支撑下，学以致用，开发一款具有个性化、界面美观的通讯录，供年轻人使用。

任务要求:

1. 请你明确项目开发背景及要求；
2. 请你运用 Android Studio 开发平台，运用运用所学的 JAVA、Andriod UI、Activity、数据存储等知识技能按照行业规范编写代码实现个性化手机通讯录功能；
3. 请你测试各界面功能是否正确；
4. 请打包提交项目 apk 安装文件和项目工程源文件。

参考资料:

实施任务时，你可以使用所有的常见教学资料，例如：工作页、教材、个人笔记、网络等。

评价方式:

终结性考核包括纸笔测试（制定方案）成绩（30%）+ 实操测试成绩（70%）两部分。

纸笔测试（制定方案）成绩由任课教师考评；实操测试成绩由任课教师、同专业组教师、企业代表组成考评小组共同实施考核评价，取所有考核人员评分的平均分为学生考核成绩。

评价标准:

1. 项目工程文件：工程文件命名规范（权重 10）
2. 启动页：启动页效果美观，控件命名符合行业编码规范，点击“跳转”按钮，能调到主界面（权重 20）
3. 主界面: 界面美观，有创新性，编码符合行业编码规范；数据存储和读取方式好，呈现结构清晰（权重 30）
4. 安装 apk 文件：该文件打包正确，能够在真机上安装使用（权重：10）

课程 7　APP 效果图设计

学习任务 1
沉香商城 APP 界面设计
（40）学时

学习任务 2
友房租房 APP 界面设计
（40）学时

课程目标

完成本课程后，学生应当能够胜任移动应用软件开发工作中的 UI 界面设计，能选择合适软件在设计规范下完成软件界面草图设计，原型图制作，图标、界面设计和制作等，严格执行企业管理制度，遵守网络安全规定，养成在工作中规范编码、诚实守信、尊重网络数据产权等职业素养。具体目标为：

1. 能与主管（教师）沟通，阅读任务书，确认用户界面设计需求。

2. 能够根据任务书和用户需求，客观分析任务中存在的技术关键点和难点，运用各种手段方法（从教师处获取新知识新技能、自行查阅参考教材、技术文档等）突破技术关键点和难点。

3. 能够规范地设计适合苹果和安卓的界面；

4. 能够绘制草图，熟练使用 Adobe XD 制作原型图；

5. 能够使用 Illustrator、Photoshop 等完成图标和界面的制作；

6. 能够根据要求输出符合规范的 @1X@2X@3X 图形；

课时：80

课程内容

本课程的主要学习内容包括：

1. IOS 和 android 的设计规范；
2. 市场上常见的交互效果设计、用户体验设计的技能和知识
3. 设计知识：APP 排版样式设计、图标设计、构图、设计基础、配色技巧
4. 草图的绘制方法，原型图的制作方法；
5. Photoshop 制图和处理图像的技巧；
6. Illustrator 制作矢量图形图标的方法；
7. 制作过程中命名规范，制作完成后切图、输出的技巧。
8. 企业管理制度及“6S”管理知识。

学习任务 1　沉香商城 APP 界面设计

任务描述

学习任务学时：40 课时

任务情境：

某公司需要开发一个沉香商城 APP，现要求设计部完成该商城 APP 的界面效果图设计，要求设计符合手机用户使用体验，画面简洁、大方。为了让学生获取的知识技能与企业要求接轨，我院学生接受了沉香商城 APP 首页界面设计的任务。在任务实施前期，需要对 APP 界面构成元素、各界面元素的设计规则、规范、技巧进行熟悉和学习。对界面设计有了足够的认识之后，便展开沉香商城 APP 界面的设计工作。步骤如下：①明确 APP 界面元素设计风格②按照需求分析绘制首页界面原型图③按照设计规范启动 PS 软件制作④按照规范标注、输出图形。

具体要求见下页。

①APP风格元素
②界面原型图
输出图型

工作流程和标准

工作环节 1

明确 APP 界面元素设计风格

接受任务，明确 APP 界面构成元素以及各元素设计规范、规则以及制作技巧。

学习成果：

图标、按钮、导航、表单控件、APP 图片效果设计等界面元素的 PSD 效果图。

工作环节 2

绘制首页原型图

2

根据客户要在首页中呈现主体内容的要求，按照 APP 设计规范绘制原型图。

学习成果：

首页原型图。

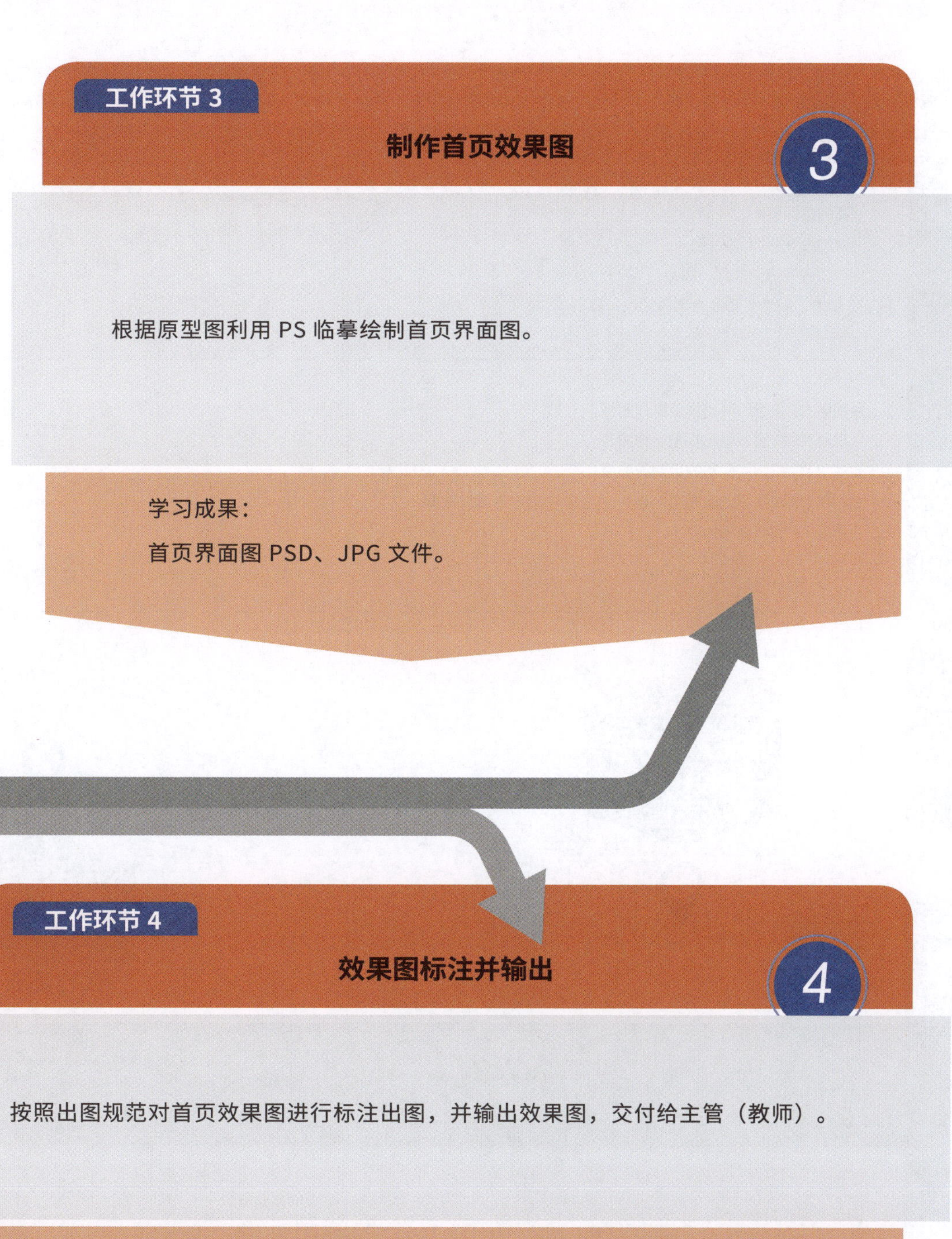

工作环节 3

制作首页效果图

3

根据原型图利用 PS 临摹绘制首页界面图。

学习成果：

首页界面图 PSD、JPG 文件。

工作环节 4

效果图标注并输出

4

按照出图规范对首页效果图进行标注出图，并输出效果图，交付给主管（教师）。

学习成果：

首页标注图文件。

学习内容

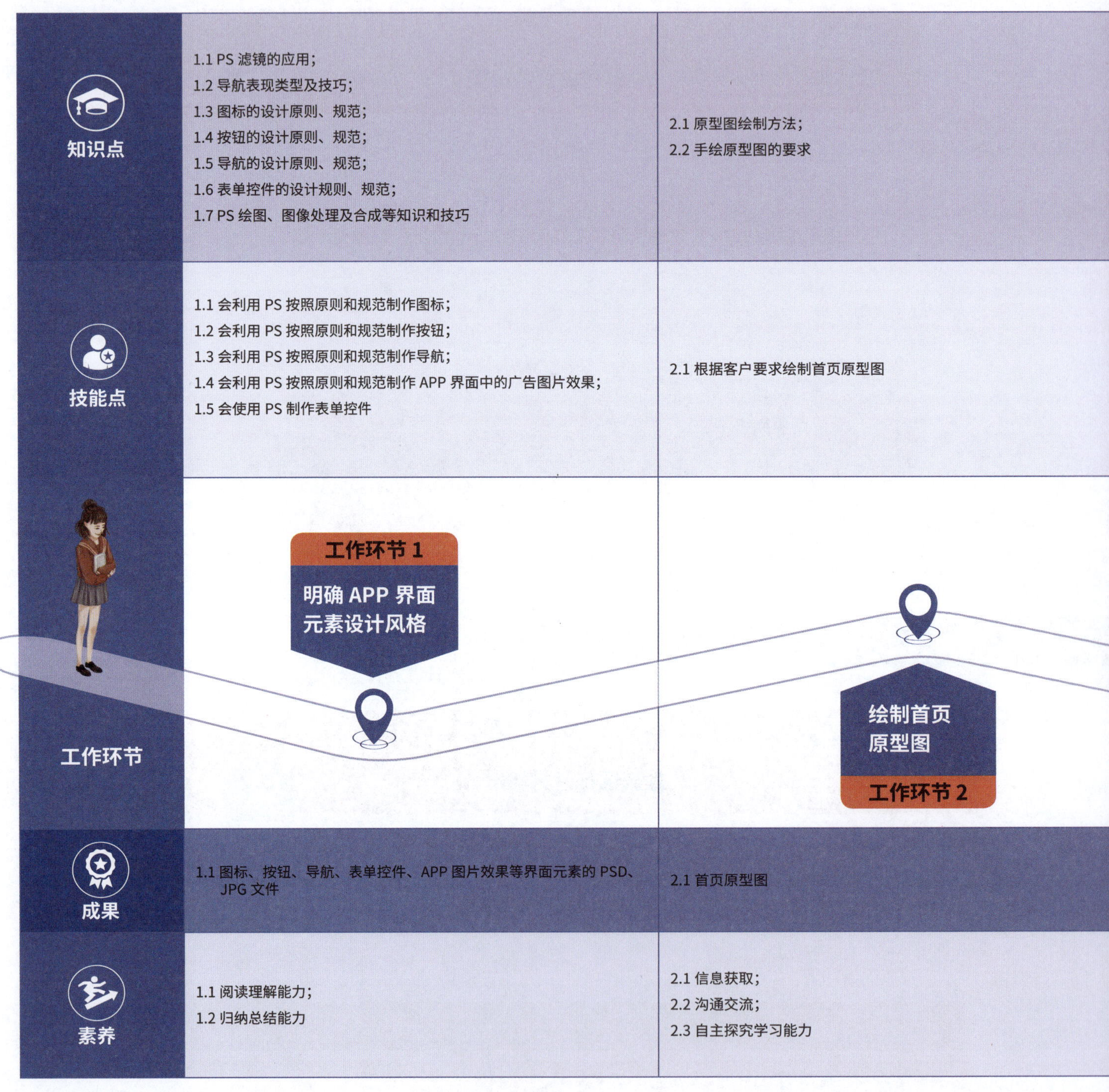

知识点	1.1 PS 滤镜的应用； 1.2 导航表现类型及技巧； 1.3 图标的设计原则、规范； 1.4 按钮的设计原则、规范； 1.5 导航的设计原则、规范； 1.6 表单控件的设计规则、规范； 1.7 PS 绘图、图像处理及合成等知识和技巧	2.1 原型图绘制方法； 2.2 手绘原型图的要求
技能点	1.1 会利用 PS 按照原则和规范制作图标； 1.2 会利用 PS 按照原则和规范制作按钮； 1.3 会利用 PS 按照原则和规范制作导航； 1.4 会利用 PS 按照原则和规范制作 APP 界面中的广告图片效果； 1.5 会使用 PS 制作表单控件	2.1 根据客户要求绘制首页原型图
工作环节	工作环节 1 明确 APP 界面元素设计风格	工作环节 2 绘制首页原型图
成果	1.1 图标、按钮、导航、表单控件、APP 图片效果等界面元素的 PSD、JPG 文件	2.1 首页原型图
素养	1.1 阅读理解能力； 1.2 归纳总结能力	2.1 信息获取； 2.2 沟通交流； 2.3 自主探究学习能力

学习任务 1　沉香商城 APP 界面设计

3.1 PS 绘图、图像处理及合成等知识和技巧； 3.2 Android 系统下各界面元素规范	4.1 MarkMan 软件的使用方法
3.1 按照设计规范利用 PS 制作首页效果图	4.1 会使用软件标注图形
工作环节 3 制作首页效果图	工作环节 4 效果图标注并输出
3.1 首页界面图 PSD、JPG 文件	4.1 首页标注图
3.1 模仿学习能力； 3.2 沟通表达； 3.3 团队合作	4.1 表达展示能力； 4.2 归纳总结能力

课程 7　APP 效果图设计

学习任务 1　沉香商城 APP 界面设计

1 明确 APP 界面元素设计方法 → 2 绘制首页原型图 → 3 制作首页效果图 →  效果图标注并输出

明确 APP 界面元素设计方法

工作子步骤	教师活动	学生活动	评价
明确 APP 界面元素及设计方法。	1.1 PPT 展示任务情景，提出学习任务、学习要求及学习进度安排，工作第一步需要先明确 APP 界面元素的类型及各类型的设计方法。 1.2 提出问题：设计图标前要对图标的用途、设计原则、设计技巧等进行熟悉和了解。做法是：查阅教材、工作页附录中有关图标的内容，小组讨论并在卡纸上写出图标的设计原则有哪些？图标的设计技巧有哪些？ 1.3 引导小组学生比对卡纸，再次明确图 w 标的设计原则和技巧。 1.4 引导学生查看工作页资料并回答工作页问题：7 种常见的图标尺寸、对应的圆角半径，明确图标的尺寸规范。 1.5 布置任务：完成照相机图标的绘制。并要求学生分析、提出操作难点。 1.6 讲解、演示图标中的制作难点。 1.7 教师巡回指导，关注操作能力较差的学生，及时给予指导和帮助，督促学生完成任务，实现学习目标。	1.1 观看 PPT，明确学习任务和要求。 1.2 明确问题，查阅教材、工作页附录资料等，以小组为单位，将图标的设计原则、设计技巧填写在卡纸上，熟悉图标的设计原则和技巧。 1.3 座位相邻的小组间比对卡纸内容，若出现不同，找出正确答案，在比对过程中再次体会图标的原则和技巧。 1.4 查阅工作页附录资源、教材，完成工作页中问题，熟悉常见的 7 种图标的尺寸规范。 1.5 接受操作任务，观看效果图，独立思考图标中哪些效果不会制作？ 1.6 认真观看、聆听、理解、记忆技术难点的实现方法和操作技巧。 1.7 以小组为单位，相互帮助，动手操作完成图标的制作，操作中注意及时保存，完成后提交作业。	1. 工作页填写部分由教师给出正确答案，学生（自评）对比答案并修正。 2. 查看作业效果了解学生整体学习情况。

课时：8 课时

1. 硬件：一体化学习工作站、多媒体教学设备、展示板、教学用笔等。
2. 软件：Photoshop 等。
3. 教学用资料：图标案例、工作页、教材等。

工作子步骤	教师活动	学生活动	评价
明确 APP 界面元素及设计方法。	2.1 PPT 展示 APP 界面中的按钮图标效果图，引入学习任务。 2.2 提出问题：根据你们使用手机的习惯，说出按钮应该有哪些状态？根据学生回答，教师补充，让学生明确需要设计的按钮状态。 2.3 查阅工作页附录中有关按钮的内容，回答工作页中问题，明确按钮的 4 个状态，设计时至少需要完成的状态、按钮最小点击区域大小、android 系统下常见按钮的尺寸等内容，对按钮的设计规范熟悉、清楚。	2.1 观看 PPT，明确学习任务和要求。 2.2 明确问题，以小组为单位，思考回答问题，知道按钮的状态。 2.3 查阅工作页资料，完成工作页问题回答，将答案记录在工作页中。明确按钮的设计规范（按钮状态、点击区域尺寸、各类按钮尺寸）。	1. 工作页填写部分由教师给出正确答案，学生（自评）对比答案并修正。 2. 查看作业效果了解学生整体学习情况。

明确 APP 界面元素设计方法

工作子步骤	教师活动	学生活动	评价
	2.4 引导学生查看教材，了解按钮的设计技巧，并将其写在卡纸上，与其他组比对，强化理解和记忆。 2.5 布置任务：临摹教材中的按钮案例（色块按钮设计、渐变质感按钮设计、水晶按钮设计）。 教师巡回指导，关注弱势群体，及时给予指导和帮助，督促学生完成任务，实现学习目标。	2.4 查阅教材，了解按钮的设计技巧，并将其写在卡纸上，与邻近组比对，强化理解和记忆。 2.5 以小组为单位，相互帮助，动手临摹教材中的按钮案例（色块按钮设计、渐变质感按钮设计、水晶按钮设计），操作中注意及时保存，完成后提交作业。	
课时： 4 课时 1. 硬件：一体化学习工作站、多媒体教学设备、展示板、教学用笔等。 2. 软件：Photoshop 等。 3. 教学用资料：图标案例、工作页、教材等。			
	3.1 PPT 展示 APP 界面导航效果图，引入学习任务。 3.2 提出问题：根据你们使用过的 APP 软件，说出常见的 6 种导航表现类型分别是什么？根据学生回答，教师补充，让学生明确 APP 中最经典最常用的 6 种导航表现形式。 3.3 指导学生以小组为单位，从手机上截取 6 种不同类型的导航效果。教师巡回指导，了解并记录学生学习情况。 3.4 结合学生提交的效果图，引导学生一起分析各种类型的优缺点。 3.5 布置任务：临摹教材中的导航案例（标签式导航和宫格式导航）教师巡回指导，关注弱势群体，及时给予指导和帮助，督促学生完成任务，实现学习目标。	3.1 观看 PPT，明确学习任务和要求。 3.2 明确问题，以小组为单位，思考回答问题，知道常见的 6 种导航表现类型。 3.3 以小组为单位，将 6 种导航效果进行分工，每位组员打开手机，将负责的导航效果从手机中的 APP 中找出来并截图提交给组长，组长整理后发给老师。 3.4 学生在老师的引导下，分析、体会各种类型的优缺点。 3.5 查阅教材，以小组为单位，相互帮助，动手临摹教材中的按钮案例，操作中及时保存，完成后提交。	1. 通过问题回答和查看学生上交的导航效果截图，了解学生对导航的认识。 2. 查看作业效果了解学生整体学习情况。
课时： 4 课时 1. 硬件：一体化学习工作站、多媒体教学设备、展示板、教学用笔等。 2. 软件：Photoshop 等。 3. 教学用资料：图标案例、工作页、教材等。			

课程 7　APP 效果图设计

学习任务 1　沉香商城 APP 界面设计

1 明确 APP 界面元素设计方法 → 2 绘制首页原型图 → 3 制作首页效果图 → 4 效果图标注并输出

<table>
<tr><th>工作子步骤</th><th>教师活动</th><th>学生活动</th><th>评价</th></tr>
<tr><td></td><td>4.1 PPT 展示 APP 界面表单控件效果，引入学习任务。
4.2 表单控件主要用于手机用户信息，与用户进行交互对话，根据你们日常使用 APP 的体验，说出表单控件通常包含哪些元素？根据学生回答，教师补充，让学生明确 APP 中最常用的表单控件类型。
4.3 布置任务：临摹教材中的表单控件案例（单选钮、复选框、下拉列表框、搜索框等）教师巡回指导,关注弱势群体，及时给予指导和帮助，督促学生完成任务，实现学习目标。</td><td>4.1 观看 PPT，明确学习任务和要求。
4.2 明确问题，以小组为单位，思考回答问题，知道常用的表单控件类型及外观样式。
4.3 查阅教材，以小组为单位，相互帮助，动手临摹教材中的表单控件案例，操作中及时保存，完成后提交。</td><td>1. 通过问题回答查看了解学生控件的认识。
2. 查看作业效果了解学生整体学习情况。</td></tr>
<tr><td colspan="4">课时：4 课时
1. 硬件：一体化学习工作站、多媒体教学设备、展示板、教学用笔等。
2. 软件：Photoshop 等。
3. 教学用资料：图标案例、工作页、教材等。</td></tr>
<tr><td></td><td>5.1PPT 展示 APP 界面效果，引入学习任务。
5.2 任务 1：制作界面中的 Banner 效果图。提出问题：APP 中用到的比较多的 5 种 Banner 效果图的设计风格是什么？
5.3 教师根据学生的回答，PPT 展示并讲解 5 种经典 Banner 效果图及其风格分析。
5.4 下发素材和参考效果（至少 3 种 Banner），要求学生将其制作出来。制作中遇到问题可求助教师或其他同学。
5.5 PPT 展示、讲解任务要求、目标；并询问学生是否明确
5.6 下发素材和参考效果，要求学生将其制作出来，主要是训练学生图像合成能力；制作中遇到问题可求助教师或其他同学。
5.7 PPT 展示海报效果图，引入学习任务。</td><td>5.1 观看 PPT，明确学习任务和要求。
5.2 接受任务，通过上网、查教材、工作页附录等手段回答问题。
5.3 观看、聆听、记忆、理解常见 5 种 Banner 效果设计风格。
5.4 接受任务，观看效果，临摹完成至少 3 种类型的 Banner 效果图。通过临摹操作体会、学习 banner 效果图的制作规范、方法。
以小组为单位，操作中互帮互助。
5.5 接受任务，回答问题。
5.6 接受任务，观看效果，临摹完成操作。通过临摹操作体会、学习 PS 合成图像的方法和技巧。以小组为单位，操作中互帮互助。
5.7 观看、聆听、接受任务。</td><td>1. 通过问题回答查看学生对 Banner 图类型的认识情况。
2. 查看 banner 效果图考核学生学习效果。
3. 查看轮播图、海报效果图考核学生学习效果。</td></tr>
</table>

1 明确 APP 界面元素设计方法 2 绘制首页原型图 3 制作首页效果图 4 效果图标注并输出

	工作子步骤	教师活动	学生活动	评价
明确APP界面元素设计方法		5.8 下发素材和参考效果、微视频，要求学生自主探究将其制作出来。制作中遇到问题可求助教师或其他同学。	5.8 接受素材，观看效果和微视频，学习滤镜的用法。通过临摹操作会使用滤镜处理合成图像。以小组为单位，操作中互帮互助。	
	课时： 8 课时 1. 硬件：一体化学习工作站、多媒体教学设备、展示板、教学用笔。 2. 软件：Photoshop。 3. 教学用资料：图标案例、工作页、教材等。			
绘制首页原型图	根据客户需求，绘制首页原型图。	1.1 PPT 展示 APP 界面设计流程，引入学习任务：沉香商城 APP 首页原型图的绘制。 1.2 教师下发原型图绘制技术文档或视频给学生，要求学生自主探究原型图的绘制方法；教师巡回指导，帮助答疑，指导学生学习。 1.3 布置任务：利用获取的知识技能绘制原型图。 1.4 巡回指导，解答问题，指导学生绘制原型图。 1.5 展示学生上交的原型图，引导其他组同学进行比对，对原型图进行科学、有效性的评价；评价中教师将错误的地方指出来，并要求学生修改。	1.1 观看 PPT，明确学习任务和要求。 1.2 接收学习材料（原型图绘制技术文档或视频），打开观看，自学原型图绘制方法；学习过程中有困难，请教老师或同学。 1.3 接受任务。 1.4 先独立绘制原型图，遇到问题请教老师或同学，绘制完毕后交给组长。组长组织组员选择最优方案上传给老师。 1.5 在老师指导下展示、评价原型图，获取科学有效的原型图。	查看上交的原型图效果了解学生整体学习情况。
	课时： 4 课时 1. 硬件：一体化学习工作站、多媒体教学设备、展示板、教学用笔等。 2. 软件：Photoshop 等。 3. 教学用资料：图标案例、工作页、教材等。			

学习任务 1 沉香商城 APP 界面设计

① 明确 APP 界面元素设计方法 ② 绘制首页原型图 ③ 制作首页效果图 ④ 效果图标注并输出

制作首页效果图

工作子步骤	教师活动	学生活动	评价
按照规范制作首页界面图。	1.1 PPT 展示任务参考效果，说明设计要求和制作注意事项。 1.2 下发 Android 界面元素规范文档、沉香商城 APP 素材（图片和文字）给学生，要求沉香商城 APP 首页界面图按照此规范制作，并提示制作要点和注意事项。 1.3 询问学生 PS 制作难点，根据难点讲解、演示 PS 绘图、图形处理等内容； 1.4 学生操作，教师巡回指导，解答问题。 1.5 要求各小组上传最优作品到教师机。 1.6 随机抽选小组作品展示，引导其他组评价（比对原型图），评价中引导学生对界面设计的规范、制作技巧进行提炼和总结。	1.1 观看、聆听、理解设计要求并关注制作意事项。 1.2 接收学习材料，了解制作规范和项目素材，明确制作要求。 1.3 观看效果图，思考，提出操作难点。 1.4 启动 PS，先独立操作：按照规范新建文件，导入素材，根据原型图和素材以及前边获取的知识技能利用 PS 的辅助线、绘图功能、图像处理功能等完成界面效果的制作。 1.5 个人完成后交给组长，组内选择一个最优效果上传到教师机。 1.6 跟着教师的引导，学习评价，在评价中强化对规范、技巧的理解和应用。	查看上交的首页效果考查学生对规范、设计技巧的掌握情况。

课时： 4 课时

1. 硬件：一体化学习工作站、多媒体教学设备、展示板、教学用笔等。
2. 软件：Photoshop 等。
3. 教学用资料：图标案例、工作页、教材等。

基准学时：40

1 明确 APP 界面元素设计方法　2 绘制首页原型图　3 制作首页效果图　4 效果图标注并输出

效果图标注并输出

工作子步骤	教师活动	学生活动	评价
根据客户需求，绘制首页原型图。	1.1 PPT 展示标注后的效果图，引入学习任务。 1.2 提出问题：界面效果图制作完成后交付给 Android 工程师，需要提交哪些资源？标注图怎么做？用什么工具做？引导学生思考。 1.3 教师下发并讲解微视频资源（MarkMan 软件标注图形的方法）的用法，提出要求：自主观看微视频，学习标注的方法和规范。 1.4 布置任务：完成沉香商城 APP 首页面的标注。 1.5 说明操作注意事项和要点，巡回指导，帮助学生学习标注。 1.6 收集学生作业，引导学生展示、评价，强化标注规范和要点。	1.1 观看 PPT，明确学习任务和要求。 1.2 明确问题，思考回答；回答不上来就注意听老师的讲解。 1.3 接收资源，观看微视频，学习 MarkMan 软件的用法。遇到问题及时交流。 1.4 聆听、明确任务。 1.5 按照规范要求，操作软件，完成标注。 1.6 完成的标注图及时发给组长，组内推选优秀标注图上传给教师；按照教师的要求展示、评价标注图。	查看学生上交的标注图，考核学生对标注规范符和操作是否掌握。 。

课时：4 课时

1. 硬件：一体化学习工作站、多媒体教学设备、展示板、教学用笔等。
2. 软件：Photoshop 等。
3. 教学用资料：图标案例工作页、教材等。

学习任务 2　友房租房 APP 界面设计

任务描述

学习任务学时：40 课时

任务情境：

友房租房是集二手房、租房、新房功能于一体的手机找房软件，我们打破信息常规，提供市场行情分析，房源成交历史，带着历史告知您关注的房源，小区房源动态信息随时随地发布，让你房产交易更加便捷；本任务要求了解 APP 市场和生活类工具软件应用，以 photoshop 软件为设计主要工具，按照相关规范配合相关元素设计出 APP 高保真界面效果图。

具体要求见下页。

房租信息
房租信息
房租信息
友房

工作流程和标准

工作环节 1

低保真制作

从项目主管（教师）处获取友房租房 APP 界面设计任务，明确任务设计要求及界面设计风格，了解各类型界面设计的类型及典型风格，能根据友房租房 APP 界面需求绘制原型图。

学习成果：

友房租房 APP 界面原型图

工作环节 2

高保真制作

2

根据确定的风格和界面图文内容，运用 PS 技术制作各界面效果图。

学习成果：

启动页、登录注册页、主页、个人中心页、列表页、弹窗等界面 PSD 文件和 JPG 文件。

工作环节 3

效果图标注并输出

3

按照出图规范对首页效果图进行标注出图，按照切图规范对各界面图形进行切图并输出给主管（教师）。

以组为单位，展示设计的界面标注图和切图，展示汇报。

学习成果：

界面标注图和切图文件包。

学习内容

知识点
1.1 绘制原型图的方法
技能点
1.1 会绘制交互原型图
工作环节
工作环节 1
低保真制作
成果
1.1 友房租房 APP 界面原型图
素养
1.1 阅读理解能力；
1.2 自主探究学习能力

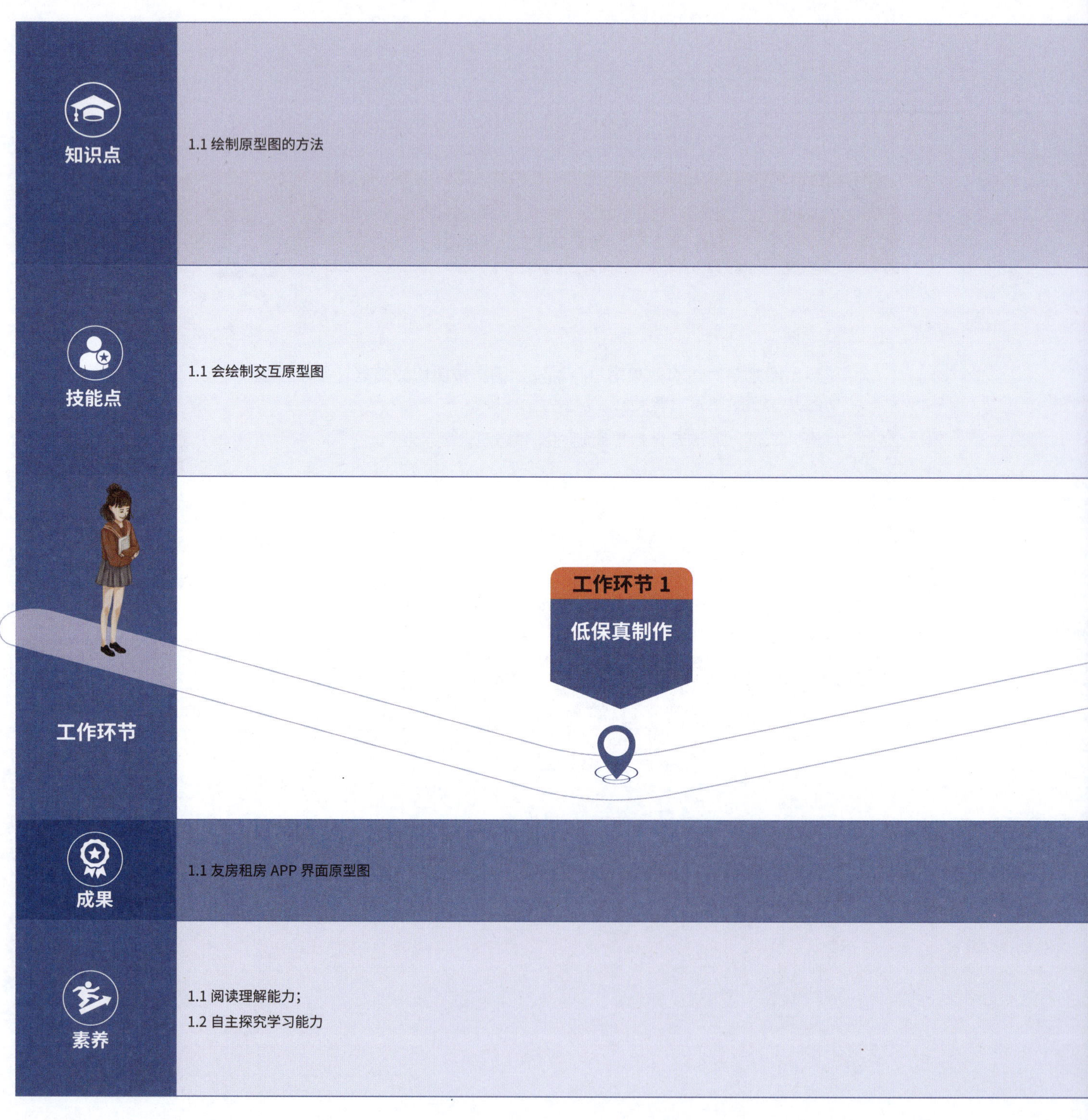

学习任务 2　友房租房 APP 界面设计

工作环节 2	工作环节 3
2.1 Android 界面元素规范； 2.2 APP 各界面的设计规则； 2.3 APP 各界面的设计类型； 2.4 PS 绘图、处理图像、合成图像等知识	3.1 PSCutterMan 软件的使用方法； 3.2 MarkMan 软件的使用方法
2.1 按照设计规范利用 PS 制作启动页效果图； 2.2 PS 绘图、处理图像、合成图像等技能； 2.3 按照设计规范利用 PS 制作登录注册页效果图； 2.4 按照设计规范利用 PS 制作主页效果图； 2.5 按照设计规范利用 PS 制作列表页效果图； 2.6 按照设计规范利用 PS 制作弹窗效果图	3.1 会使用软件 MarkMan 软件标注、输出图形； 3.2 会使用软件 CutterMan 软件切图、输出
高保真制作 工作环节 2	工作环节 3 效果图标注并输出
2.1 启动页、登录注册页、主页、个人中心页、列表页等界面 PSD 文件和 JPG 文件	3.1 界面标注图和切图文件包
2.1 创新学习能力； 2.2 分析解决问题能力； 2.3 阅读理解能力； 2.4 模仿能力、文明手绘； 2.5 团队合作； 2.6 沟通表达	3.1 表达展示能力； 3.2 归纳总结能力； 3.3 自主探究能力

教学活动

学习任务 2　友房租房 APP 界面设计

<table>
<tr><th></th><th>工作子步骤</th><th>教师活动</th><th>学生活动</th><th>评价</th></tr>
<tr><td rowspan="2">低保真制作</td><td>明确任务需求，绘制原型图。</td><td>1.1 PPT 展示 APP 界面设计流程，引入学习任务：友房租房 APP 首页原型图的绘制。
1.2 教师下发原型图绘制技术文档或视频给学生，要求学生自主探究原型图的绘制方法；教师巡回指导，帮助答疑，指导学生学习。
1.3 布置任务：利用获取的知识技能绘制原型图。
1.4 巡回指导，解答问题，指导学生绘制原型图。
1.5 展示学生上交的原型图，引导其他组同学进行比对，对原型图进行科学、有效性的评价；评价中教师将错误的地方指出来，并要求学生修改。</td><td>1.1 观看 PPT，明确学习任务和要求。
1.2 接收学习材料（原型图绘制技术文档或视频），打开观看，自学原型图绘制方法；学习过程中有困难，请教老师或同学。
1.3 接受任务并开始绘制原型图。
1.4 先独立绘制原型图，遇到问题请教老师或同学，绘制完毕后交给组长，组长组织组员选择最优方案上传给老师。
1.5 在老师指导下展示、评价原型图，获取科学有效的原型图。</td><td>查看上交的原型图效果了解学生整体学习情况。</td></tr>
<tr><td colspan="4">课时：8 课时
1. 硬件：一体化学习工作站、多媒体教学设备、展示板、教学用笔等。
2. 软件：Photoshop 等。
3. 教学用资料：工作页、教材等。</td></tr>
<tr><td rowspan="2">高保真制作</td><td>按照规范制作友房租房 APP 各界面效果图。</td><td>1.1 展示友房租房 APP 启动页参考效果，提出学习任务及要求。
1.2 提出问题：APP 应用为什么要设计启动页？引导学生获取问题的答案。
1.3 提出问题：APP 应用中常见的启动页类型有哪些？各有什么特点？引导学生获取问题的答案。
1.4 提出问题：启动页设计时要注意哪些元素（设计原则）？引导学生获取问题的答案，并分析出友房租房 APP 启动页的设计类型。
1.5 下达制作任务，并询问学生是否有 PS 制作难点，根据难点讲解、演示 PS 绘图、图形处理等内容。
1.6 学生操作，教师巡回指导，解答问题。</td><td>1.1 观看、聆听、接受任务及要求。
1.2 明确问题，查阅教材、工作页附录资料，说出设计启动页的原因（启动页的用途）。
1.3 明确问题，查阅教材、工作页附录资料，将启动页常见的 5 种类型写在卡纸上；按照老师的要求回答卡纸上的内容。
1.4 明确问题，查阅教材、工作页附录资料，将启动页的设计原则写在卡纸上；按照老师的要求回答卡纸上的内容；小组讨论确定友房租房设计类型。
1.5 观看效果图，思考，提出操作难点。
1.6 启动 PS，先独立操作：按照规范新建文件，导入素材，根据原型图和素材以及前面获取的知识技能，利用 PS 的辅助线、绘图功能、图像处理功能等完成启动页效果图的制作。</td><td>查看上交的首页效果考查学生对规范、设计技巧的掌握情况。</td></tr>
<tr><td colspan="4">课时：4 课时
1. 硬件：一体化学习工作站、多媒体教学设备、展示板、教学用笔等。
2. 软件：Photoshop 等。
3. 教学用资料：工作页、教材等。</td></tr>
</table>

1 低保真制作 2 高保真制作 3 输出交付

高保真制作

工作子步骤	教师活动	学生活动	评价
按照规范制作友房租房 APP 各界面效果图。	2.1 展示友房租房 APP 登录注册页参考效果，提出学习任务及要求。 2.2 根据大家使用APP的体验提出问题1：登录注册界面一般需要提供哪些选项给用户使用？引导学生获取问题的答案。 2.3 提出问题 2：目前市场上主流的登录注册设计类型有哪些？你认为那种最方便？引导学生获取问题的答案。 2.4 提出问题 3：设计时从哪些方面考虑，可以提高用途登录注册的体验？引导学生获取问题的答案，并分析出友房租房 APP 登录注册页的设计类型。 2.5 下达制作任务，并询问学生是否有 PS 制作难点，根据难点讲解、演示 PS 绘图、图形处理等内容。 2.6 学生操作，教师巡回指导，解答问题。	2.1 观看、聆听、接受任务及要求。 2.2 明确问题、思考、也可以拿出手机使用 APP 或小组交流，说出登录注册界面的元素。 2.3 明确问题，查阅教材、工作页附录资料，将3种常见登录注册类型写在卡纸上；按照老师的要求回答问题。 2.4 明确问题，查阅教材、工作页附录资料，熟悉登录注册界面的元素及设计类型；小组讨论确定友房租房登录注册界面的设计类型。 2.5 观看效果图，思考，提出操作难点。 2.6 启动 PS，先独立操作：按照规范新建文件，导入素材，操作完成登录注册页效果图的制作。	查看上交的登录界面效果考查学生对规范、设计技巧的掌握情况。

课时： 4 课时
1. 硬件：一体化学习工作站、多媒体教学设备、展示板、教学用笔等。
2. 软件：Photoshop 等。
3. 教学用资料：工作页、教材等。

工作子步骤	教师活动	学生活动	评价
按照规范制作友房租房 APP 各界面效果图	3.1 PPT 展示任务参考效果，说明设计要求和制作注意事项。 3.2 任务1：启动 PS，按照原型图和 Android 界面元素规范（查阅工作页附录）新建文件，拖拉辅助线。请按照界面操作规范。 3.3 展示参考图，询问学生 PS 制作难点，根据难点讲解、演示 PS 绘图、图形处理等内容。 3.4 学生操作，教师巡回指导，解答问题。 3.5 要求各小组上传最优作品到教师机。 3.6 随机抽选小组作品展示，引导其他组评价（比对原型图），评价中引导学生对界面设计的规范、制作技巧进行提炼和总结。	3.1 观看、聆听、理解设计要求并关注制作注意事项。 3.2 接受任务，查阅 Android 界面元素规范，启动 PS，拖拉辅助线。小组成员互帮互助。 3.3 观看效果图，思考并提出问题，认真观看、学习操作。 3.4 启动 PS，先独立操作：按照规范根据原型图和素材以及前面获取的知识技能,利用PS的辅助线、绘图功能、图像处理功能等完成界面效果的制作。 3.5 个人完成后交给组长，组内选择一个最优效果上传到教师机。 3.6 跟着教师的引导，学习评价，在评价中强化对规范、技巧的理解和应用。	查看上交的首页效果考查学生对规范、设计技巧的掌握情况。

课时： 8 课时
1. 硬件：一体化学习工作站、多媒体教学设备、展示板、教学用笔等。
2. 软件：Photoshop 等。
3. 教学用资料：工作页、教材、首页素材等。

学习任务 2　友房租房 APP 界面设计

① 低保真制作　② 高保真制作　③ 输出交付

高保真制作

工作子步骤	教师活动	学生活动	评价
按照规范制作友房租房 APP 各界面效果图。	4.1 PPT 展示任务参考效果，说明设计要求和制作注意事项。 4.2 任务 1：启动 PS，按照原型图和 Android 界面元素规范（查阅工作页附录）新建文件，拖拉辅助线。 请按照界面操作规范． 4.3 展示参考图，询问学生 PS 制作难点，根据难点讲解、演示 PS 绘图、图形处理等内容。 4.4 学生操作，教师巡回指导，解答问题。 4.5 要求各小组上传最优作品到教师机。 4.6 跟着教师引导，学习评价，在评价中强化对规范、技巧的理解和应用。	4.1 观看、聆听、理解设计要求并关注制作注意事项。 4.2 接受任务，查阅 Android 界面元素规范，启动 PS，拖拉辅助线。 小组成员互帮互助。 4.3 观看效果图，思考并提出问题，认真观看、学习操作。 4.4 启动 PS，先独立操作：按照规范根据原型图和素材以及前面获取的知识技能利用 PS 的辅助线、绘图功能、图像处理功能等完成界面效果的制作。 4.5 个人完成后交给组长，组内选择一个最优效果上传到教师机。 4.6 随机抽选小组作品展示，引导其他组评价（比对原型图），评价中引导学生对界面设计的规范、制作技巧进行提炼和总结。	查看上交的个人中心效果考查学生对中心页的制作方法是否掌握。
课时： 4 课时 1. 硬件：一体化学习工作站、多媒体教学设备、展示板、教学用笔等。 2. 软件：Photoshop 等。 3. 教学用资料：工作页、教材、个人中心页素材等。			
按照规范制作友房租房 APP 各界面效果图。	5.1 PPT 展示任务参考效果，说明设计要求和制作注意事项。 5.2 下发 Android 界面元素规范文档、APP 素材（图片和文字）给学生，要求友房租房 APP 列表页界面图按照此规范制作，并提示制作要点和注意事项。 5.3 询问学生 PS 制作难点，根据难点讲解、演示 PS 绘图、图形处理等内容，若无难点，直接跳到下一步进行。 5.4 学生操作，教师巡回指导，解答问题。 5.5 要求各小组上传最优作品到教师机。 5.6 随机抽选小组作品展示，引导其他组评价（比对原型图），评价中引导学生对界面设计的规范、制作技巧进行提炼和总结。	5.1 观看、聆听、理解设计要求并关注制作注意事项。 5.2 接收学习材料，了解制作规范和项目素材，明确制作要求。 5.3 观看效果图，思考，提出操作难点；观看演示学习。 5.4 启动 PS，先独立操作：按照规范新建文件，导入素材，根据原型图和素材以及前边获取的知识技能利用 PS 的辅助线、绘图功能、图像处理功能等完成界面效果的制作。 5.5 个人完成后交给组长，组内选择一个最优效果上传到教师机。 5.6 跟着教师引导，学习评价，在评价中强化对规范、技巧的理解和应用。	查看上交的列表页效果考查学生对列表页的规范及制作方法。
课时： 4 课时 1. 硬件：一体化学习工作站、多媒体教学设备、展示板、教学用笔等。 2. 软件：Photoshop 等。 3. 教学用资料：工作页、教材、列表页素材等。			

基准学时：40

输出交付

工作子步骤	教师活动	学生活动	评价
效果图标注并输出。	1.1 提出问题：界面效果图制作完成后交付给 Android 工程师，需要提交哪些资源？标注图和切图。 1.2 布置任务：使用 MarkMan 软件标注界面效果图。 1.3 巡回指导，帮助学生完成界面图的标注。 1.4 教师下发并讲解微视频资源（CutterMan软件切图输出的方法）的用法，提出要求：自主观看微视频，学习切图及输出的方法。 1.5 布置任务：完成友房租房 APP 效果图的切图和输出。讲解演示操作注意事项和要点，巡回指导，解答疑惑。 1.6 收集学生作业，引导学生展示、评价，强化规范和要点。	1.1 明确问题，思考回答；回答不上来就注意聆听老师的讲解。 1.2 聆听、接受任务。 1.3 以小组为单位，互帮互助，启动 Markman 软件，按照标注规范对界面图进行标注和保存。制作过程小组成员相互交流、帮助，遇到疑难问题及时询问、解决。 1.4 接收资源，观看微视频，学习 CutterMan 软件软件的用法。遇到问题及时交流。 1.5 聆听、明确任务；按照规范要求，操作软件，完成切图输出。 1.6 完成的成果文件夹发给组长，组内推选优秀切图上传给教师；按照教师的要求展示、评价。	查看学生上交的输出图和标注图，考核学生产品输出和交付工作是否完成。

课时： 12 课时

1. 硬件：一体化学习工作站、多媒体教学设备、展示板、教学用笔等。
2. 软件：Photoshop 等。
3. 教学用资料：工作页、教材等。

考核标准

情境描述：

找房 APP 是集二手房、租房、新房功能能于一体的手机找房软件，该软件打破信息常规，提供市场行情分析，房源成交历史，并告知您关注的房源，小区的动态信息随时随地发布房源信息，让房产交易更加便捷；本任务要求了解 APP 市场和生活类工具软件应用，利用所学相关知识和技能点，完成该 APP 界面设计。

任务要求：

1. 绘制草图、原型图，进行 APP 配色设计。
2. 至少包含启动图标、启动页、主界面、搜索页等的设计。
3. 运用所学的 Photoshop、Illustrator、XD 等知识技能按照设计规范制作找房 APP 图标和各界面。
4. 制作展示文档，讲解作品实现思路并现场回答问题。

参考资料：

实施任务时，你可以使用所有的常见教学资料，例如：工作页、教材、个人笔记、网络等。

评价方式

终结性考核包括纸笔测试（制定方案）成绩（30%）+ 实操测试成绩（70%）两部分。

纸笔测试（制定方案）成绩由任课教师考评；实操测试成绩由任课教师、同专业组教师、企业代表组成考评小组共同实施考核评价，取所有考核人员评分的平均分为学生考核成绩。

课程 8　网络安卓软件开发（中级）　　课时：100

学习任务

天气预报 APP 开发

（100）学时

课程目标

学完本课程后，学生应当能够胜任 Android 移动应用软件开发工作中的网络编程方面的工作，通过对实时天气预报 APP 功能开发、简易新闻客户端功能开发等工作任务的学习，学生能根据开发需求从网络上获取数据，并按照业务要求在手机端进行呈现。能按照行业规范实施编码；能严格执行企业管理制度、遵守网络安全规定、网络数据产权和 8S 管理规定；培养爱岗敬业、客户至上的职业意识，培养大国工匠精神。具体包括：

1. 能与主管沟通，明确客户需求；形成客户需求至上的职业意识；
2. 能根据客户需求，按照行业编码规范，编码实现用户界面；能自定义逐帧动画，实现加载页动画效果及倒计时跳转功能；形成自觉遵守职业规范的习惯；
3. 能够根据功能需求定义合适的类以及方法，能使用第三方控件访问网络，获取网络数据；
4. 能对获取的网络数据进行解析，在完成简易新闻客户端过程中培养学生大国工匠精神；
5. 能独立进行软件开发成果的单元测试和功能测试，判断和排除软件存在的问题；
6. 遵守软件开发企业和用户企业的相关规定，保护用户企业的商业机密等；
7. 能在开发简易新闻客户端功能过程中，熟悉当代中国工匠的人生故事，激发学生树立一生只为一件事的职业追求意识。

主要学习内容包括：

1.Handler 消息机制用途；

2.Handler 消息机制的用法；

3. 倒计时功能实现方法；

4.ViewPager 用途及用法；

5. 进程和线程的用途及用法；

6.AsyncTask 异步任务等的含义、用途及用法；

7. 获取大国工匠精神相关素材的渠道；

8. 网络访问技术 URLConnection、HttpURLConnection 等对象的用途及用法；

9.Volley 框架的用途及用法；

10. JSON 数据手动解析和 Gson 解析的方法；

11. 行业编码规范。

学习任务　天气预报 APP 开发

任务描述

学习任务学时：100 课时

任务情境：

小白是一名攀岩爱好者，经常需要外出挑战各类攀岩项目。小白每次外出都需要进行详细的出行计划策划、物资准备等工作，现有的天气预报功能适合大众使用，他们这些爱好者希望能有一款可随时随地通过查询天气相关数据，可以为物资准备、出行计划等提供信息服务。现在要求开发工程师们能根据用户需求，完成天气预报 APP 开发工作，服务于智慧生活。

开发项目实施过程中要遵守企业工作流程，引入工作中典型第三方框架技术，遵守程序员职业规范开展工作，开发中勇敢面对遇到的各类技术难题，积极想办法解决、克服一切困难在规定时间内完成项目开发、调试，及时提交工作成果，完成主管交给的任务。在项目过程中要养成程序员需要具备的团队协作、规则意识（职业操守）、行业规范等职业素养以及实践创新素养（技术运用）。

具体要求见下页。

天气预报APP
7.3 上午
7.4 中午

工作流程和标准

工作环节 1

获取资讯

1. 收集并讨论国内外智慧生活 APP 软件带来的快捷和便利性，激发学习技术的兴趣和意愿（技术运用）；通过角色扮演，大脑风暴讨论、分析攀岩爱好者所学天气预报 APP 的功能需求（定位查询天气信息、信息实时更新、穿衣指数、物资建议等）（智慧生活）。
2. 获取新知识和技能，编码实现加载页的布局与倒计时功能。
3. 获取新知识和技能，编码实现加载页轮播广告效果。
4. 获取新知识和技能，编码优化轮播广告效果。
5. 获取新知识和技能，编码实现点击和轮播同步的广告效果。
6. 获取新知识和技能，编码实现后台下载功能。
7. 获取新知识和技能，编码实现后台下载功能。
8. 获取新知识和技能，编码实现异步任务后台下载功能。

学习成果：

1. 需求清单；
2. 加载页工程项目文件；
3. 加载页轮播动画效果的工程项目文件；
4. 优化后的加载页轮播广告效果的工程项目文件；
5. 首页轮播广告效果的工程项目文件；
6. 模拟后台下载功能的工程项目文件；
7. 幸运大抽奖功能的工程项目文件；
8. 异步任务模拟后台下载功能的工程项目文件。

工作环节 3

功能测试及交付

3

完成应用程序的开发后，对应用程序进行测试，并生成 apk 文件，安装到手机上进行使用测试；通过测试无误后的作品，要求各小组将开发的 APP 软件推广到朋友圈、校内师生圈等试用，收集用户使用体验，通过反馈检验智慧生活效果。（智慧生活）

学习成果：

apk 安装文件。

工作环节 2

功能测试及交付

1. 根据界面设计图，使用 Android studio 工具创建 Android 文件，设计天气预报界面元素，按照行业编码规范编写代码完成天气预报界面布局。
2. 遵守网络数据使用版权，按照官方要求合法地申请实时天气数据的网络数据接口，学会查看接口文档。
3. 规范编码封装实时天气预报数据的实体类文件。
4. 使用网络访问技术，从网络数据接口读取实时天气预报的数据信息。
5. 按照业务实现逻辑，规范编码实现主界面天气预报 APP 的功能。
6. 按照业务实现逻辑，规范编码实现城市搜索功能。

学习成果：

1. 天气预报 APP 界面布局的工程文件；
2. 获取实时天气数据的网络接口和接口文档；
3.NowBean、 ForeBean、LifeBean 等实时天气数据的实体类文件；
4. 读取实时天气预报数据的工程项目文件；
5. 主界面天气预报功能的项目工程文件；
6. 城市搜索功能实现的项目工程文件。

学习内容

知识点
1.1 智慧生活 APP 典型案例；
1.2 需求分析的内容及分析方法
技能点
1.1 能说出市场上常用智慧生活 APP 软件带来的快捷和便利性，激发学习技术的兴趣和意愿；
1.2 能通过角色扮演和大脑风暴讨论并分析出攀岩爱好者希望的天气预报 APP 功能需求（定位查询天气信息、信息实时更新、穿衣指数、物资建议等），（智慧生活）
工作环节
工作环节 1
获取资讯
成果
1.1 需求清单
素养
1.1 体会智慧生活软件的快捷和便利性，激发学习技术的兴趣和意愿（技术运用）；
1.2 分析解决问题能力、沟通表达能力

学习任务 天气预报 APP 开发

2.1 Android 开发规范手册； 2.2 网络数据版权规定； 2.3 Android UI 界面开发； 2.4 获取网络资源的方法、Handler 异步通讯、AsyncTask 异步任务、Json 格式数据的解析、网络图片加载等 ViewPager 视图翻页工具的使用方法； 2.5 Android 第三方库的使用（接口请求、控件注解、Json 解析等）	3.1 用户体验信息收集方法； 3.2 apk 文件的生成及安装方法
2.1 能搭建 Android 开发环境、对项目进行清单配置； 2.2 能按照 Android 开发规范编码完成天气预报 APP 界面布局（规则意识：规范编码）； 2.3 能获取网络数据资源，能对 JSON 数据进行解析（规则意识：规范编码）； 2.4 会使用第三方控件（Volley 网络通信框架）实现功能	3.1 能生成 apk 安装文件； 3.2 能在真机上测试天气预报各功能
功能设计及实现 工作环节 2	工作环节 3 功能测试及交付
2.1 Android 项目工程文件夹（天气预报 APP）	3.1 apk 安装文件
2.1 培养规范编码，树立规则意识； 2.2 尊重和遵守数据版权规则； 2.3 培养自主探究能力、归纳总结能力、阅读理解能力、分析解决问题能力、团队合作能力"	3.1 技术运用实现智慧生活

学习任务　天气预报 APP 开发

1 获取资讯　2 功能设计及实现　3 功能测试及交付

获取资讯

工作子步骤	教师活动	学生活动	评价
1. 获取天气预报 APP 开发的需求。	1.1 展示任务描述、任务要求、任务成果清单等内容，让学生明确学习任务。 【事件描述】 2020 年新冠状肺炎疫情抗击过程中，通过各类软件，及时、准确、透明地统计各类信息，为政府做决策提供极大帮助，收集并讨论智慧生活 APP 软件带来的快捷和便利性，作为开发工程师，能运用所有知识技能开发软件，帮助人们快速高效工作。 1.2 组织学生头脑风暴，通过角色扮演分析实时天气预报 APP 功能需求，满足攀岩者用户群体生活工作需求。引导学生以小组为单位，扮演客户与产品经理，对此款软件的需求进行描述，将分析结果记录在工作页的需求清单中。 1.3 教师抽查学生完成的记录表，检查需求记录是否符合要求。	1.1 观看、聆听明确任务要求、任务成果清单等任务相关的要求。 【聆听教师讲解】 思考、收集并讨论智慧生活 APP 软件带来的快捷和便利性，作为开发工程师，能运用所有知识技能开发软件，帮助人们快速高效工作。 谈谈个人对事件的看法，精心思考并说出学习小目标，内心思想变化。 1.2 教师指导下，组长组织，扮演角色，大脑风暴讨论、分析攀岩爱好者所学天气预报 APP 的功能需求（定位查询天气信息、信息实时更新、穿衣指数、物资建议等），并整理记录在工作页中。 1.3 接受检查，认真聆听、比对自己的需求表是否正确，不正确的地方修改、完善。	1. 教师巡回指导中关注学生讨论现场，查看学生头脑风暴的功能分析是否能解决攀岩者用户需求，并及时引导学生。 2. 查看学生填写的需求记录是否符合要求。
课时： 4 课时 1. 硬资源：移动互联应用软件开发学习工作站、展板、笔、A4 纸等。 2. 软资源：教材、工作页等。			
2. 获取新知识和技能，编码实现加载页的布局与倒计时功能。	2.1 观看效果，明确学习任务　加载页功能实现(逐帧动画、倒计时、跳转实现))。 明确任务要求： 1)项目名称、控件命名等要符合命名规范。 2) 编码时要养成添加注释语句的习惯（行业规范）。 3) 要运用知识技能解决问题（实践创新：技术运用）。 2.2 聆听、思考、梳理任务实施思路及要求。明确后查看工作页 P9，再次梳理实现思路。	2.1 展示天气预报 APP 软件参考加载页效果图，引入学习任务　加载页功能实现（逐帧动画、倒计时、跳转实现）。 任务要求： 引导学生要按照行业编码规范编写代码，渗透职业素养中的规则意识；强调学习知识技能是为了解决问题，树立实践创新（技术运用）思想意识。 2.2 讲解任务实施要求及思路： 1）将加载页 3 张轮播图片导出 png 格式，并存储在 MyWeather 包中的 drawable 文件夹中。 2）新建一个 Activity，并将其命名为 SplashActivity，作为加载 Activity 界面。	1. 巡回指导中通过问题答疑、巡查观看等方式了解考核学生任务进度及任务质量。 2. 课堂上随机抽查好、中、差学生代表完成的学业成果，考核学生对学习任务的掌握情况。

获取资讯

工作子步骤	教师活动	学生活动	评价
	3）加载页布局结构如下图。 RelativeLayout @+id/activity_splash ImageView @+id/imageView_Loading TextView @+id/textView Button @+id/btn_tiao 4）功能实现源码见工作页 P10~11。 2.3 巡回指导，鼓励学生尝试编码，及时答疑，关注弱势群体的学习状态，及时给予鼓励和帮助。 2.4 随机抽查 3 名（好中差）学生完成的任务效果，结合任务完成情况再次强化任务实现思路、核心代码（记录在笔记中）。 2.5 布置作业：完成工作页 P9~10 的问题；完善加载页界面美观和功能，输出到真机上测试，保证无误。	2.3 根据教师提供的布局结构图，按照行业编码规范独立编码实现加载页界面的布局。编码遇到困难可查阅教材或技术文档或查看工作页 P10~11 页提供的参考代码编码实现逐帧动画、倒计时、跳转等功能。 2.4 观看作品，比对自查，理解熟记任务实现思路及核心技术（书写在笔记上）。 2.5 明确作业要求： 1）工作页 P9~10 的问题思考、作答。 2）完善加载页界面美观和功能，输出到真机上测试，一直到无误为止，并保存好最新版项目文件，下次课使用。	3. 查看学生项目文件 SplashActivity 的代码结构及外观效果，检测学生是否遵守行业编码规范编码，以及加载页界面布局及功能效果。 4. 查看学生工作页完成情况，考核学生对编程思维、安卓界面布局、倒计时功能、动画等理论知识的掌握情况。
课时： 6 课时 1. 硬资源：移动互联应用软件开发学习工作站、展板、笔、A4 纸等。 2. 软资源：教材、工作页、官方技术文档、项目资源等。			
3. 获取新知识和技能，编码实现加载页轮播广告效果。	3.1 展示任务效果，引入学习任务　加载页功能实现（轮播广告效果）。 讲解任务要求： 1）项目名称、控件命名等要符合命名规范。 2）编码时要养成添加注释语句的习惯（行业规范）。 3）要运用知识技能解决问题（实践创新：技术运用）。 3.2 讲解实现轮播广告效果需要的知识点和技术点：ViewPager 视图工具的用途和用法，ViewPager 视图工具和按钮配合实现。 3.3 展示滑动屏幕能显示文本的效果，讲解演示 ViewPager 视图工具的用途和用法。	3.1 观看效果，引起兴趣，明确任务最终效果。 明确任务要求： 1）项目名称、控件命名等要符合命名规范。 2）编码时要养成添加注释语句的习惯（行业规范）。 3）运用知识技能解决问题（实践创新：技术运用）。 3.2 聆听、观看，明确轮播广告效果需要的知识点和技术点：ViewPager 视图工具。 3.3 观看、聆听、理解、记忆 ViewPager 视图工具的用途和使用流程，并做笔记。	1. 课堂巡查中通过观察学生学习状态、输出学习成果（轮播广告动画），考核学生对 ViewPager 应用的掌握情况。 2. 通过查看学生项目文件 SlideActivity 的代码结构、ViewPager 代码规范性，检测学生是否按要求完成滑动效果，是否遵守行业编码规范规范编码

课程 8　网络安卓软件开发（中级）

学习任务　天气预报 APP 开发

获取资讯

工作子步骤	教师活动	学生活动	评价
	3.4 巡回指导学生利用 ViewPager 视图工具 完成滑动文本效果，随机查看学生任务成果，及时指导、纠正。 3.5 下达新任务：利用 ViewPager 视图工具的用途和用法尝试编码实现“图片轮滑”效果。 1）教师下发参考代码。 2）提醒核心代码的编写。 3.6 巡回指导，解答疑惑，帮助学生运用所学知识解决类似新问题。 3.7 随机抽取学生作业，展示、评价，作业中不规范不正确的地方进行纠正。 3.8 布置作业：归纳总结本次课学习的 ViewPager的用法流程及核心代码。	3.4 模仿教师操作，创建练习 Modul，动手编码，使用 ViewPager 视图工具实现文本滑动效果。 任务完成后提交作业给教师，备查。 3. 5 明确升级版任务，明确任务要求，可利用资源（教师下发的参考代码）。 3.6 创建新 Module，运用刚刚获取的 ViewPager 视图工具的用法独立尝试编码实现图片滑动效果。 1）遇到问题，可查看技术文档或请教老师、同学。 2）任务完成后提交作业给教师，备查。 3.7 观摩学习其他同学的作品，将项目中不正确不规范的地方记录并修改。 3.8 明确作业要求，按时完成作业。	
课时： 4 课时 1. 硬资源：移动互联应用软件开发学习工作站、展板、笔、A4 纸等。 2. 软资源：教材、工作页、官方技术文档、项目资源等。			
4. 获取新知识和技能，编码优化轮播广告效果。	4.1 展示任务效果，明确任务要求：完成左右滑动翻页的效果。 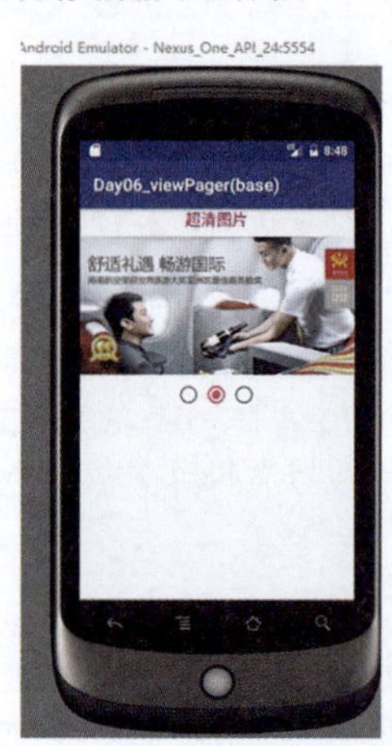 	4.1 明确任务要求，思考任务实施方法、参考资料。	1. 巡回指导中通过问题答疑、巡查观看等方式了解考核学生任务进度及任务质量。 2. 课堂上随机抽查好、中、差学生代表完成的学业成果，考核学生对学习任务的掌握情况。

工作子步骤	教师活动	学生活动	评价
明确APP界面元素设计方法	4.2 引导学生实现思路及编码注意事项，鼓励学生尝试编码。 实现思路： 1）先布局界面元素。 2）先编码实现 ViewPager 轮播效果。 3）编写代码，实现按钮和轮播图的同步。 4.3 根据实现思路教师引导学生逐步完成任务。 任务 1：界面元素布局 1）分析界面元素布局结构。 2）选择合适 UI 控件。 3）编写代码实现布局。 巡回指导，及时答疑，关注弱势群体的学习状态，及时给予鼓励和帮助。 巡查中观察绝大多数学生完成任务，则进入下一个任务。 任务 2：编码实现 ViewPager 轮播效果 实现思路： 1）XML 引用和 page 页。 2）创建适配器和设置适配器。 3）按钮和轮播图片的同步。 巡回指导，及时答疑，关注弱势群体的学习状态，及时给予鼓励和帮助。 巡查中观察绝大多数学生完成任务，则进入下一个任务。 4.4 随机抽查学生完成的任务效果，结合代码再次强化轮播效果的实现思路及核心知识点和技能点的用法。	4.2 根据效果，在老师引导下，思考、分析、明确任务实现思路并记录。 实现思路： 1）先布局界面元素。 2）先编码实现 ViewPager 轮播效果。 3）编写代码，实现按钮和轮播图的同步。 4.3 在老师引导下，逐步编码实现任务效果。 任务 1：布局界面 1）教师引导下，明确实现思路。 2）项目工程中创建 Module，拷贝图片素材。 3）切换到 XML 布局文件中，编码实现布局。 4）检测编码是否规范，注释语句是否清晰。 操作过程中遇到问题，互帮互助及时解决，树立团队合作意识。 任务 2：编码实现 ViewPager 轮播效果 1）教师引导下，明确实现思路。 2）项目工程中编码实现 XML 引用和 page 页。 3）编码实现适配器的创建和使用；编码实现按钮和轮播图片的同步。 4）检测编码是否规范，注释语句是否清晰。 操作过程中遇到问题，互帮互助及时解决。 4.4 结合自己完成的作业理解、内化理论知识，启动 Xmind 软件，整理思路，绘制思维导图。	3. 查看学生项目文件 SplashActivity 的代码结构及外观效果，检测学生是否遵守行业编码规范编码，以及加载页界面布局及功能效果。 4. 查看学生工作页完成情况，考核学生对编程思维、安卓界面布局、倒计时功能、动画等理论知识的掌握情况。

课时： 6 课时

1. 硬资源：移动互联应用软件开发学习工作站等。
2. 软资源：工作页、教材、项目素材等。

学习任务 天气预报 APP 开发

1 获取资讯　2 功能设计及实现　3 功能测试及交付

获取资讯

工作子步骤	教师活动	学生活动	评价
5. 获取新知识和技能，编码实现主界面广告效果。	5.1 展示任务效果，明确任务要求：完成左右自动轮播效果。 重点讲解任务要求：每位同学必须能够根据前期训练获取的知识技能、规则意识（编码规范），自觉按照规范完成任务，并按时上交（责任担当）。	5.1 明确任务要求，思考任务实施方法、参考资料。 明确任务要求运用获取的知识技能、规则意识（编码规范），能自觉按照规范完成任务，并按时上交（责任担当）。	教师检查学生提交的运行效果截图及源代码，考核学生是否掌握高级控件 ViewPager(视图翻页工具)的用途和用法。
	5.2 引导学生实现思路及编码注意事项，鼓励学生尝试编码。布局界面引入 ViewPager 控件,素材准备(图片获取、自定义 shape、selector 等准备圆点素材)， 编码实现交互动能。 1) 初始化控件。 2) 初始化数据。 3) 创建适配器。 4) 设置适配器。 5) 页面改变处理。	5.2 根据效果，在老师的引导下，思考、分析、明确任务实现思路并记录在工作页或笔记本上。	
	5.3 根据实现思路教师引导学生逐步完成任务。 任务 1：界面元素布局 1) 分析界面元素布局结构。 2) 选择合适 UI 控件）。 3) 编写代码实现布局。 巡回指导，及时答疑，关注弱势群体的学习状态，及时给予鼓励和帮助。 巡查中观察绝大多数学生完成任务，则进入下一个任务。	5.3 在老师的引导下，逐步编码实现效果。 任务 1：布局界面 1) 教师引导下，明确实现思路。 2) 项目工程中创建 Module，拷贝图片素材。 3)切换到 XML 布局文件中,编码实现布局。 RelativeLayout @+id/activity_main ViewPager @+id/viewpager LinearLayout TextView @+id/photo_info LinearLayout @+id/points 检测编码是否规范，注释语句是否清晰。 操作过程中遇到问题，互帮互助及时解决。	
	任务 2：项目资源准备 实现思路并逐步引导学生操作,完成任务。 1) 图片素材获取及拷贝到项目。 2) 编码实现自定义圆点对象。 3) 巡回指导，及时答疑，关注弱势群体的学习状态，及时给予鼓励和帮助。 巡查中观察绝大多数学生完成任务，则进入下一个任务。	任务 2：编码实现 ViewPager 轮播效果 1) 教师引导下，明确实现思路。 2) 自己利用 PS 制作图片或网络获取或使用教师提供的素材。 3) 利用 shape、selector 等知识，编码实现圆点效果。 4) 编码后添加注释语句。	

获取资讯

工作子步骤	教师活动	学生活动	评价
	任务 3：编码实现轮播效果 实现思路分析并引导学生操作。 1）XML 引用和 page 页。 2）创建适配器和设置适配器。 3）按钮和轮播图片的同步 巡回指导，及时答疑，关注弱势群体的学习状态，及时给予鼓励和帮助。 5.4 随机抽查学生完成的任务效果，结合代码再次强化轮播效果的实现思路及核心知识点和技能点的用法。	操作过程中遇到问题，互帮互助及时解决。 任务 3：编码实现 ViewPager 轮播效果 1）教师引导下，明确实现思路。 2）项目工程中编码实现 XML 引用和 page 页。 3）编码实现适配器的创建和使用；编码实现图片和文本的同步。 4）编码规范，注释语句清晰。。 操作过程中遇到问题，互帮互助及时解决。 5.4 结合完成作业理解、内化理论知识，归纳总结所学新知的用法和流程。	
课时： 4 课时 1. 硬资源：移动互联应用软件开发学习工作站等。 2. 软资源：工作页、教材、项目素材等。			
6. 获取新知识和技能，编码实现后台下载功能。	6.1 展示任务效果，明确任务要求：完成模拟后台下载功能。 6.2 引导学生阅读教材 P204~205 和工作页 P13~14，明确 Handler 消息传递机制的用途。 引导学生理解线程，回答问题： 1）能说出什么是进程，什么是线程？ 2）线程类型及使用场景？ 6.3 结合图，讲解消息传递机制的实现流程。 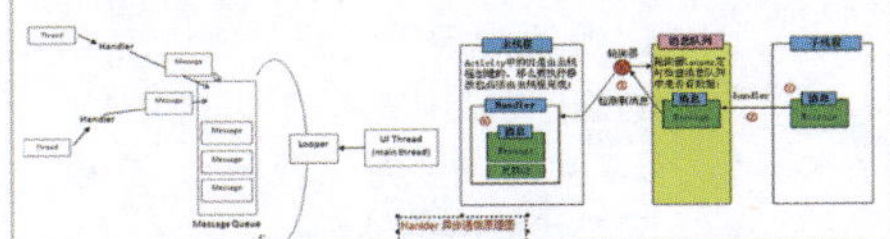 6. 4 提出新任务：实现模拟下载功能，并引导学生实现思路及编码注意事项，鼓励学生尝试编码。 实现思路： 1）界面布局。 2）初始化控件。 3）编码实现交互动能。	6.1 明确任务要求，思考任务实施方法、参考资料。 6.2 带着问题认真阅读教材,画出关键词，并理解，回答老师提出的 2 个问题，熟悉消息传递机制的用途、主线程、子线程的特点和区别。 6.3 阅读图形，在老师讲解、引导下，理解并熟悉 Handler 消息机制的工作方式。 6.4 根据效果,在老师的引导下,思考,分析、明确任务实现思路并记录在工作页或笔记本上。	教师检查学生提交的模拟下载运行效果截图及源代码，考核学生是否掌握 Handler 消息传递机制的用法。

教学活动

课程 8 网络安卓软件开发（中级）
学习任务 天气预报 APP 开发

1 获取资讯 2 功能设计及实现 3 功能测试及交付

工作子步骤	教师活动	学生活动	评价
获取资讯	6.5 根据实现思路教师引导学生逐步完成任务。 任务 1：界面元素布局 1）分析界面元素布局结构。 2）选择合适 UI 控件）。 3）编写代码实现布局。 巡回指导，及时答疑，关注弱势群体的学习状态，及时给予鼓励和帮助。 巡查中观察绝大多数学生完成任务，则进入下一个任务。	6.5 在老师的引导下，逐步编码实现效果。 任务 1：布局界面 1）教师引导下，明确实现思路。 2）项目工程中创建 Module，拷贝图片素材。 3）切换到 XML 布局文件中，编码实现布局。 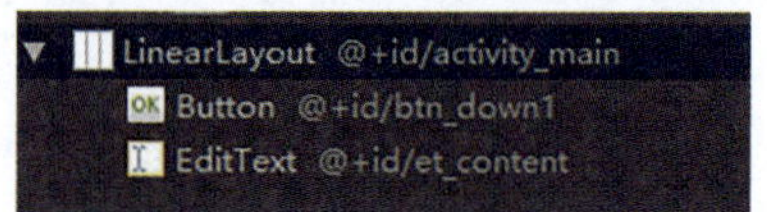 操作过程中遇到问题，互帮互助及时解决。	
	任务 2：编码实现交互功能 1）创建工作线程。 2）创建主线程 Handler 和子线程 Handler。 3）发送消息和处理消息 巡回指导，及时答疑，关注弱势群体的学习状态，及时给予鼓励和帮助。	任务 2：编码实现 ViewPager 轮播效果 1）创建工作线程。 2）创建主线程 Handler 和子线程 Handler。 3）发送消息和处理消息。 4）编码规范，注释语句清晰。 操作过程中遇到问题，可查阅工作页工作页 P15~16 互帮互助及时解决。	
	6.6 随机抽查学生完成的任务效果，结合代码再次强化轮播效果的实现思路及核心知识点和技能点的用法。 拓展训练：若上述任务完成，则可以完成下列任务。	6.6 结合完成作业理解、内化理论知识，归纳总结所学新知的用法和流程。	
	6.7 提出新问题：如果要在按钮上显示下载进度百分比，该如何处理？	6.7 拓展训练：完成规定任务后，查收教师提供的新任务要求和讲义。	
	6.8 教师提供实现思路和实现代码给学生，学生自学，尝试编码实现功能。	6.8 查阅资源，思考解决问题的思路，尝试编码实现下载进度显示功能。若遇到问题，则查看教师提供的参考代码，也可以及时请教老师，或自行上网查找解决方法。	

课时： 6 课时

1. 硬资源：移动互联应用软件开发学习工作站等。
2. 软资源：工作页、教材、项目素材等。

工作子步骤	教师活动	学生活动	评价
7. 获取新知识和技能，编码实现后台下载功能。	7.1 展示任务效果，明确任务要求：完成幸运大抽奖功能。	7.1 明确任务要求，思考任务实施方法、参考资料。	
	7.2 引导学生实现思路及编码注意事项，鼓励学生尝试编码。 实现思路： 1）界面布局。 2）初始化控件。 3）编码实现交互功能。	7.2 根据效果，在老师引导下，思考、分析、明确任务实现思路并记录在工作页或笔记本上。	
	7.3 根据实现思路教师引导学生逐步完成任务。 任务 1：界面元素布局 1）分析界面元素布局结构。 2）选择合适 UI 控件。 3）编写代码实现布局。 巡回指导，及时答疑，关注弱势群体的学习状态，及时给予鼓励和帮助。 巡查中观察绝大多数学生完成任务，则进入下一个任务。	7.3 在老师引导下，逐步编码实现效果。 任务 1：布局界面 1）教师引导下，明确实现思路。 2）项目工程中创建 Module，拷贝图片素材。 3）切换到 XML 布局文件中，编码实现布局。 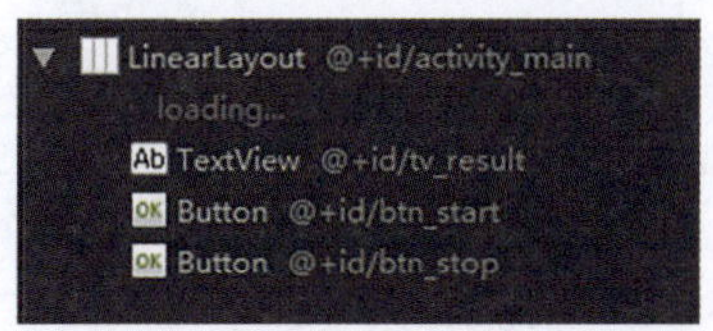 操作过程中遇到问题，互帮互助及时解决。	
	任务 2：编码实现交互功能 1）单击“开始抽奖”按钮，利用 Handler 的 postDelayed 方法每隔 0.1 秒发送消息，执行一个任务（从数据集中随机抽取一个中奖者名字，并将名字通过消息发送给主线程，更新 UI）。 2）单击“大奖揭晓”按钮，停止发送消息。 3）巡回指导，及时答疑，关注弱势群体的学习状态，及时给予鼓励和帮助。	任务 2：编码实现 ViewPager 轮播效果 1）创建工作线程。 2）创建主线程 Handler 和子线程 Handler。 3）发送消息和处理消息。 4）编码规范，注释语句清晰。 操作过程中遇到问题，可查阅工作页 P17~18，互帮互助及时解决。	
	7.4 随机抽查学生完成的任务效果，结合代码再次强化轮播效果的实现思路及核心知识点和技能点的用法。	7.4 结合完成作业理解、内化理论知识。	
	7.5 布置作业 1）总结归纳幸运大抽奖的实现流程及核心代码。 2）总结 postDelayed 方法和 removeCallbacks 方法和区别。	7.5 明确作业要求，归纳总结所学新知的用法和流程，并在笔记本上总结发送消息和处理消息的核心代码。	

课时： 4 课时

1. 硬资源：移动互联应用软件开发学习工作站等。
2. 软资源：工作页、教材、项目素材等。

学习任务 天气预报 APP 开发

1 获取资讯 → 2 功能设计及实现 → 3 功能测试及交付

获取资讯

工作子步骤	教师活动	学生活动	评价
8. 获取新知识和技能，编码实现异步任务后台下载功能。	8.1 展示任务效果，明确任务要求：利用异步任务 AsyncTask 类实现模拟多任务下载功能。	8.1 明确任务要求，思考任务实施方法、参考资料。 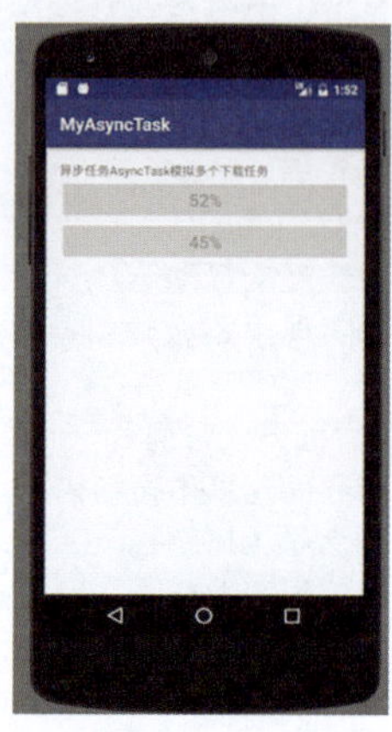 	教师检查学生提交的“多任务下载”运行效果截图及源代码，考核学生是否掌握 Handler 消息传递机制的用法。
	8.2 教师引导学生阅读教材和工作页（P210 教材和工作页 P21），明确下列问题。 1）异步任务提出的原因。 2）异步任务应用场景。 3）异步任务实现流程。	8.2 按照老师的要求，边阅读材料，边寻找问题的答案,过程中了解异步任务。	
	8.3 引导学生实现思路及编码注意事项，鼓励学生尝试编码。 实现思路： 1）界面布局。 2）初始化控件。 3）编码实现交互动能。	8.3 根据效果，在老师引导下，思考、分析、明确任务实现思路并记录在工作页或笔记本上。	
	8.4 根据实现思路教师引导学生逐步完成任务。 任务 1：界面元素布局 1）分析界面元素布局结构。 2）选择合适 UI 控件。 3）编写代码实现布局。 巡回指导，及时答疑，关注弱势群体的学习状态，及时给予鼓励和帮助。 巡查中观察绝大多数学生完成任务，则进入下一个任务。	8.4 在老师引导下，逐步编码实现效果。 任务 1：布局界面 1）教师引导下，明确实现思路。 2）项目工程中创建 Module，拷贝图片素材。 3） 切换到 XML 布局文件中，编码实现布局。 操作过程中遇到问题，互帮互助及时解决。 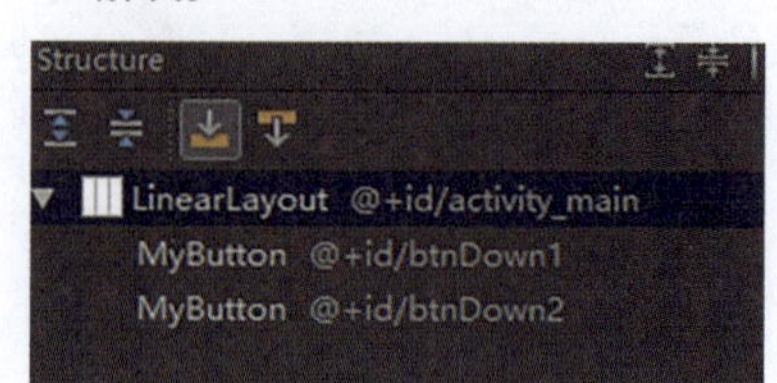 	

1 获取资讯　2 功能设计及实现　3 功能测试及交付

	工作子步骤	教师活动	学生活动	评价
获取资讯		任务 2：编码实现交互功能 1) 编写 AsyncTask 子类，重写相关方法。 2) 启动异步任务，执行异步逻辑。 a)execute()：多个异步任务顺序执行 b)executeOnExecutor()：多个异步任务并发执行 巡回指导，及时答疑，关注弱势群体的学习状态，及时给予鼓励和帮助。 8.5 随机抽查学生完成的任务效果，结合代码再次强化轮播效果的实现思路及核心知识点和技能点的用法。 8.6 布置作业 1) 总结归纳异步任务的实现流程及核心代码。 2) 总结 AsyncTask 两种线程池的区别和用法。	操作过程中遇到问题，互帮互助及时解决。 任务 2：编码实现交互功能 1) 创建类，继承 AsyncTask 子类，编写代码，重写 4 个方法，实现模拟下载。 2) 编写代码，启动异步任务。 3) 编码规范(规则意识)，注释语句清晰。操作过程中遇到问题，可查阅工作页，互帮互助及时解决。 8.5 结合完成作业理解、内化理论知识。 8.6 明确作业要求，总结归纳异步任务的实现流程及核心代码，并在笔记本上总结 AsyncTask 两种线程池的区别和用法。	
	课时： 6 课时 1. 硬资源：移动互联应用软件开发学习工作站等。 2. 软资源：工作页、教材、项目素材等。			
功能设计及实现	1. 按照行业编码规范编写代码完成天气预报界面布局。	1.1 展示任务效果，明确任务要求：完成天气预报主界面和城市类表页面的界面布局。 重点讲解：每位同学必须能够根据前期训练获取的知识技能、规则意识(编码规范)，自觉按照规范完成任务，并按时上交（责任担当）。 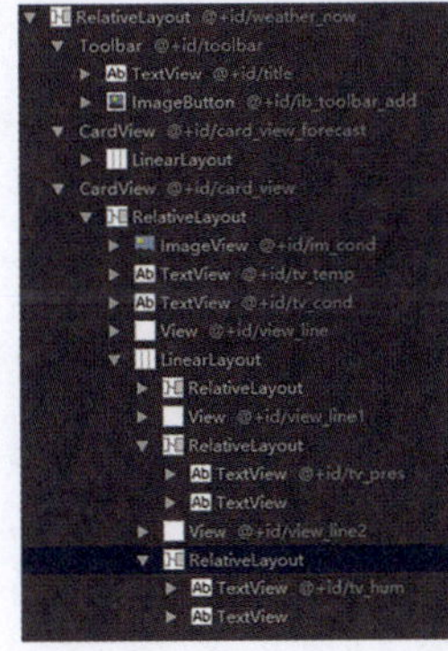	1.1 观看效果图，明确任务要求。 运用前期训练获取的知识技能、规则意识（编码规范），能自觉按照规范完成任务，并按时上交(责任担当)。 主界面布局结构如下图： 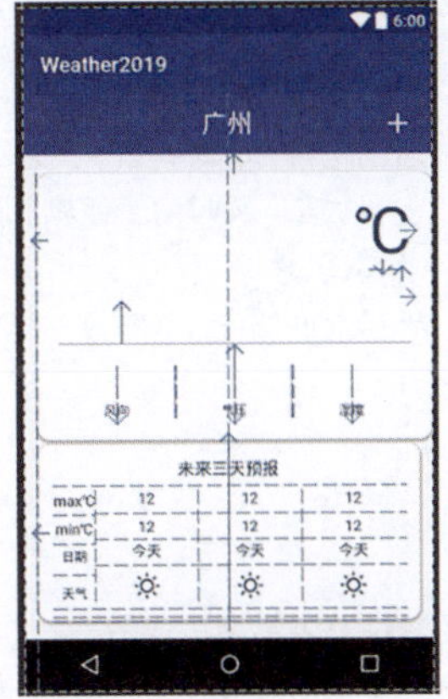	

教学活动

学习任务　天气预报 APP 开发

1 获取资讯　2 功能设计及实现　3 功能测试及交付

工作子步骤	教师活动	学生活动	评价
功能设计及实现	1.2 引导学生查看工作页材料并关注编码注意事项，鼓励学生尝试编码。	1.2 根据效果，打开项目文件 MyWeather，查看工作页 P39~47 页的内容，编码实现主界面文件的布局。 特别注意： 控件名称遵循行业命名规范，参考工作页中命名，保持名称的一致性。	
	1.3 巡回指导中观察学生完成情况，随机抽评个别学生作业。观察到大多数学生（90% 以上）完成任务，则布置下一个任务。	1.3 结合作业情况，比对自评，记录错误点，及时修改 .	
	1.4 完成城市搜索界面的布局。 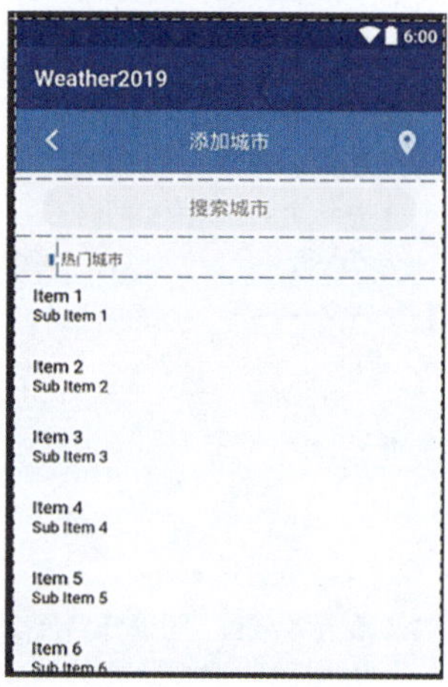 界面元素布局 1）分析界面元素布局结构。 2）选择合适 UI 控件。 3）编写代码实现布局。 巡回指导，及时答疑，关注弱势群体的学习状态，及时给予鼓励和帮助。 巡回指导，及时答疑，关注弱势群体的学习状态，及时给予鼓励和帮助。	1.4 在老师引导下，逐步编码实现效果。 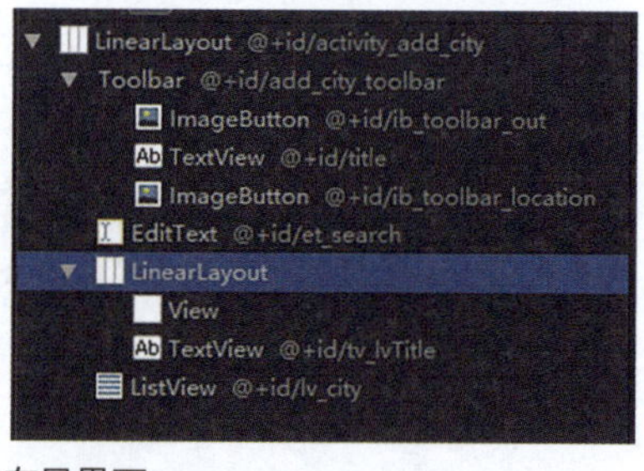 布局界面 1）教师引导下，明确实现思路。 2）项目工程中创建城市搜索 Activity。 3） 切换到 XML 布局文件中，编码实现布局。 操作过程中遇到问题，互帮互助及时解决。	
	1.5 布置作业 美化界面效果、完善优化代码。	1.5 接受作业，明确要求，按时完成。	

课时： 10 课时

1. 硬资源：移动互联应用软件开发学习工作站等。
2. 软资源：工作页、教材、项目素材等。

1 获取资讯　2 功能设计及实现　3 功能测试及交付

功能设计及实现

工作子步骤	教师活动	学生活动	评价
2. 申请实时天气数据的网络数据接口，学会查看接口文档。	2.1 展示讲义或 PPT，明确学习任务　申请并获取到访问和风天气的数据接口；完成项目开发环境的配置。	2.1 观看讲义或 PPT，明确学习任务。 	
	2.2 讲解、演示和风天气数据申请的方法和操作步骤。 2.3 巡回指导中观察学生完成情况，观察到大多数学生（90% 以上）完成任务，则布置下一个任务。	2.2 观看、聆听、记忆和风天气数据的申请方法和操作步骤。 2.3 学生打开网络，进入和风天气官网，申请、注册成为会员，在控制台申请开发项目所需数据的读取权限（Key、Id），并记住自己的登录账号和密码。项目中处理：在包中创建一个存储常量的文件夹“constant”，创建一个接口常量	
	2.4 讲解、演示和风天气提供的图标素材的获取并添加到 MyWeather 项目中。 2.5 巡回指导，及时答疑，关注弱势群体的学习状态，及时给予鼓励和帮助。 2.6 讲解、演示“查看访问和风天气数据的路径和方法” 任务：当天数据 Now、未来几天数据 Forecast、生活指数：lifestyle 等数据的访问路径和访问参数。 并将路径保存到 IURL 接口常量中。	2.4 聆听、明确图标素材的获取和添加方法，并在老师引导下，完成项目 MyWeather 素材的准备。 2.5 操作过程中遇到问题，互帮互助及时解决。 2.6 观看、理解、熟悉和风天气各类数据的获取路径及需要的参数要求。	
	2.7 巡回指导，及时答疑，关注弱势群体的学习状态，及时给予鼓励和帮助。 2.8 讲解、演示 APP 访问和风天气数据的权限设置。 2.9 巡回指导，及时答疑，关注弱势群体的学习状态，及时给予鼓励和帮助。 1.10 引导学生对本次课内容进行回忆总结，并归纳出访问网络数据的流程和方法。作业：完善项目清单配置文等进行归纳总结。	2.7 动手操作，在 IURL 接口中定义常量，存储各类数据的访问路径和参数设置。 2.8 观看、理解、熟悉 APP 访问和风天气数据的权限设置。 2.9 动手操作，MyWeathwer 项目的清单配置文件中设置好各类权限。 2.10 在老师的引导下，回忆总结、归纳访问网络数据的流程和方法。 明确作业要求，并按要求按时完成。	

课时： 6 课时

1. 硬资源：移动互联应用软件开发学习工作站等。
2. 软资源：工作页、教材、项目素材等。

学习任务　天气预报 APP 开发

1 获取资讯　2 功能设计及实现　3 功能测试及交付

功能设计及实现

工作子步骤	教师活动	学生活动	评价
3. 编码创建各类型的实时天气数据的实体类文件。	3.1 展示讲义或 PPT，明确学习任务　熟悉和风天气各类数据（当天数据 Now、未来几天数据 Forecast、生活指数 lifestyle 数据）示例的格式，并将其转换为实体类。 **特别提醒：在使用网络数据时，要遵守网络数据版权，申请数据时注意免费数据和付费数据的要求，严格按照版权进行合理使用。**	3.1 观看讲义或 PPT，明确学习任务　运用获取的知识技能、规则意识（编码规范），能自觉按照规范完成任务，**牢记在使用网络数据时按照版权要求进行合法使用。** entity MyWeatherCityFind MyWeatherForecast MyWeatherLifeStyle MyWeatherNow MyWeatherTop	每一个环节，通过巡回查看和作业随机抽查的方式，考核学生是否会下载网路数据，是否会使用 GSONFormat 插件将 JSON 数据转换为实体类。
	3.2 讲解、演示和风天气提供的当天天气数据示例，并将该 JSON 格式数据拷贝并保存在 txt 文件中；接着在线查看 JSON 数据结构，明确数据存储。	3.2 观看、聆听、理解、知道当天数据 JSON 结构，学会下载和查看方法。	
	3.3 巡回指导中观察学生完成情况，观察到大多数学生（90% 以上）完成任务，则布置下一个任务。	3.3 学生打开网络，进入和风天气官网，查看开发文档，下载并存储当天天气数据 JSON。	
	3.4 讲解、演示 GSONFormat 插件的下载及使用，将 Now 数据的 JSON 转换为实体类 MyNow，并存在项目包的 entity 文件夹中。	3.4 聆听、明确 GSONFormat 插件的下载及使用方法。	
	3.5 巡回指导，及时答疑，关注弱势群体的学习状态，及时给予鼓励和帮助。	3.5 操作过程中遇到问题，互帮互助及时解决。	
	3.6 布置任务：利用同样的方法完成未来几天数据 Forecast、生活指数 lifestyle 数据的下载和实体类的创建。	3.6 明确任务，利用刚刚获取的技能，到和风天气官网中下载所需要的其他类型天气数据，并利用 GSONFormat 插件生成对应的实体类。	
	3.7 巡回指导，及时答疑，关注弱势群体的学习状态，及时给予鼓励和帮助。	3.7 动手操作，在 entity 文件夹中创建并存储各类数据的实体类。 互帮互助。	
	3.8 引导学生对本次课内容进行回忆总结，并归纳出访问网络数据的流程和方法。 作业总结 GSONFormat 插件的用法，熟悉各类天气数据的实体类结构。	3.8 在老师的引导下，回忆总结、归纳访问网络数据的流程和方法。 明确作业要求，并按要求按时完成。	

课时： 4 课时
1. 硬资源：移动互联应用软件开发学习工作站等。
2. 软资源：工作页、教材、项目素材等。

功能设计及实现

工作子步骤	教师活动	学生活动	评价
4. 使用网络访问技术，从网络数据接口读取实时天气预报的数据信息。	4.1 展示主界面功能效果，提出学习任务通过网络访问框架 Volley 实现对网络数据的读取功能。 任务要求：能够根据前期训练获取的知识技能、规则意识（编码规范），自觉按照规范完成任务，并按时上交。 4.2 引导学生思考任务实现思路及流程。 1）编写业务类，类中编写 4 个静态方法，分别实现获取 now、forest、lifeStyle、city、search 等数据的功能。 2）需要技术：网络访问技术、Volley 框架的用法。 4.3 通过小案例“获取网络图片”，讲解、演示 Volley 获取网路数据的语法、用法。 4.4 巡回指导，及时答疑，关注弱势群体的学习状态，及时给予鼓励和帮助。巡回指导中观察学生完成情况，观察到大多数学生（90% 以上）完成任务，则布置下一个任务。 4.5 布置任务：编写业务类，类中编写 4 个静态方法，分别实现获取 now、forest、lifeStyle、city、search 等数据的功能。 4.6 任务实施核心代码讲解、演示： 1）Volley 依赖添加。 2）操作步骤提示。 a. 明确网络访问地址字符串； b. 创建 queue 队列； c. 网络请求； d. 请求添加到队列。 4.7 巡回指导，及时答疑，关注弱势群体的学习状态，及时给予鼓励和帮助。 4.8 引导学生对本次课内容进行回忆总结，并归纳出访问网络数据的流程和方法。 作业：完善本次课代码。	4.1 观看效果，明确学习任务、任务要求：运用前期训练获取的知识技能、规则意识（编码规范），能自觉按照规范完成任务，并按时上交。 4.2 观看、聆听、思考、知道程序实现思路及流程。 4.3 聆听、学习 Volley 框架的用法；启动软件，创建项目 Module，按照老师的讲解，编写代码实现获取网络图片的小案例。 4.4 操作过程中遇到问题，互帮互助及时解决。学生打开网络，查看开发文档，学习 Volley 用法。 4.5 明确任务，并查看各类数据的实体类是否创建完成。 4.6 观看、记忆教师讲解的核心实现步骤及代码的编写技巧。 4.7 在老师的引导下，回忆总结、归纳访问网络数据的流程和方法。 明确作业要求，并按要求按时完成。 4.8 在老师的引导下，回忆总结、归纳访问网络数据的流程和方法。 明确作业要求，并按要求按时完成。	每一个环节，通过巡回查看和作业随机抽查的方式，考核学生是否会使用 Volley 获取网络数据，获取的网络数据是否能正确通过接口回传给调用者。

课时： 10 课时

1. 硬资源：移动互联应用软件开发学习工作站等。
2. 软资源：工作页、教材、项目素材等。

课程 8 网络安卓软件开发（中级）

学习任务 天气预报 APP 开发

1 获取资讯 2 功能设计及实现 3 功能测试及交付

	工作子步骤	教师活动	学生活动	评价
功能设计及实现	5. 按照业务实现逻辑，编码实现主界面天气预报 APP 的功能。	5.1 打开上次课完成的半成品，说明本次课学习任务 完成主界面天气信息的获取和显示。 强调任务要求：能够根据前期训练获取的知识技能、规则意识（编码规范），自觉按照规范完成任务，并按时上交（责任担当）。 5.2 引导学生一起梳理实现流程： 1) 初始化控件（ButterKnife 注入控件）。 2) 定义一个 getData () 方法，调用 HttpWeather 业务类的静态方法，获取网络上的天气数据。 3) 将天气数据通过实体类对象获得，并在指定控件上显示。 5.3 巡回指导，及时答疑，关注弱势群体的学习状态，及时给予鼓励和帮助。若学生遇到共性问题，则控制屏幕，统一讲解、答疑。巡查中观察若绝大多数学生完成任务，则进入下一个任务。 5.4 实现功能要求：在主界面 toolbar 的右侧，点击“+”按钮，进入“城市搜索”界面，并将选择的城市回传给当前界面，更新城市天气信息。 5.5 引导学生查看工作页对应部分代码，说明代码的含义及编写要点。 5.6 巡回指导，及时答疑，关注弱势群体的学习状态，及时给予鼓励和帮助。若学生遇到共性问题，则控制屏幕，统一讲解、答疑。 5.7 随机查看学生作业质量，组织点评和作业提交。	5.1 观看屏幕，明确本次课学习任务及要求编码过程中要按照行业编码规范，自觉按照规范完成任务,并按时上交。 5.2 在老师引导下，思考并梳理出任务实现步骤，并将步骤记录在工作页中。 5.3 打开上次课完成的半成品项目文件，打开主界面 java 文件，根据梳理的思路逐步编码实现各个功能： 1) 引入 ButterKnife 第三方控件和黄油刀工具，并实现一键初始化控件的操作。 2) 编写方法 getData，传入参数，调用静态方法 Now,获取当天天气数据、并将数据逐个呈现在指定控件中。 3) 继续在法 getData 中编码，传入参数，调用静态方法 forest，获取未来 3 天的天气数据、并将数据逐个呈现在指定控件中。 遇到困难，查看工作页中给出的原始代码。 5.4 观看老师的演示，明确功能要求。 5.5 观看、思考、回顾以前类似任务的实现方法,梳理任务编码思路和编写要点。 5.6 主界面中编码，实现界面跳转及数据回传处理。 遇到困难，请教教师或与同学互帮互助，查看工作页代码等解决问题。 5.7 观看其他同学的作业，比对自评，参与点评，完善，提交作业。	每一个环节，通过巡回查看和作业随机抽查的方式，考核学生是否按照要求完成代码的编写和功能（城市天气信息的正确呈现）。

课时： 10 课时

1. 硬资源：移动互联应用软件开发学习工作站等。
2. 软资源：工作页、教材、项目素材等。

功能设计及实现

工作子步骤	教师活动	学生活动	评价
6. 按照业务实现逻辑，编码实现城市搜索功能。	6.1 展示讲义或 PPT，明确学习任务　城市搜索页面的布局与功能实现。 任务要求：能够根据前期训练获取的知识技能、规则意识（编码规范），自觉按照规范完成任务，并按时上交（责任担当）。 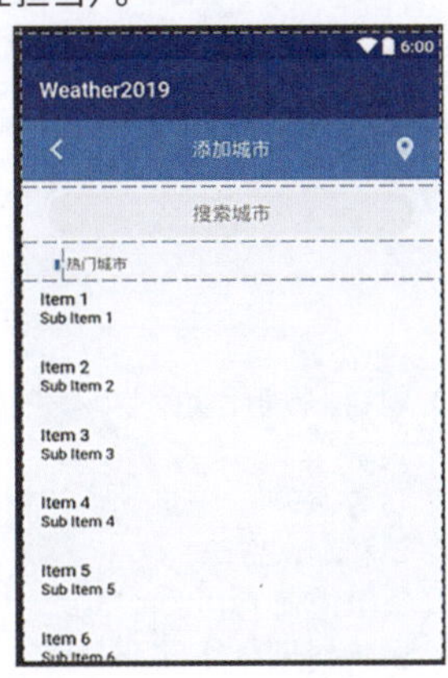	6.1 观看讲义或 PPT，明确学习任务及要求：编码时按照行业编码规范，能自觉按照规范完成任务，并按时上交。 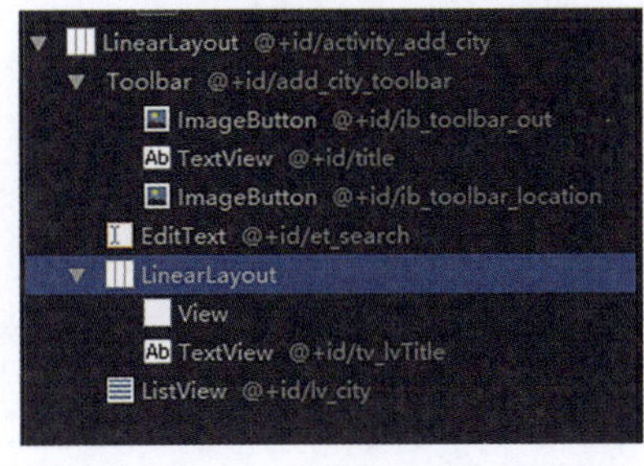	每一个环节，通过巡回查看和作业随机抽查的方式，考核学生是否及时完成城市搜索界面的布局以及数据适配器功能。
	6.2 引导学生分析出城市搜索页面的布局结构、各个控件的 id。 6.3 巡回指导中观察学生完成情况，观察到大多数学生（90% 以上）完成任务，则布置下一个任务。	6.2 观看、聆听、熟悉界面布局结构和控件 id 要求。 6.3 学生新建 Activity，并按照分析的结构开始编码，实现界面的布局。	
	6.4 展示讲义，说明 item 列表项的布局结构和控件 id。	6.4 聆听、明确 item 列表项的布局结构和控件 id。 	
	6.5 巡回指导，及时答疑，关注弱势群体的学习状态，及时给予鼓励和帮助。	6.5 新建 xml 布局文件，按照分析的结构编码实现布局。操作过程中遇到问题，互帮互助及时解决，也可以查询工作页。	
	6.6 展示讲义或课件，提出工作要求：创建适配器，实现热搜城市的数据适配。 6.7 巡回指导，及时答疑，关注弱势群体的学习状态，及时给予鼓励和帮助，遇到学生不会做，则演示编码。	6.6 观看、聆听、明确工作要求：完成热搜城市的数据适配，显示在 ListView 控件中。 6.7 新建 adapter 适配器文件夹，新建热搜城市适配器 CityFindLVAdapter.java 文件，编写代码实现数据的适配。	

学习任务 天气预报 APP 开发

1 获取资讯 → 2 功能设计及实现 → 3 功能测试及交付

	工作子步骤	教师活动	学生活动	评价
功能设计及实现		6.8 引导学生对本次课内容进行回忆总结，并复习强化适配器的编码思路及核心代码。 作业：完善美化本次课内容	6.8 在老师引导下，回忆总结、归纳访问网络数据的流程和方法。 明确作业要求，并按要求按时完成。	
	课时： 10 课时 1. 硬资源：移动互联应用软件开发学习工作站等。 2. 软资源：工作页、教材、项目素材等。			
功能测试及交付	功能测试及交付	1.1 教师展示并讲解学习任务及要求。 1.2 讲解、演示 APK 文件的生成及安装、测试方法 1.3 指导学生进行 apk 的生成和安装。 1.4 指导学生进行 APP 界面效果测试。 1）启动图标。 2）启动页或加载页。 3）城市天气预报信息页。 4）选择城市页。 界面效果美观度、有无错别字等界面测试。 1.5 指导学生进行各界面功能测试：加载页动画效果和倒计时功能，指导学生进行城市天气预报信息页等界面的测试。 1.6 讲解、演示收集用户体验信息的方式方法，指导各小组将 APP 软件推广到朋友圈、校内师生圈等试用，收集用户使用体验效果，检查软件是否实现智慧生活目标，指导学生修改完善软件，满足智慧生活的需求，最后发布、推广。	1.1 观看、聆听、明确学习任务和任务的要求。 1.2 观看、聆听、记录 apk 文件的生成方法和测试方法。 1.3 各小组在 Android Studio 中生成各自项目的 apk 文件，并发布到手机上进行安装。 1.4 按照 APP 项目测试的方法，对自身项目的各个界面进行测试，并记录和修改。 1.5 按照 APP 项目的测试方法，对各界面功能进行测试，并做好测试记录及修改。 1.6 观看、聆听收集用户体验数据的方式方法，在老师指引下，小组成员对自身开发的 APP 项目进行推广，并收集手机反馈信息，做好记录。组长组织小组成员汇总各自收集的反馈信息，进行梳理，输出项目修改意见，最后团队成员修改、完善项目，并将成果提交给老师作为存档，同时继续加大产品使用的推广跟踪。	1. 查看学生完成的项目文件是否能在手机上正确安装。 2. 查看各界面效果是否正确。 3. 查看各界面功能是否满足要求，天气数据是否符合合法。 4. 查看项目源代码，考查学生是否遵循行业编码规范。 5. 查看学生汇总的朋友圈推广情况，考查该 APP 功能是否满足智慧生活的需要。
	课时： 10 课时 1. 硬资源：移动互联应用软件开发学习工作站等。 2. 软资源：工作页、教材、项目素材等。			

考核标准

情境描述：

每位社会人都需要了解我们所生活的环境，熟悉我们国家发生的重大历史事件，对于学生来说，特别需要他们了解科技创新、技能报国等方面与学生紧密联系的信息。然而人们常用的新闻资讯 APP 中信息量超大，学生多数浏览一些娱乐、体育等信息。为此，计算机程序设计（移动互联应用开发）专业的同学计划开发一款简易新闻客户端，收集一些大国工匠、科技创新等方面的资讯，利用所学专业技术开发该 APP 客户端 ，在考核阶段，要发散思维，在现有功能基础上，完善各界面效果，并增加至少一项创新内容（征集楷模人物模块）。

任务要求：

1. 请你明确项目开发背景及要求；
2. 请先搜集科技创新、技能报国等数据信息；
3. 请你运用 Android Studio 开发平台，运用运用所学的 JAVA、Andriod UI、Activity、数据存储、网络访问技术、第三方控件等知识技能按照行业规范编写代码实现简易新闻客户端；
4. 请你测试各界面跳转功能是否正确；

请打包提交项目 apk 安装文件和项目工程源文件。

参考资料：

实施任务时，你可以使用所有的常见教学资料，例如：工作页、教材、个人笔记、网络等。

评价方式：

终结性考核包括纸笔测试（制定方案）成绩（30%）+ 实操测试成绩（70%）两部分。

纸笔测试（制定方案）成绩由任课教师考评；实操测试成绩由任课教师、同专业组教师、企业代表组成考评小组共同实施考核评价，取所有考核人员评分的平均分为学生考核成绩。

评价标准：

1. 项目工程文件：工程文件命名规范（权重 10）
2. 主界面：界面美观，有创新性，编码符合行业编码规范；栏目至少包含大国工匠、科技创新等模块内容（权重 50）
3. 安装 apk 文件：该文件打包正确，能够在真机上安装使用（权重：10）

课程 9　网络安卓软件开发（高级）

学习任务

音乐播放器 APP 功能开发

（100）学时

课程目标

学完本课程后，学生应当能够胜任 Android 移动应用软件开发工作中软件业务功能编码工作，通过对音乐播放器 APP 功能开发工作任务的学习，学生能根据开发需求编码实现该 APP 业务功能。能按照行业规范实施编码；能严格执行企业管理制度、遵守网络安全规定、网络数据产权和 8S 管理规定；培养爱岗敬业、客户至上的职业意识，提高学生爱国情怀。

具体包括：

1. 能读懂需求文档，明确用户需求，形成客户需求至上的职业意识；
2. 能搭建模拟服务器，做好项目开发的服务端配置工作；
3. 能使用 Android Studio 开发工具，编码实现软件的操作界面；
4. 能运用 Handler 消息机制、异步任务、网络访问技术、第三方控件等，按照行业编码规范完成音乐播放器的业务功能开发，形成自觉遵守职业规范的习惯；
5. 能独立进行软件开发成果的单元测试和功能测试，判断和排除软件存在的问题；
6. 遵守软件开发企业和用户企业的相关规定，保护用户企业的商业机密等。

课时：100

课程内容

主要学习内容包括：

1. 服务器的搭建与配置；

2.Android 四大组件（Activity、Service、BroadCastReceiver、ContentProvider）在实际项目开发中的应用；

3. Android 网络编程、数据解析等内容；

4. Android 中图片的加载与缓存等处理技术；

5. 多媒体（MediaPlayer、VideoView 等）的用途及用法；

6.Android 项目开发常用第三方库（Gilde 加载图片、Okhttp 或 Volley 请求网络、ButterKnife 控件注解式引入等）的用途及用法；

学习任务　音乐播放器 APP 功能开发

任务描述

学习任务学时：100 课时

任务情境：

音乐播放器是一种用于播放各种音乐文件的多媒体播放软件。音乐播放器不仅界面美观，而且操作简单，带你进入一个完美的音乐空间。

某公司需要开发一款 Android 音乐播放器应用，用于播放歌曲。功能有：加载并显示歌曲列表，点击某一首歌曲后可以播放、暂停、继续播放等功能。开发项目实施过程中要遵守企业工作流程，引入工作中典型第三方框架技术，遵守程序员职业规范开展工作，开发中勇敢面对遇到的各类技术难题，积极想办法解决。在访问网络数据时要遵守网络数据版权、养成良好的规则意识（职业操守）。

具体要求见下页。

工作流程和标准

工作环节 1

获取资讯

1

1. 获取音乐播放 APP 开发的需求清单。
2. 搭建开发环境并编码完成 APP 启动图标。

学习成果：

1. 需求清单；
2. APP 启动图标。

工作环节 3

功能测试及交付

3

1. 完成应用程序的开发后，对应用程序进行测试。
2. 生成 apk 文件并安装到手机上进行使用。

学习成果：

1. apk 安装文件。

工作环节 2

功能设计及实现

1. 按照行业开发规范（树立规则意识），编程实现音乐播放器的启动页功能和音乐列表页的布局。
3. 按照行业规范并遵守网络数据版权规则，编程实现网络音乐合法数据的访问和实体类的封装。
4. 按照行业规范，编程实现音乐播放器的主界面功能。
5. 按照行业规范，编程解决音乐播放器中的耗时处理。
6. 按照行业规范，编程实现音乐列表页的本地音乐和网络音乐数据的呈现。
7. 按照行业规范，编程实现音乐播放界面的功能。
8. 按照行业规范，编程实现音乐播放进度的功能。

学习成果：

1. 音乐列表页布局和列表项布局的项目文件；
2. 网络音乐数据、实体类、工具类等项目类文件；
3. 获取本地音乐数据；
4. 音乐播放器耗时处理；
5. 音乐列表页功能的项目工程文件；
6. 音乐播放页功能实现的项目工程文件；
7. 音乐播放器的项目工程文件。

学习内容

知识点
1.1 部署服务器方法；
1.2 需求分析的内容及分析方法
技能点
1.1 能与客户（教师）面对面沟通，明确开发需求
工作环节
工作环节 1
获取资讯
成果
1.1 需求清单、APP 启动图标
素养
1.1 沟通表达能力

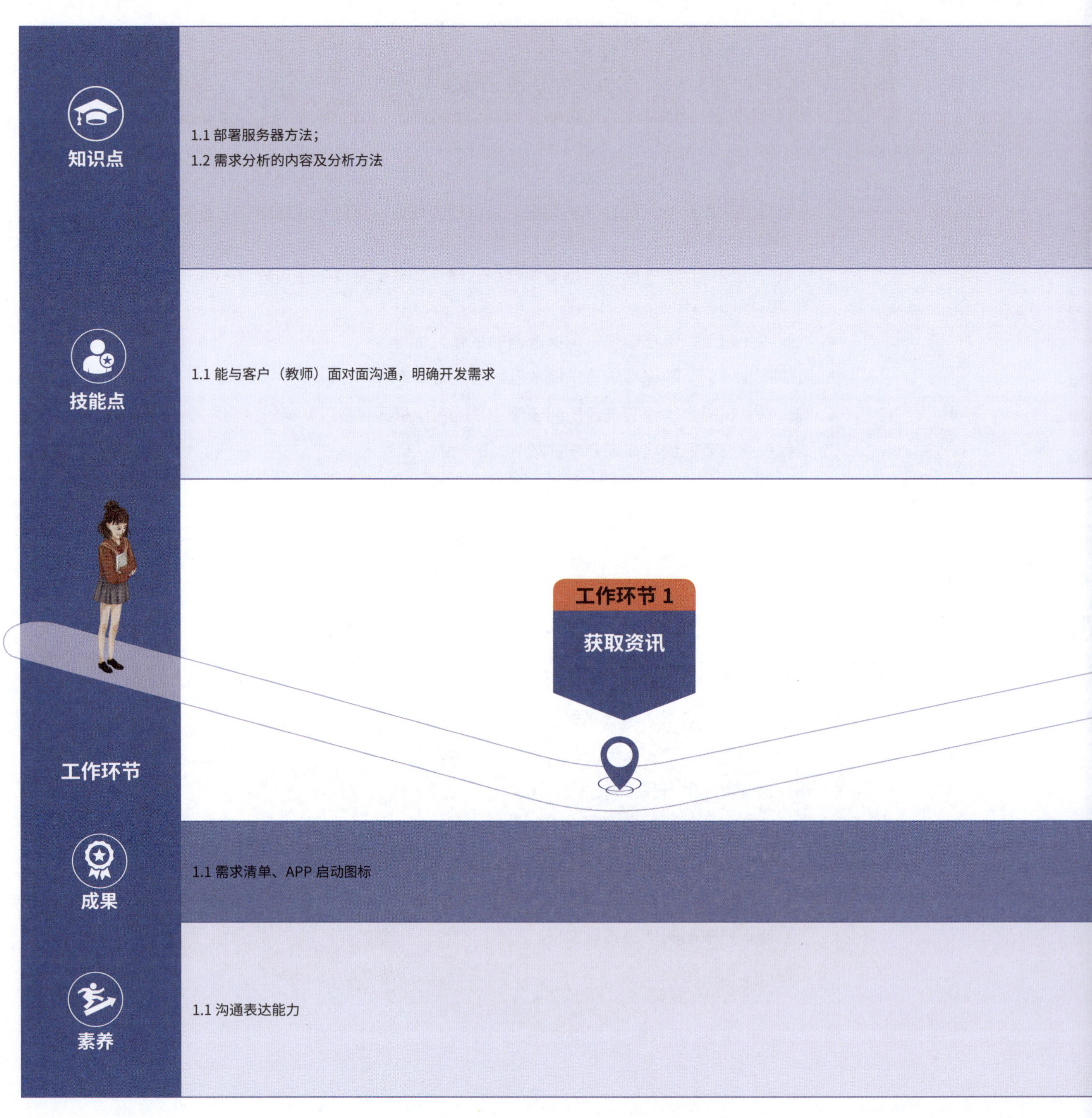

工作环节 2 功能设计及实现	工作环节 3 功能设计及实现
2.1 Android 开发规范手册、职业相关法律法规、网络数据版权； 2.2 Android UI 界面开发、Android UI 四大组件的用途及用法； 2.3 获取网络资源的方法、Handler 异步通讯、AsyncTask 异步任务、Json 格式数据的解析、网络图片加载、服务器搭建等内容； 2.4 Android 第三方库的使用（接口请求、控件注解、Json 解析等）	3.1 apk 文件的生成和发布方法
2.1 能搭建 Android 开发环境、对项目进行清单配置； 2.2 会使用 Android UI 完成界面布局（规则意识：编码规范）； 2.3 能获取网络数据资源，能对 JSON 数据进行解析； 2.4 会使用第三方控件（Volley 网络通信框架）实现功能； 2.5 会使用动画实现播放头效果； 2.6 会使用服务和广播接收器实现音乐播放功能	3.1 会生成音乐播放的 apk 安装文件； 3.2 会在真机上测试
2.1 Android 项目工程文件夹（音乐播放 APP）	3.1 apk 安装文件
2.1 培养学生按照行业编码规范编写代码，养成良好的规则意识（编码规范）； 2.2 培养明辨是非、具有规则与法治意识，熟悉网络数据版权要求，尊重和遵守数据版权规则； 2.3 自我学习能力、分析解决问题能力	3.1 沟通表达能力

教学活动

学习任务　音乐播放器 APP 功能开发

1 获取资讯　2 功能设计及实现　3 功能测试及交付

获取资讯

工作子步骤	教师活动	学生活动	评价
1. 获取音乐播放APP开发的需求清单。	1.1 展示、讲解任务情境： 某公司需要开发一款 Android 音乐播放器应用，用于播放歌曲。功能有：加载并显示歌曲列表，点击某一首歌曲后可以播放、暂停、继续播放等功能。开发项目实施过程中要遵守企业工作流程，引入工作中典型第三方框架技术，遵守程序员职业规范开展工作，开发中勇敢面对遇到的各类技术难题，积极想办法解决。在访问网络数据时要遵守网络数据版权、养成良好的规则意识（职业操守）。 1.2 指导学生进行需求分析，首先搜索一些典型音乐播放器 APP，进行竞品分析，梳理出客户 app 的需求清单（音乐列表、播放界面等），并记录在工作页中。 1.3 教师巡回指导，及时解答问题。，帮助各小组学生完成需求清单分析，并对其合理性和可行性进行评价。	1.1 观看、聆听明确任务情境和开发要求。 1.2 聆听、明确需求分析的思路和方法，组长组织小组成员分工合作收集一些典型 APP，分析优缺点，梳理客户需要开发的 APP 需求清单，并经过小组讨论后确定本组的项目开发需求清单，记录在工作页中相应位置。 1.3 遇到问题及时与老师沟通、交流，在老师帮助下，完成项目需求清单。	1. 通过巡回指导过程中对学生任务完成情况的观察和指导，评价学生是否掌握相关内容。 2. 查看各小组记录的需求清单，评价其合理性和可行性。
课时： 4 课时 1. 硬资源：移动互联应用软件开发学习工作站、展板、笔、A4 纸等。 2. 软资源：教材、工作页等。			
2. 搭建开发环境并编码完成 APP 启动图标功能。	2.1 展示任务描述、任务要求，展示、讲解 APP 开发的需求清单，并让学生记录，让学生明确学习任务和要求。 2.2 展示项目工作流程，说明项目数据获取方法： 1）使用服务商提供。 2）自己搭建服务器。 2.3 认真观看、学习、记录项目部署流程及关键点。	2.1 观看、聆听明确任务要求，在工作页指定位置记录 APP 开发的功能清单。 2.2 观看、聆听、思考并明确数据的获取方法，并记录。 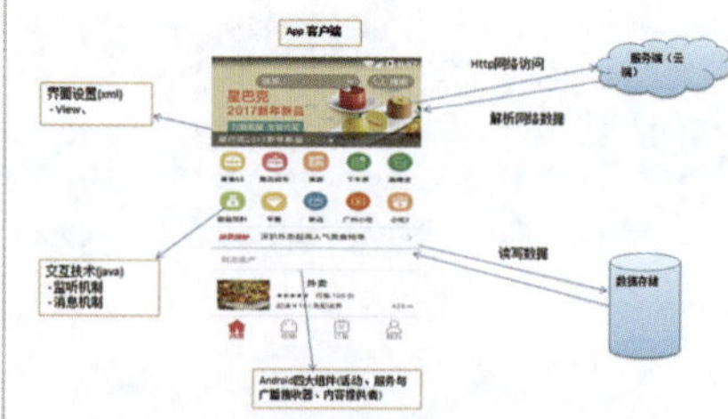 2.3 讲解演示音乐播放器项目的部署。 1）搭建 Tocat 服务器。 2）拷贝项目包到服务器。 3）测试服务是否搭建成功。	1. 通过巡回指导过程中对学生任务完成情况的观察和指导，评价学生是否掌握相关内容。 2. 通过查看学生完成的启动图标效果图文件，检查学生任务完成效果（元素是否齐全、命名是否规范、效果是否与任务要求一致）。

1 获取资讯　2 功能设计及实现　3 功能测试及交付

	工作子步骤	教师活动	学生活动	评价
获取资讯		2.4 下发模拟素材，学生模拟搭建服务器。教师巡回指导，及时解答问题。观察大部分学生完成任务，则进入下一个任务。 2.5 布置训练子任务： 搜索一些典型音乐播放器 APP，进行竞品分析，梳理出客户 app 的需求清单（音乐列表、播放界面等）；教师巡回指导，及时解答问题。观察大部分学生完成任务，则进入下一个任务。 2.6 布置子任务：给客户 APP 设计制作启动图标，并创建工程文件，更改启动图标。 2.7 随机抽查学生本次课任务完成情况，点评作业，讲解答疑。 课后作业：设计制作启动页的界面效果图。	2.4 接收项目素材动手操作搭建服务器。遇到问题，及时询问解决。 2.5 动手操作，收集一些典型 APP，分析优缺点，梳理客户需要开发的 APP 需求清单。 2.6 明确音乐播放器启动图标的任务要求，启动 PS，设计制作音乐播放器启动图标。 1）存储源文件并根据 APP 需要，导出各种分辨率下的启动图标。 2）启动 Android Studio 软件，创建项目工程，并替换启动图标。 2.7 观看、比对，自我反思任务完成情况，总结归纳。 明确作业要求，按时完成。	
	课时： 6 课时 1. 硬资源：移动互联应用软件开发学习工作站、展板、笔、A4 纸等。 2. 软资源：教材、工作页等。			
功能设计与实现	1. 按照行业规范，编程实现音乐播放器的启动页功能和音乐列表页的布局。	功能核心代码说明。 1.3 巡回指导，解答疑惑，巡回过程及时点评作业，若发现大多数学生出现相似问题，则集中讲解、答疑； 巡查中发现绝大多数（90% 以上）的学生完成任务，则进入下一个任务。 1.4 展示音乐类表页和播放页的效果图，引导学生分析两个界面的相同处和不同处。	1.3 运用上一个项目获取的知识技能，启动项目文件，按照 Android 开发手册的规范要求，手动编码实现界面布局与倒计时功能。 1.4 观看、思考，分析不同界面布局的相同处和不同处，获取模板文件编写方法和用法。	1. 课堂巡查中通过观察学生学习状态、输出学习成果（轮播广告动画），考核学生对 ViewPager 应用的掌握情况。

1 获取资讯 2 功能设计及实现 3 功能测试及交付

工作子步骤	教师活动	学生活动	评价
功能设计与实现	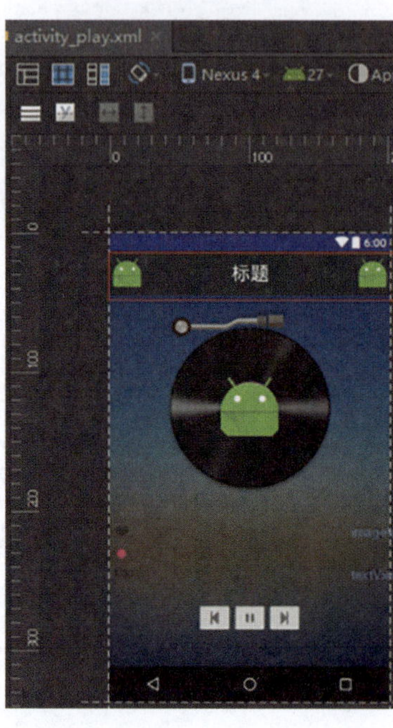 1.5 公用标题栏布局 各个界面相同部分做成模板，编码实现布局。下发代码结构图给学生。巡回指导，解答问题，巡查中要关注学生编码规范，及时提醒督促。 巡查中发现绝大多数（90% 以上）的学生完成任务，则进入下一个任务。 1.6 随机抽查学生本次课任务完成情况，点评作业，讲解答疑。 课后作业：完善本次课完成。	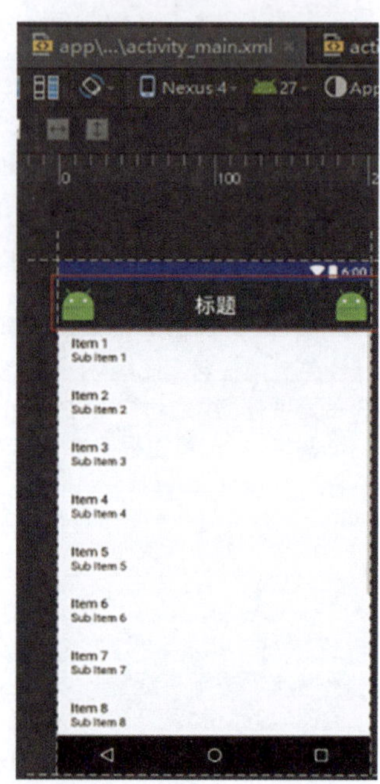 1.5 明确相同部分内容，并新建一个布局文件，按照教师提供的参考结构编码实现布局。 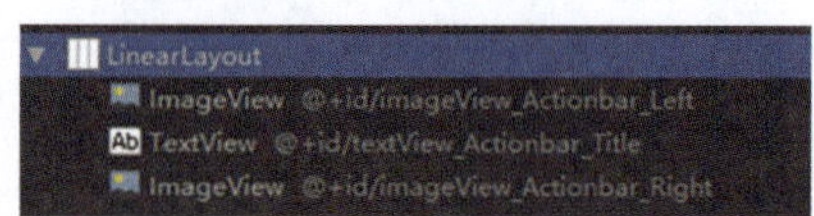 LinearLayout ImageView @+id/imageView_Actionbar_Left TextView @+id/textView_Actionbar_Title ImageView @+id/imageView_Actionbar_Right 1.6 观看、比对，自我反思任务完成情况，总结归纳。 明确作业要求，按时完成。	2. 通过查看学生项目文件 SlideActivity 的代码结构、ViewPager 代码规范性，检测学生是否按要求完成滑动效果，是否遵守行业编码规范规范编码。

课时： 10 课时

1. 硬资源：移动互联应用软件开发学习工作站、展板、笔、A4 纸等。
2. 软资源：《软件开发基础教程》、《网络安卓软件开发》工作页、PPT 课件等。

功能设计与实现

工作子步骤	教师活动	学生活动	评价
2. 按照行业规范，编程实现音乐播放器的启动页功能和音乐列表页的布局。	2.1 展示任务效果，明确任务要求：音乐列表页布局和列表项布局。  下发代码结构图给学生。 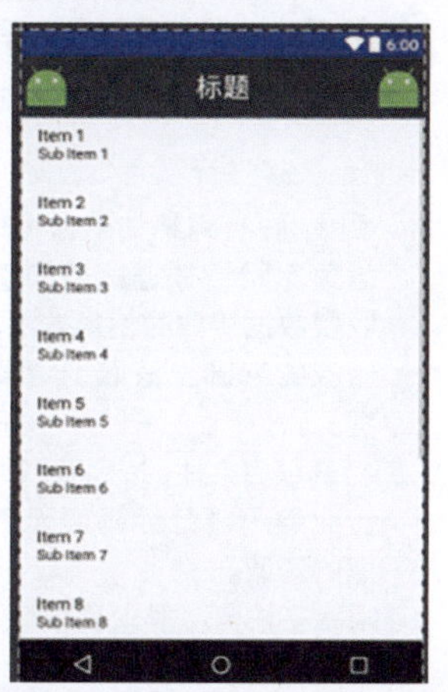 2.2 巡回指导，解答问题。随机抽查学生本次课任务完成情况，点评作业，讲解答疑。 2.3 拓展任务：音乐信息的实体类创建。 讲解说明： 1）从网络上获取音乐的信息是 json 格式，便于信息的存储和读取，需要创建实体类，封装网络上获取的音乐数据信息。 2）介绍实体类的成员属性和方法的要求，快速创建方法。 2.4 巡回指导，解答问题。随机抽查学生本次课任务完成情况，点评作业，讲解答疑。 2.5 课后作业：完善本次课完成的界面效果（PS 美化）。	2.1 观看效果，明确任务需求，熟悉界面布局结构。  2.2 运用上一个项目获取的知识技能，编码实现界面布局。 2.3 拓展任务： 明确任务，在老师引导下，思考、明确实体类 song 的创建要求。 2.4 打开对应项目文件，按照分析要求，动手编码创建 Song 类，提交学习成果。 观看、比对自身作业，纠错。 2.5 明确任务，按时完成并提交作业。	1. 巡回指导过程中观察学生每个子任务的完成情况，考核学生是否掌握相关内容。 2. 通过查看学生完成的项目源代码，考核学生代码的编写规范、正确性。

课时： 10 课时

1. 硬资源：移动互联应用软件开发学习工作站、展板、笔、A4 纸等。
2. 软资源：《软件开发基础教程》、《网络安卓软件开发》工作页、PPT 课件等。

学习任务 音乐播放器 APP 功能开发

1 获取资讯 | 2 功能设计及实现 | 3 功能测试及交付

功能设计与实现

工作子步骤	教师活动	学生活动	评价
3. 按照行业规范，编程实现音乐播放器的网络音乐数据的访问和实体类的封装。	3.1 打开上次课半成品文件，检查学生项目进度，并提出新任务： 1) 从网络数据接口中获取音乐数据。 2) 创建 StreamUtil.java 工具类和 Song 类，封装音乐数据。	3.1 观看、比对自身任务完成情况，自检任务进度、任务质量；观看、聆听明确新任务要求。	1. 查看学生获取的数据来源，督促学生要按照数据版权情况合法使用。 2. 查看学生完成项目源代码，考核学生代码编写规范、正确性。
	3.2 引言：本次课任务首先需要从网络数据接口中获取音乐数据，引入网络数据版权问题。	3.2 观看、聆听，引起注意：网络数据使用要关注版权问题。	
	3.3 讲解、演示 IT 行业中相关法律法规；接着讲解常用音乐网络数据的官方文档官方文档（数据的使用说明），告诉学生网络数据使用时务必遵守版权，免费接口和数据可以使用，收费接口和数据需要获取权限，方能使用。	3.3 观看、聆听职业相关法律法规，熟悉常用音乐网络数据的官方文档官方文档中数据使用说明；能按照数据的权限正确使用。	
	3.4 讲解网络请求数据的方法，演示核心代码的编写，实现对免费网络数据接口的访问，获取需要的音乐数据。	3.4 观看、聆听网络请求数据的方法，熟悉免费网络数据接口的使用方法以收费数据接口的使用方法，能在遵守版权的基础上获取到需要的音乐数据。	
	3.5 巡回指导，指引学生通过网络请求方式获取合法数据。	3.5 打开项目文件，按照获取的知识遵守行业编码规范编码实现合法网络数据的读取。	
	3.6 展示上次任务半成品，讲解说明本次课任务：工具类 StreamUtil.java 创建。 讲解说明： 1) StreamUtil.java 类解决的问题。 2) StreamUtil.java 的创建方法。	3.6 明确子任务 2 要求和创建方法。	
	3.7 巡回指导，解答问题。随机抽查学生本次课任务完成情况，点评作业，讲解答疑。	3.7 打开对应项目文件，按照分析要求，动手编码创建 StreamUtil 类。遇到困难，查看工作页相应部分的提示。	
	3.8 引导学生盲打代码，梳理实现思路，熟悉核心代码。	3.8 在老师要求和引导下，再次盲打代码，再次梳理将流文件转换为字符串的思路及核心代码。	
	3.9 课后作业：思维导图方式绘制出两个类文件的实现思路，再次强化记忆。	3.9 观看、聆听、记录课后作业要求，并按照要求按时完成，及时将作业提交。	

课时： 10 课时

1. 硬资源：移动互联应用软件开发学习工作站、展板、笔、A4 纸等。
2. 软资源：《网络安卓软件开发》工作页、PPT 课件、Android 开发规范手册、职业相关法律法规、音乐网络数据接口官方文档等。

基准学时：100

1 获取资讯　2 功能设计及实现　3 功能测试及交付

功能设计与实现

工作子步骤	教师活动	学生活动	评价
4. 按照行业规范，编程实现音乐播放器的本地音乐数据的获取	4.1 展示任务效果，明确任务需求，引导学生分析任务实施流程及需要的技能点。 4.2 讲解、演示访问系统媒体库中的音乐文件的方法，讲解演示内容提供者对象的用途及用法，巡回指导学生学习相关知识、技能。 4.3 讲解演示访问外部存储设备的权限申请方法，指导学生完成权限申请。 4.4 讲解演示 Oncreate 方法中运行时权限检测的方法和相关代码含义。 4.5 讲解演示主界面文件的布局思路，指导学生编码实现布局。 4.6 讲解演示实体类 Song 的内容及编写方法和相关代码。 4.7 讲解演示初始化显示控件 RecyclerView 的内容及相关代码，引导学生分析代码的实现。 4.8 引导学生分析适配器 SimpleSongAdapter 的实现思想，并给出实现核心代码。 4.9 引导学生分析加载数据的实现思想及核心代码，指导学生编码实现相关功能。 4.10 巡回指导，解答疑惑，直到完成任务。 拓展：完成工作页的填写。	4.1 观看效果，明确任务需求（主界面的功能要求），梳理实施流程，明确需要学习的技能点。 4.2 学生学习访问系统媒体库中音乐文件的方法及相关代码。 4.3 聆听、理解、学习访问外部存储设备权限的设置方法和代码，动手编写代码，完成权限申请。 4.4 聆听、理解、学习运行时权限的动态申请方法和代码，动手编写代码,完成权限运行时动态申请。 4.5 查看讲义，明确主界面的布局结构、效果要求，运用所学知识技能动手编码实现界面布局。 4.6 理解 Song 类的要求，编码实现 Song 类。 4.7 编写代码，初始化 RecyclerView 控件。 4.8 梳理适配器的实现思想，查看核心代码，动手编写代码，实现功能。 4.9 梳理加载数据的思路，熟悉核心代码的编写，动手编写代码实现数据的加载。 4.10 测试、修改、测试反复操作，直至代码无误，实现预期功能。	1. 巡回指导过程中观察学生每个子任务的完成情况，考核学生是否掌握相关内容。 2. 通过查看学生完成的项目源代码，考核学生代码的编写规范、正确性。

课时： 10 课时

1. 硬资源：移动互联应用软件开发学习工作站、展板、笔、A4 纸等。
2. 软资源：《网络安卓软件开发》工作页、PPT 课件等。

教学活动

课程 9　网络安卓软件开发（高级）

学习任务　音乐播放器 APP 功能开发

1 获取资讯　2 功能设计及实现　3 功能测试及交付

功能设计与实现

工作子步骤	教师活动	学生活动	评价
5. 按照行业规范，编程解决音乐播放器中的耗时处理。	5.1APP 软件中的耗时操作一般是怎么处理的？引导学生回答问题。 5.2 展示流程图，让学生口述实现流程。 5.3 讲解演示回调模式加载音乐文件的实现方法。 5.4 学生临摹操作，教师巡回指导，督促学生掌握相关知识、技能。 随机抽取学生机控屏幕，展示学生作业效果，并引导其他学生比对自身效果，给出正确、错误等方面的评价，评价中自检，解决技术疑难点。 5.5 布置任务：完成工作页中对应部分的填写，并思考、整理出代码实现思路。	5.1 明确问题，思考并回答。聆听、明确问题解决思路。 5.2 观看流程图，根据自己理解，口述业务实现思路。 5.3 观看、理解、学习回调模式加载音乐文件的实现方法。 5.4 根据理解的内容，临摹操作，学会使用回调模式加载音乐文件，编码过程中要遵守 Android 开发规范。 5.5 观看屏幕，比对自身作业效果，聆听其他同学的评价，反思、内化知识的应用。对错误的或不完善的部分进行修改、调整。	1. 教师对学生创建的项目及时反馈评价。 2. 教师点评学生完成的注释情况。 3. 教师巡堂指导，及时指出学生编码过程中遇到的问题。 4. 回答学生的疑惑点，及时给予反馈评价。 巡视并指导学生完成编码，及时给予反馈评价。 5. 学生根据评价表相互评价并打分。
课时： 10 课时 1. 硬资源：移动互联应用软件开发学习工作站、展板、笔、A4 纸等。 2. 软资源：《网络安卓软件开发》工作页、PPT 课件等。			
6. 按照行业规范，编程实现音乐列表页的本地音乐和网络音乐数据的呈现。	6.1 展示前期完成的半成品项目文件： 1）已经完成的音乐列表页的布局。 2）已经完成的本地音乐数据读取和网路音乐数据读取。 6.2 引入本课学习任务：在音乐列表页中，当单击“本地音乐”选项卡时，界面中显示本地音乐数据信息；当单击“网络音乐”选项卡时，界面中显示网络音乐数据信息。 6.3 讲解演示音乐数据信息显示的实现思路及核心代码。 6.4 与学生互动，解答对上一步骤讲解的思路和核心代码。 6.5 教师下发任务实现思路和参考代码的讲义给学生，然后巡回指导，解答学生操作中遇到的问题。	6.1 观看并打开前期完成的项目半成品文件。 6.2 观看、聆听、明确学习任务要求：在音乐列表页中，当单击“本地音乐”选项卡时，界面中显示本地音乐数据信息；当单击“网络音乐”选项卡时，界面中显示网络音乐数据信息。 6.3 观看、聆听、学习音乐数据显示的实现思路和核心代码。 6.4 思考并理解本地音乐数据和网络音乐数据显示的实现思路和核心代码。遇到不懂得地方，及时现场与老师互动解决。 6.5 接收教师下发的讲义材料，打开半成品项目中的音乐播放列表 java 文件，按照业务实现逻辑和行业编码规范，编写代码实现选项卡“本地音乐”和“网络音乐”的切换功能.操作中遇到问题，及时请教解决。	1. 教师对学生创建的项目及时反馈评价。 2. 教师点评学生完成的注释情况。 3. 教师巡堂指导，及时指出学生编码过程中遇到的问题。 4. 回答学生的疑惑点，及时给予反馈评价。 巡视并指导学生完成编码，及时给予反馈评价。 5. 学生根据评价表相互评价并打分。

工作子步骤	教师活动	学生活动	评价
	6.6 随机抽检好、中、差学生代表完成音乐列表页的功能，检测是否实现预期功能。在检测过程中，及时对学生成果进行肯定，对存在问题及时进行答疑解惑。 6.7 结合学生完成的音乐列表页的功能，引导学生对本次课重点内容进行归纳总结。 6.8 布置作业：本课重难点内容绘制思维导图，再次强化。	6.6 被抽检的同学，在模拟机中运行项目，聆听教师对项目效果的评价。 6.7 观看、聆听、回答教师的问题，对本课的重难点记性归纳总结。 6.8 明确课后作业，按时完成并上交。	
课时： 10 课时 1. 硬资源：移动互联应用软件开发学习工作站、展板、笔、A4 纸等。 2. 软资源：《网络安卓软件开发》工作页、PPT 课件等。			
7. 按照行业规范，编程实现音乐播放界面的功能。	7.1 如何实现音乐播放功能？引导学生思考后，给出解决问题的思路和方法。 7.2 展示流程图，让学生口述实现流程。 7.3 讲解演示音乐播放器各个功能的实现方法及核心技术要点。 7.4 学生临摹操作，教师巡回指导，督促学生掌握相关知识、技能。 7.5 随机抽取学生机控屏幕，展示学生作业效果，并引导其他学生比对自身效果，给出正确、错误等方面的评价，评价中自检，解决技术疑难点。	7.1 明确问题，思考并回答。聆听、明确问题解决思路。 7.2 观看流程图，根据自己理解，口述业务实现思路。 7.3 观看、理解、学习音乐播放器的实现方法和技术要点。 7.4 根据理解的内容，临摹操作，查看讲义，完成音乐播放器各功能代码。 7.5 观看屏幕，比对自身作业效果，聆听其他同学的评价，反思、内化知识的应用。对错误的或不完善的部分进行修改、调整。	1. 教师对学生创建的项目及时反馈评价。 2. 教师点评学生完成的注释情况。 3. 教师巡堂指导，及时指出学生编码过程中遇到的问题。 4. 回答学生的疑惑点，及时给予反馈评价。 5. 巡视并指导学生完成编码，及时给予反馈评价。 7. 学生根据评价表相互评价并打分。
课时： 10 课时 1. 硬资源：移动互联应用软件开发学习工作站、展板、笔、A4 纸等。 2. 软资源：《网络安卓软件开发》工作页、PPT 课件等。			

学习任务　音乐播放器 APP 功能开发

1 获取资讯　2 功能设计及实现　3 功能测试及交付

	工作子步骤	教师活动	学生活动	评价
功能设计与实现	8. 按照行业规范，编程实现音乐播放进度的功能。	8.1 如何实现音乐播放过程进度显示功能？引导学生思考后，给出解决问题的思路和方法。 8.2 展示流程图，让学生口述实现流程。 8.3 讲解演示音乐播放进度的实现方法及核心技术要点。 具体代码见讲义。 8.4 学生临摹操作，教师巡回指导，督促学生掌握相关知识、技能。 8.5 随机抽取学生机控屏幕，展示学生作业效果，并引导其他学生比对自身效果，给出正确、错误等方面的评价，评价中自检，解决技术疑难点。	8.1 明确问题，思考并回答。聆听、明确问题解决思路。 8.2 观看流程图，根据自己理解，口述业务实现思路。 8.3 观看、理解、学习音乐播放进度的实现方法和技术要点。 8.4 根据理解的内容临摹操作，查看讲义，完成音乐播放器各功能代码。 8.5 观看屏幕，比对自身作业效果，聆听其他同学的评价，反思、内化知识的应用。对错误的或不完善的部分进行修改、调整。	1. 教师对学生创建的项目及时反馈评价。 2. 教师点评学生完成的注释情况。 3. 教师巡堂指导，及时指出学生编码过程中遇到的问题。 4. 回答学生的疑惑点，及时给予反馈评价。 5. 巡视并指导学生完成编码，及时给予反馈评价。 7. 学生根据评价表相互评价并打分。
	课时： 10 课时 1. 硬资源：移动互联应用软件开发学习工作站、展板、笔、A4 纸等。 2. 软资源：《网络安卓软件开发》工作页、PPT 课件等。			
功能测试及交付	1. 软件功能测试。	1.1 布置任务：测试音乐播放器各项功能，并记录在工作页的测试记录中。 1.2 巡回指导，及时解决学生出现的问题，记录学生普遍存在的问题。 1.3 针对问题和操作要点进行展示讲解，指导学生修改完善项目。	1.1 接受任务，明确要求。 1.2 动手操作对程序功能进行测试，并记录测试结果。 1.3 根据老师的反馈信息，对整个项目修改、完善。	1. 教师巡回指导，及时反馈学生出现的问题。 2. 教师查看学生提交的测试文档，考核学生是否掌握测试方法。

功能测试及交付

工作子步骤	教师活动	学生活动	评价
2.APP 软件安装。	2.1 布置任务：生成 Apk 并发布到手机上安装。 2.2 巡回指导，帮助学生完成产品的发布和安装。 2.3 要求学生将手机上运行的 APP 截图，并编写汇报文档（效果截图、界面功能、核心代码），要求汇报文档制作成 PPT。 2.4 随机抽选小组代表展示汇报文档中的内容，引导其他学生评价，特别关注数据接口的合法性，强化本专业相关法律法规和信息版权。 2.5 接收学生提交的项目资源包。	2.1 接受任务。 2.2 动手操作将项目发布成 apk 文件，并安装到真机上调试、使用。 2.3 学生在手机上运行并截图；结合开发过程编写汇报文档（内容涉及效果截图、界面功能介绍、核心技术点、开发过程中遇到的问题及解决办法）；根据编写的汇报文档，制作 PPT 汇报课件并提交。 2.4 被抽到的学生展示作业，其他学生观看、评价；教师引导进行评价和总结；再次回顾、强化本学习任务设计的知识点、技能点，特别关注专业相关法律法规、信息版权等。 2.5 上传调试后无误的项目源码、apk 安装文件、汇报文档。	1. 通过观察学生手机上是否能正确安装并使用计算器来考核学生本学习任务的完成情况。 2. 查看学生网络音乐数据接口的数据来源和权限，考查数据接口权限选用是否合法，再次强化开发过程中要尊重和遵守数据版权规则。

课时： 10 课时

1．硬资源：移动互联应用软件开发学习工作站、展板、笔、A4 纸等。

2．软资源：教材、工作页、课件、视频等。

考核标准

情境描述：

广州 ** 科技有限公司开发一款墨镜 APP 软件，该软件中有一个音乐播放功能模块，需要同学们利用所学专业技术开发出该 APP 软件的业务功能。业务功能要求有：加载并显示热歌榜歌曲和新歌榜歌曲列表，点击某一首歌曲后可以播放，并展现完整的播放界面，使用动画显示或隐藏播放界面，当音乐开始播放后，更新播放界面中的两张图片，把下载的背景图片进行模糊处理，完成音乐播放界面中的 UI 的更新，点击按钮能够进行上一曲、暂停、播放、下一曲等操作；显示并更新歌词。

任务要求：

1. 本 APP 软件界面要求同学们尽己所能设计最优最美观的 UI 界面。其中 APP 软件的桌面图标、启动页轮播动画以及其他界面效果均为开放式工作，同学们可以尽情发散思维，设计与众不同的 APP 软件的 UI。

2. 功能方面的要求：

(1) 设计一个软件桌面启动图标；

(2) 启动页需要实现轮播或动画效果，还有倒计时功能，点击倒计时按钮能够跳转到主界面；

(3) 主界面能够显示歌曲列表功能，点击任何一首歌曲，能跳转到播放界面；

(4) 歌曲播放界面需要有播放动画、播放进度、上一首、下一首等功能；

按照单元测试、功能测试等方法完成测试并打包提交项目源文件，生成 apk 安装文件，能在手机上安装使用。

参考资料：

实施任务时，你可以使用所有的常见教学资料，例如：工作页、教材、个人笔记、网络等。

评价方式：

终结性考核包括纸笔测试（制定方案）成绩（30%）+ 实操测试成绩（50%）+ 作品展示答辩（20%）三部分。

纸笔测试（制定方案）成绩由任课教师考评；实操测试成绩由任课教师、同专业组教师、企业代表组成考评小组共同实施考核评价，取所有考核人员评分的平均分为学生考核成绩；展示答辩由专业组教师、企业教师进行考评。

在作品展示阶段，将择优推选 3 个优秀作品给企业专家进行评审，企业专家按照企业评审、验收标准进行评价打分，经评审合格“录用”的作品进行分享学习。优秀学生（2-3 位）将推选参加移动组专业课外创新团队，入驻众创空间进行创新项目的酝酿以及项目开发等。若作品特别优秀，可以推荐参加学院举办的全校创新设计大赛。

评价标准：

1. 项目工程文件：工程文件命名规范（权重 5）

2. 启动页：启动页效果美观，控件命名符合行业编码规范，点击“跳转”按钮，能调到主界面；倒计时 3 秒后也能自动跳转到主界面；界面轮播动画效果（权重 10）

3. 主界面：界面美观，有创新性，编码符合行业编码规范；各控件数据显示正确（权重 20）

4. 安装 apk 文件：该文件打包正确，能够在真机上安装使用（权重：5）

5. 展示答辩：展示过程讲解流利，回答问题准确（权重 20）

6. 创新性：突出原始创意和创造力，体现工匠技艺传承创新（10）

课程 10　校园辅助类安卓软件开发　　课时：120

学习任务

工贸生活小助手 APP 开发

（120）学时

课程目标

完成本课程后，学生应当能够胜任 Android 移动应用软件开发工作中的综合项目模块化开发工作，能按照行业规范实施编码，把智慧生活元素融入到日常的 APP 开发学习中；能严格执行企业管理制度、遵守网络安全规定、网络数据产权和 8S 管理规定；培养爱岗敬业、客户至上的职业意识。具体包括为：

1. 能与主管（教师）沟通，明确用户需求，具有产品意识，充分考虑客户使用的便捷性，形成客户需求至上的职业意识。进行需求分析，确定软件系统的功能需求，列出功能点，绘制功能结构图；
2. 根据功能需求，能进行数据存储设计、系统目录结构设计等开发前的准备。在校园生活小助手 APP 设计上运用智慧生活元素，使 APP 界面简洁大方、使用便利、操作简单、并且功能性强。
3. 能够正确选择 Android UI 控件设计引导界面、主功能模块界面和各个子功能模块界面，按照行业编码规范编写代码，实现 Android 软件的界面布局，形成自觉遵守职业规范的习惯。
4. 能设计公共类，将各个模块经常调用的方法提取到公用的 Java 类中，供各个模块代码重用。
5. 在软件编码阶段，根据功能需求，开始具体的编写程序工作，实现主功能模块和各个子功能模块的功能，从而实现目标系统的功能、性能、接口等方面的要求。
6. 能够使用第三方控件和 Android studio 快捷键快速编码，提高编码速度。
7. 能使用模拟器和真机进行软件开发成果的测试，判断和排除存在的问题。
8. 遵守软件开发企业和用户企业的相关规定，保护用户企业的商业机密等。

课程内容

本课程的主要学习内容包括：

1.Android 项目结构及项目清单配置；

2.Android UI 界面设计；

3.Android 数据存储；

4.Android 四大基本组件的应用（Activity、Service、BroadcastReceiver、ContentProvider）；

5.ViewPager、Fragment、Handler、 Spinner，监听、intent、JSON 数据解析、AsyncTask 等技术的使用；

6. 行业编码规范。

学习任务　工贸生活小助手 APP 开发

任务描述

学习任务学时：120 课时

任务情境：

随着移动互联技术的发展，智能手机的应用已开始渗透到各行各业，应用范围呈现逐渐扩展的趋势。学生群体也成为智能手机使用的主力军之一。学院为方便学生学习和生活，需要开发一款基于 Android 平台的工贸生活小助手 APP。实现学校简介、学院风景、院系简介、学校电话、查看课表、随手记和交通指南等功能。这款 APP 开发成功后将安装在我们自己手机上进行使用，学生用户通过该 APP 可以查看学校信息、查看课程表等，使学生的校园生活更便捷、更智慧，突出移动互联应用开发专业特色。

某软件公司通过公开招投标，获得该学校本项目的开发任务。我院计算机程序设计专业高级班小白同学毕业后成功应聘到某软件公司当 Android 软件开发工程师。项目主管将本项目的部分模块交由小白完成。工程师小白从项目主管处接到该项目，并制定完成该项目。

具体要求见下页。

工作流程和标准

工作环节 1

获取需求

1

与项目主管（老师）沟通，获取开发需求。

学习成果：

功能列表。

工作环节 2

界面设计和实现

2

1. 用户登录界面设计。
2. 用户注册界面设计。
3. 随手记界面设计。
4. 工贸生活小助手主界面设计。
5. 院系简介界面设计。

学习成果：

1. 用户登录界面设计项目源码及运行截图；
2. 用户注册界面设计项目源码及运行截图；
3. 随手记列表界面设计项目源码及运行截图；
4. 工贸生活小助手主界面设计项目源码及运行截图；
5. 院系简介界面模块工程文件。

工作环节 3

模块功能设计和实现

1. 登录和注册功能设计和实现。
2. 学院风景模块：根据界面原型图，使用布局和控件搭建框架，开发该模块功能。
3. 随手记模块：根据界面原型图，使用布局和控件搭建框架，开发该模块功能。
4. 学校电话模块：根据界面原型图，使用布局和控件搭建框架，开发该模块功能。
5. 交通指南模块：根据界面原型图，使用布局和控件搭建框架，开发该模块功能。
6. 查看课表模块：根据界面原型图，使用布局和控件搭建框架，开发该模块功能。
7. 工贸生活小助手综合项目设计和实现。

学习成果：

1. 登录和注册功能设计项目源码及运行截图；
2. 学院风景模块工程文件；
3. 随手记模块工程文件；
4. 学校电话模块工程文件；
5. 交通指南模块工程文件；
6. 查看课表模块工程文件；
7. 工贸生活小助手综合项目功能设计项目源码及运行截图。

工作环节 4

功能测试

完成校园生活小助手 APP 的测试工作。及时记录测试结果，并对出错信息进行调试、修正。进行工作反馈与经验交流。进行分组讨论，记录讨论结果。

学习成果：

功能测试文档。

学习内容

	1	2	3	4
知识点	1.1 Android 应用程序构成目录及用途	2.1CheckBox 组件事件监听器处理机制； 2.2 相对布局技术； 2.3RadioButton 组件事件监听器处理机制； 2.4 表格布局技术	3.1 Android 界面设计基础知识； 3.2 ListView 组件的事件监听机制； 3.3 SimpleAdapter 和 BaseAdapter 适配器的概念	4.1 GridView 组件的使用方法和 GridView 组件的事件监听机制； 4.2 GridView 组件与 Adapter 适配器的结合使用； 4.3 Android 网格布局技术； 4.4 ScrollView 组件的使用方法
技能点	1.1 获取需求的方法； 1.2 总结并记录功能点	2.1 ImageView、CheckBox、ImageButton 和 Toast 组件的使用方法； 2.2 设计用户登录界面； 2.3 RadioButton、Spinner 组件的使用方法； 2.4 Adapter 适配器的用法； 2.5 使用 Spinner 组件和 Adapter 适配器进行下拉列表设计	3.1 SimpleAdapter 和 BaseAdapter 适配器的使用； 3.2 用 ListView 组件进行随手记列表的界面设计	4.1 用网格布局技术进行院系简介界面设计
工作环节	工作环节 1 获取信息		工作环节 2 界面设计和实现	
成果	1.1 功能列表	2.1 用户登录界面设计项目源码及运行截图； 2.2 用户注册界面设计项目源码及运行截图	3.1 随手记列表界面设计项目源码及运行截图	4.1 院系简介界面设计项目源码及运行截图
素养	最终实现工贸生活小助手 APP 开发，将该 APP 安装到手机并使用，实现校园智慧生活，突出移动互联应用开发专业特色			

学习任务　工贸生活小助手 APP 开发

5.1 Activity 生命周期中的主要函数方法； 5.2 Intent 的使用方法； 5.3 Activity 的创建、启动、跳转和 Activity 之间数据存储的实现方法	6.1 Fragment 生命周期中的主要函数方法； 6.2 Fragment 的基本使用方法； 6.3 ViewPager 的使用方法	7.1 操作栏、选项菜单、子菜单、上下文菜单、对话框的使用方法； 7.2 Android 数据存储方法； 7.3 拨打电话、搜索电话的设计方法； 7.4 ContentProvider 的使用方法	8.1 基于百度地图进行二次开发模拟导航和真实导航 GPS 定位方法	9.1 JSON 数据解析的方法； 9.2 HttpURLConnection 的使用方法； 9.3 异步的概念； 9.4 AsyncTask 的使用方法； 9.5 引导界面、主功能模块的设计方法	
5.1 运用 SharedPreferences 数据存储方式保存登录和注册的数据； 5.2 登录和注册模块的功能设计方法	6.1 运用 Fragment 和 ViewPager 组合来实现图文浏览的功能； 6.2 学院风景图文浏览的功能设计方法	7.1 在记事本列表界面上进行选项菜单、子菜单、上下文菜单、对话框的设计； 7.2 运用 SQLite 数据库实现对记事本中数据进行添加、编辑和删除操作； 7.3 使用 ListView 列表显示电话，通过单击列表拨打电话的功能设计； 7.4 通过关键字搜索出相关电话号码的功能设计	8.1 交通指南的设计方法	9.1 查看课表项目的设计方法； 9.1 校园生活小助手综合项目的总体设计方案； 9.2 设计校园生活小助手综合项目	10.1 功能测试方法

工作环节 3

模块功能设计和实现

工作环节 4

功能测试并交付

5.1 登录和注册的功能设计项目源码及运行截图	6.1 学院风景图文浏览模块的功能设计项目源码及运行截图	7.1 记事本模块功能设计项目源码及运行截图； 7.2 电话簿模块的功能设计项目源码及运行截图	8.1 交通指南模块功能设计项目源码及运行截图	9.1 查看课表模块的功能设计项目源码及运行截图； 9.2 工贸生活小助手综合项目功能设计项目源码及运行截图	10.1 测试后的红毛生活小助手项目文件

最终实现工贸生活小助手 APP 开发，将该 APP 安装到手机并使用，实现校园智慧生活，突出移动互联应用开发专业特色

课程 10 校园辅助类安卓软件开发

学习任务 工贸生活小助手 APP 开发

1 获取信息 → 2 界面设计和实现 → 3 模块功能设计和实现 → 4 功能测试并交付

获取资讯

工作子步骤	教师活动	学生活动	评价
1. 与客户(教师)沟通，获取校园生活小助手 APP 开发开发需求。	1.1 展示任务描述、任务要求、任务成果清单等内容，让学生明确学习任务。 1.2 开发新生校园生活小助手 APP，首先需要获取开发需求。这款 APP 开发成功后将安装在我们自己手机上进行使用，学生用户通过该 APP 可以查看学校信息、查看课程表等，使学生的的校园生活更便捷、更智慧。请同学们以小组为单位，分别扮演客户与产品经理,对此款 APP 的需求进行描述、记录，并按照老师提供的功能记录表整理好开发功能，并记录在工作页中。 1.3 教师抽查学生完成的记录表，检查分析记录工作是否符合要求。	1.1 观看、聆听明确任务要求、任务成果清单等任务相关的要求。 1.2 教师指导下，组长组织扮演角色，按照教师提供的需求记录表，分析新生小助手 APP 的开发需求，并将功能整理记录在工作页中。 1.3 接受检查，认真聆听、比对自己的需求表是否正确，不正确的地方修改、完善。	查看学生提交的功能记录表和功能结构图，检验分析结果是否符合要求。

课时： 6 课时

1. 硬资源：移动互联应用开发学习工作站、展。板、笔、A4 纸等。
2. 软资源：郑丹青教材《Android 模块化项目式教程》、工作页、PPT 课件等。

工作子步骤	教师活动	学生活动	评价
	2.6 广播控屏幕，展示学生上交的作业效果，肯定表扬，并针对作业效果再次强化项目创建方法、产品发布方法及测试要求。 2.7 布置工作页任务,并抽查督促学生完成，强化对理论知识的理解，构建编程知识体系。	2.6 观看作业效果,针对问题进行修改。 2.7 完成工作页任务，强化对理论知识的理解，构建编程知识体系。	

课时： 6 课时

1. 硬资源：移动互联应用开发学习工作站、展板、笔、A4 纸等。
2. 软资源：郑丹青教材《Android 模块化项目式教程》、工作页、PPT 课件等。

基准学时：120

1 获取信息　2 界面设计和实现　3 模块功能设计和实现　4 功能测试并交付

获取资讯

工作子步骤	教师活动	学生活动	评价
1. 用户登录界面设计	1.1 展示课件，引导学生认识 ImageView、CheckBox、ImageButton 和 Toast 组件的使用方法，CheckBox 组件事件监听器处理机制，相对布局技术等知识。 1.2 提问、引导学生阅读教材 P48-58，回答问题（P58 练习题），熟悉用户登录界面设计相关知识。 1.3 布置任务：【用户登录界面设计】，并进行项目分析。 1.4 引导学生阅读教材，学会使用 ImageView、CheckBox、ImageButton 和 Toast 组件，CheckBox 组件事件监听，相对布局技术等实现界面设计方法，并完成用户登录界面设计任务。教师巡回指导，答疑解惑。 1.5 随机抽查学生编写的代码及运行结果，并收集学生操作中遇到的问题；结合问题，讲解演示用户登录界面设计的要点及核心属性的使用方法。 1.6 结合作业效果，引导学生完成工作页问题。 1.7 布置项目拓展任务——仿 QQ 的用户登录界面。巡堂指导，解答学生的疑问。	1.1 观看、聆听、了解 ImageView、CheckBox、ImageButton 和 Toast 组件的使用方法，CheckBox 组件事件监听器处理机制，相对布局技术等基础知识。 1.2 明确问题，阅读教材或上网查资料，回答问题。 1.3 明确任务。 1.4 阅读教材，在教材指引下，尝试编写代码，学习 ImageView、CheckBox、ImageButton 和 Toast 组件，事件监听器处理机制，相对布局技术等的用途及用法。参考教材，新建一个 Android 项目，在 xml 文件中录入代码，并编写 Java 程序，录入完毕后保存并在模拟器中运行。学生操作中会遇到很多问题，将问题及时反馈给老师。 1.5 观看作业效果，聆听教师对核心知识点、技能点的讲解和解惑。 1.6 接受任务，根据操作体验，填写工作页回答问题，强化对理论知识的内化吸收。 1.7 接受项目拓展任务，在本节课的任务基础之上，小组合作讨论，发挥创新能力，完成拓展任务代码的编写。有问题随时提问老师。	1. 通过提问评价学生对 ImageView、CheckBox、ImageButton 和 Toast 组件的使用方法，CheckBox 组件事件监听器处理机制，相对布局技术等知识点的熟悉程度。 2. 通过查看学生完成的项目代码，评价学生对使用 ImageView、CheckBox、ImageButton 和 Toast 组件，CheckBox 组件事件监听器处理机制，相对布局技术实现用户登录界面方法的掌握情况。

课时： 6 课时

1. 硬资源：移动互联应用开发学习工作站、展板、笔、A4 纸等。
2. 软资源：郑丹青教材《Android 模块化项目式教程》、工作页、PPT 课件等。

课程 10 校园辅助类安卓软件开发

学习任务 工贸生活小助手 APP 开发

1 获取信息 → 2 界面设计和实现 → 3 模块功能设计和实现 → 4 功能测试并交付

工作子步骤	教师活动	学生活动	评价
2. 用户注册界面设计。	2.1 展示课件，引导学生认识 RadioButton、Spinner 组件，RadioButton 组件事件监听器处理机制,Adapter 适配器,表格布局技术。 2.2 提问、引导学生阅读教材 P59-69，回答问题（P70 练习题），熟悉用户注册界面设计相关知识。 2.3 布置任务：【用户注册界面设计】，并进行项目分析。 2.4 引导学生阅读教材，学会使用 RadioButton、Spinner 组件和 Adapter 适配器，表格布局技术等实现界面设计方法，并完成用户注册界面设计任务。教师巡回指导，答疑解惑。 2.5 随机抽查学生编写的代码及运行结果，并收集学生操作中遇到的问题；结合问题，讲解演示用户注册界面设计的要点及核心属性的使用方法。 2.6 结合作业效果，引导学生完成工作页问题。 2.7 布置项目拓展任务——用表格布局设计计算器界面。巡堂指导，解答学生的疑问。	2.1 观看、聆听、了解 RadioButton、Spinner 组件，RadioButton 组件事件监听器处理机制,Adapter 适配器，表格布局技术。 2.2 明确问题，阅读教材或上网查资料，回答问题。 2.3 明确任务。 2.4 阅读教材，在教材指引下，尝试编写代码，学习 RadioButton、Spinner 组件和 Adapter 适配器，表格布局技术的用途及用法。参考教材，新建一个 Android 项目在 xml 文件中录入代码，并编写 Java 程序，录入完毕后保存并在模拟器中运行。学生操作中会遇到很多问题，将问题及时反馈给老师。 2.5 观看作业效果，聆听教师对核心知识点、技能点的讲解和解惑。 2.6 接受任务，根据操作体验，填写工作页回答问题，强化对理论知识的内化吸收。 2.7 接受项目拓展任务，在本节课的任务基础之上，小组合作讨论，发挥创新能力，完成拓展任务代码的编写。有问题随时提问老师。	1. 通过提问评价学生对 RadioButton、Spinner 组件，RadioButton 组件事件监听器处理机制，Adapter 适配器，表格布局技术等知识点的熟悉程度。 2. 通过查看学生完成的项目代码，评价学生对使用 RadioButton、Spinner 组件和 Adapter 适配器，表格布局技术等实现用户注册界面设计方法的掌握情况。

界面设计和实现

课时： 6 课时

1. 硬资源：移动互联应用开发学习工作站、展板、笔、A4 纸等。
2. 软资源：郑丹青教材《Android 模块化项目式教程》、工作页、PPT 课件等。

1 获取信息 2 界面设计和实现 3 模块功能设计和实现 4 功能测试并交付

界面设计和实现

工作子步骤	教师活动	学生活动	评价
3. 随手记列表界面设计。	3.1 展示讲义或课件，引导学生认识ListView组件、ListView组件的事件监听机制、SimpleAdapter和BaseAdapter适配器。 3.2 提问、引导学生阅读教材或官方文档，回答问题（P81练习题），熟悉随手记列表界面设计相关知识。 3.3 布置任务:【设计随手记列表界面】P77-81，并进行项目分析。 3.4 引导学生阅读教材，学会使用listView+BaseAdapter实现复杂列表选项的设计方法，并完成随手记列表界面设计任务。教师巡回指导，答疑解惑。 3.5 随机抽查学生编写的代码及运行结果，并收集学生操作中遇到的问题；结合问题，讲解演示随手记列表界面设计的要点及核心属性的使用方法。 3.6 结合作业效果，引导学生完成工作页问题。 3.7 布置项目拓展任务——用BaseAdapter创建ListView实现联系人列表界面。巡堂指导，解答学生的疑问。	3.1 观看、聆听、掌握ListView组件、ListView组件的事件监听机制、SimpleAdapter和BaseAdapter适配器基础知识。 3.2 明确问题，阅读教材或官方文档P77-81，回答问题。 3.3 明确任务。 3.4 阅读教材，在教材指引下，尝试编写代码，学习listView+BaseAdapter的用途及用法。参考教材，新建一个Android项目，在xml文件中录入代码，并编写Java程序，录入完毕后保存并在模拟器中运行。学生操作中会遇到很多问题，将问题及时反馈给老师。 3.5 观看作业效果，聆听教师对核心知识点、技能点的讲解和解惑。 3.6 接受任务，根据操作体验，填写工作页回答问题，强化对理论知识的内化吸收。 3.7 接受项目拓展任务，在本节课的任务基础之上，小组合作讨论，发挥创新能力，完成拓展任务代码的编写。有问题随时提问老师。	1. 通过提问评价学生对listView、BaseAdapter等知识点的熟悉程度。 2. 通过查看学生完成的项目代码，评价学生对使用listView+BaseAdapter实现随手记列表界面设计方法的掌握情况。

课时： 6 课时

1. 硬资源：移动互联应用开发学习工作站、展板、笔、A4 纸等。
2. 软资源：郑丹青教材《Android 模块化项目式教程》、工作页、PPT 课件等。

学习任务　工贸生活小助手 APP 开发

1 获取信息　2 界面设计和实现　3 模块功能设计和实现　4 功能测试并交付

界面设计和实现

工作子步骤	教师活动	学生活动	评价
4. 工贸生活小助手主界面设计	4.1 展示讲义或课件，引导学生认识 ListView 组件、ListView 组件的事件监听机制、SimpleAdapter 和 BaseAdapter 适配器。 4.2 提问、引导学生阅读教材或官方文档，回答问题（P88 练习题），熟悉工贸生活小助手主界面设计相关知识。 4.3 布置任务：【工贸生活小助手主界面设计】P81-85，并进行项目分析。 4.4 引导学生阅读教材，学会使用 listView+BaseAdapter 实现复杂列表选项的设计方法，并完成工贸生活小助手主界面设计任务。教师巡回指导，答疑解惑。 4.5 随机抽查学生编写的代码及运行结果，并收集学生操作中遇到的问题；结合问题，讲解演示工贸生活小助手主界面设计的要点及核心属性的使用方法。 4.6 结合作业效果，引导学生完成工作页问题。 4.7 布置项目拓展任务——用 GridView 组件实现应用程序列表界面。巡堂指导，解答学生的疑问。	4.1 观看、聆听、了解 ListView 组件、ListView 组件的事件监听机制、SimpleAdapter 和 BaseAdapter 适配器基础知识。 4.2 明确问题，阅读教材 P81-85 或官方文档，回答问题。 4.3 明确任务。 4.4 阅读教材，在教材指引下，尝试编写代码，学习 listView+BaseAdapter 的用途及用法。参考教材，新建一个 Android 项目，在 xml 文件中录入代码，并编写 Java 程序，录入完毕后保存并在模拟器中运行。学生操作中会遇到很多问题，将问题及时反馈给老师。 4.5 观看作业效果，聆听教师对核心知识点、技能点的讲解和解惑。 4.6 接受任务，根据操作体验，填写工作页回答问题，强化对理论知识的内化吸收。 4.7 接受项目拓展任务，在本节课的任务基础之上，小组合作讨论，发挥创新能力，完成拓展任务代码的编写。有问题随时提问老师。	1. 通过提问评价学生对 listView、BaseAdapter 等知识点的熟悉程度 2. 通过查看学生完成的项目代码，评价学生对使用 listView+BaseAdapter 实现工贸生活小助手主界面设计方法的掌握情况。
课时： 6 课时 1. 硬资源：移动互联应用开发学习工作站、展板、笔、A4 纸等。 2. 软资源：郑丹青教材《Android 模块化项目式教程》、工作页、PPT 课件等。			
5. 院系简介界面设计和实现。	5.1 展示讲义或课件，引导学生认识 Android 网格布局技术和 ScrollView 组件的。 5.2 提问、引导学生阅读教材或官方文档，回答问题（P94 练习题），熟悉院系简介界面设计相关知识。 5.3 布置任务：【院系简介界面设计】P88-93，并进行项目分析。 5.4 引导学生阅读教材，学会使用网格布局技术和 ScrollView 组件实现整个界面的垂直滚动的设计方法，并完成院系简介界面设计任务。教师巡回指导，答疑解惑。	5.1 观看、聆听、了解 Android 网格布局技术和 ScrollView 组件的基础知识。 5.2 明确问题，阅读教材或官方文档 P88-93，回答问题。 5.3 明确任务。 5.4 阅读教材，在教材指引下，尝试编写代码，学习网格布局技术和 ScrollView 组件的用途及用法。参考教材，新建一个 Android 项目，在 xml 文件中录入代码，并编写 Java 程序，录入完毕后保存并在模拟器中运行。学生操作中会遇到很多问题，将问题及时反馈给老师。	1. 通过提问评价学生对网格布局技术和 ScrollView 组件知识点的熟悉程度。 2. 通过查看学生完成的项目代码，评价学生对使用网格布局技术和 ScrollView 组件实现院系简介界面设计方法的掌握情况。

工作子步骤	教师活动	学生活动	评价
界面设计和实现	5.5 随机抽查学生编写的代码及运行结果，并收集学生操作中遇到的问题；结合问题，讲解演示院系简介界面设计的要点及核心属性的使用方法。 5.6 结合作业效果，引导学生完成工作页问题。 5.7 布置项目拓展任务——参照院系简介界面的设计方法设计一个菜谱显示界面。巡堂指导，解答学生的疑问。	5.5 观看作业效果，聆听教师对核心知识点、技能点的讲解和解惑。 5.6 接受任务，根据操作体验，填写工作页回答问题，强化对理论知识的内化吸收。 5.7 接受项目拓展任务，在本节课的任务基础之上，小组合作讨论，发挥创新能力，完成拓展任务代码的编写。有问题随时提问老师。	
	课时：6 课时 1. 硬资源：移动互联应用开发学习工作站、展板、笔、A4 纸等。 2. 软资源：郑丹青教材《Android 模块化项目式教程》、工作页、PPT 课件等。		
模块功能设计和实现 1. 登录和注册的功能设计和实现。	1.1 展示课件，引导学生认识 Intent 的使用方法、Activity 的创建、启动、跳转和 Activity 之间数据存储的实现方法、SharedPreferences 数据存储等知识。 1.2 提问、引导学生阅读教材 P95-115，回答问题（P116 练习题），熟悉用户登录功能设计相关知识。 1.3 布置任务：【用户登录功能设计】，并进行项目分析。 1.4 引导学生阅读教材，学会使用 Intent 的使用方法、Activity 的创建、启动、跳转和 Activity 之间数据存储的实现方法、SharedPreferences 数据存储等实现功能设计方法，并完成用户登录功能设计任务。教师巡回指导，答疑解惑。 1.5 随机抽查学生编写的代码及运行结果，并收集学生操作中遇到的问题；结合问题，讲解演示用户登录功能设计的要点及核心属性的使用方法。	1.1 观看、聆听、了解 Intent 的使用方法、Activity 的创建、启动、跳转和 Activity 之间数据存储的实现方法、SharedPreferences 数据存储等基础知识。 1.2 明确问题，阅读教材或上网查资料，回答问题。 1.3 明确任务。 1.4 阅读教材，在教材指引下，尝试编写代码，学习 ImageView、CheckBox、ImageButton 和 Toast 组件，事件监听器处理机制，相对布局技术等的用途及用法。参考教材，打开用户登录项目，编写登录处理程序，录入完毕后保存并在模拟器中运行。学生操作中会遇到很多问题，将问题及时反馈给老师。 1.5 观看作业效果，聆听教师对核心知识点、技能点的讲解和解惑。	1. 通过提问评价学生对 Intent 的使用方法、Activity 的创建、启动、跳转和 Activity 之间数据存储的实现方法、SharedPreferences 数据存储等知识点的熟悉程度。 2. 通过查看学生完成的项目代码，评价学生对使用 Intent 的使用方法、Activity 的创建、启动、跳转和 Activity 之间数据存储的实现方法、SharedPreferences 数据存储实现用户登录功能方法的掌握情况。

教学活动

课程 10　校园辅助类安卓软件开发

学习任务　工贸生活小助手 APP 开发

1 获取信息 → 2 界面设计和实现 →  模块功能设计和实现 →  功能测试并交付

模块功能设计和实现

工作子步骤	教师活动	学生活动	评价
	1.6 结合作业效果，引导学生完成工作页问题。 1.7 布置项目拓展任务——设计一个完整的登录和注册模块。巡堂指导，解答学生的疑问。	1.6 接受任务，根据操作体验，填写工作页回答问题，强化对理论知识的内化吸收。 1.7 接受项目拓展任务，在本节课的任务基础之上，小组合作讨论，发挥创新能力，完成拓展任务代码的编写。有问题随时提问老师。	
课时： 12 课时 1. 硬资源：移动互联应用开发学习工作站、展板、笔、A4 纸等。 2. 软资源：郑丹青教材《Android 模块化项目式教程》、工作页、PPT 课件等。			
2. 学院风景图文浏览模块的功能设计和实现。	2.1 展示课件，引导学生认识 Fragment 生命周期中的主要函数方法、Fragment 的基本使用方法、ViewPager 的使用方法等知识。 2.2 提问、引导学生阅读教材 P118-135，回答问题（P136 练习题），熟悉学院风景图文浏览功能设计相关知识。 2.3 布置任务：【学院风景图文浏览功能设计】，并进行项目分析。 2.4 引导学生阅读教材，学会使用 Fragment 和 ViewPager 的组合的使用方法，实现页面的左右滑动和通过底部命令按钮来选择显示的图片，并完成学院风景图文浏览功能设计任务。教师巡回指导，答疑解惑。 2.5 随机抽查学生编写的代码及运行结果，并收集学生操作中遇到的问题；结合问题，讲解演示学院风景图文浏览功能设计的要点及核心属性的使用方法。 2.6 结合作业效果，引导学生完成工作页问题。 2.7 布置项目拓展任务——完成学院风景图文浏览设计和实现。巡堂指导，解答学生的疑问。	2.1 观看、聆听、了解 Fragment 生命周期中的主要函数方法、Fragment 的基本使用方法、ViewPager 的使用方法等基础知识。 2.2 明确问题，阅读教材或上网查资料，回答问题。 2.3 明确任务。 2.4 阅读教材，在教材指引下，尝试编写代码，学习 Fragment 的基本使用方法、ViewPager 的使用方法等的用途及用法。 参考教材，创建 SchoolView 项目，编写学院风景图文浏览处理程序，录入完毕后保存并在模拟器中运行。学生操作中会遇到很多问题，将问题及时反馈给老师。 2.5 观看作业效果，聆听教师对核心知识点、技能点的讲解和解惑。 2.6 接受任务，根据操作体验，填写工作页回答问题，强化对理论知识的内化吸收。 2.7 接受项目拓展任务，在本节课的任务基础之上，小组合作讨论，发挥创新能力，完成拓展任务代码的编写。有问题随时提问老师。	1. 通过提问评价学生对 Fragment 生命周期中的主要函数方法、Fragment 的基本使用方法、ViewPager 的使用方法等知识点的熟悉程度。 2. 通过查看学生完成的项目代码，评价学生对使用 Fragment 和 ViewPager 的组合实现学院风景图文浏览功能方法的掌握情况。
课时： 12 课时 1. 硬资源：移动互联应用开发学习工作站、展板、笔、A4 纸等。 2. 软资源：郑丹青教材《Android 模块化项目式教程》、工作页、PPT 课件等。			

1 获取信息　2 界面设计和实现　3 模块功能设计和实现　4 功能测试并交付

模块功能设计和实现

工作子步骤	教师活动	学生活动	评价
3. 记事本模块功能设计和实现。	3.1 展示课件，引导学生认识操作栏、选项菜单、子菜单、上下文菜单、对话框的使用方法和 Android 数据存储方法等知识。 3.2 提问、引导学生阅读教材 P138-162，回答问题（P163 练习题），熟悉记事本模块功能设计相关知识。 3.3 布置任务：【记事本模块功能设计】，并进行项目分析。 3.4 引导学生阅读教材，学会在记事本列表界面上进行选项菜单、子菜单、上下文菜单、对话框的设计和运用 SQLite 数据库实现对记事本中数据进行添加、编辑和删除操作，并完成记事本模块功能设计任务。教师巡回指导，答疑解惑。 3.5 随机抽查学生编写的代码及运行结果，并收集学生操作中遇到的问题；结合问题，讲解演示记事本模块功能设计的要点及核心属性的使用方法。 3.6 结合作业效果，引导学生完成工作页问题。 3.7 布置项目拓展任务——设计一个完整的登录和注册模块。巡堂指导，解答学生的疑问。	3.1 观看、聆听、了解操作栏、选项菜单、子菜单、上下文菜单、对话框的使用方法和 Android 数据存储方法等基础知识。 3.2 明确问题，阅读教材或上网查资料，回答问题。 3.3 明确任务。 3.4 阅读教材，在教材指引下，尝试编写代码，学习在记事本列表界面上进行选项菜单、子菜单、上下文菜单、对话框的设计和运用 SQLite 数据库实现对记事本中数据进行添加、编辑和删除操作。 参考教材，创建 NoteActivity 项目，编写记事本模块处理程序，录入完毕后保存并在模拟器中运行。学生操作中会遇到很多问题，将问题及时反馈给老师。 3.5 观看作业效果，聆听教师对核心知识点、技能点的讲解和解惑。 3.6 接受任务，根据操作体验，填写工作页回答问题，强化对理论知识的内化吸收。 3.7 接受项目拓展任务，在本节课的任务基础之上，小组合作讨论，发挥创新能力，完成拓展任务代码的编写。有问题随时提问老师。	1. 通过提问评价学生对操作栏、选项菜单、子菜单、上下文菜单、对话框的使用方法和 Android 数据存储等知识点的熟悉程度。 2. 通过查看学生完成的项目代码，评价学生对使用在记事本列表界面上进行选项菜单、子菜单、上下文菜单、对话框的设计和运用 SQLite 数据库实现对记事本中数据进行添加、编辑和删除操作实现记事本模块功能方法的掌握情况。

课时： 12 课时

1. 硬资源：移动互联应用开发学习工作站、展板、笔、A4 纸等。
2. 软资源：郑丹青教材《Android 模块化项目式教程》、工作页、PPT 课件等。

课程 10　校园辅助类安卓软件开发

学习任务　工贸生活小助手 APP 开发

1 获取信息　2 界面设计和实现　 模块功能设计和实现　 功能测试并交付

模块功能设计和实现

工作子步骤	教师活动	学生活动	评价
4. 电话簿模块的功能设计和实现。	4.1 展示课件，引导学生认识 ContentProvider、ListView 列表的使用方法等知识。	4.1 观看、聆听、了解 ContentProvider、ListView 列表的使用方法等基础知识。	1. 通过提问评价学生对 ContentProvider、ListView 列表的使用方法等知识点的熟悉程度。 2. 通过查看学生完成的项目代码，评价学生对使用 ListView 列表显示电话，通过单击列表拨打电话的功能设计，通过关键字搜索出相关电话号码实现方法的掌握情况。
	4.2 提问、引导学生阅读教材 P165-181，回答问题（P182 练习题），熟悉电话簿模块功能设计相关知识。	4.2 明确问题，阅读教材或上网查资料，回答问题。	
	4.3 布置任务：【电话簿模块功能设计】，并进行项目分析。	4.3 明确任务。	
	4.4 引导学生阅读教材，学会使用使用 ListView 列表显示电话，通过单击列表拨打电话的功能设计，通过关键字搜索出相关电话号码，并完成电话簿模块功能设计任务。教师巡回指导，答疑解惑。	4.4 阅读教材，在教材指引下，尝试编写代码，学习使用 ListView 列表显示电话，通过单击列表拨打电话的功能设计，通过关键字搜索出相关电话号码功能设计。 参考教材，创建 TelSearchActivity 项目，编写电话簿模块处理程序，录入完毕后保存并在模拟器中运行。学生操作中会遇到很多问题，将问题及时反馈给老师。	
	4.5 随机抽查学生编写的代码及运行结果，并收集学生操作中遇到的问题；结合问题，讲解演示电话簿模块功能设计的要点及核心属性的使用方法。	4.5 观看作业效果，聆听教师对核心知识点、技能点的讲解和解惑。	
	4.6 结合作业效果，引导学生完成工作页问题。	4.6 接受任务，根据操作体验，填写工作页回答问题，强化对理论知识的内化吸收。	
	4.7 布置项目拓展任务——完成公共服务电话簿查询功能的设计和实现。巡堂指导，解答学生的疑问。	4.7 接受项目拓展任务，在本节课的任务基础之上，小组合作讨论，发挥创新能力，完成拓展任务代码的编写。有问题随时提问老师。	

课时： 12 课时

1. 硬资源：移动互联应用开发学习工作站、展板、笔、A4 纸等。
2. 软资源：郑丹青教材《Android 模块化项目式教程》、工作页、PPT 课件等。

1 获取信息　2 界面设计和实现　3 模块功能设计和实现　4 功能测试并交付

模块功能设计和实现

工作子步骤	教师活动	学生活动	评价
5. 交通指南模块功能设计和实现。	5.1 观看、聆听、了解百度地图、导航和GPS定位的概念和使用方法等基础知识。 5.2 明确问题，阅读教材或上网查资料，回答问题。 5.3 明确任务。 5.4 阅读教材，在教材指引下，教材，创建Map项目，编写交通指南模块处理程序，录入完毕后保存并在模拟器中运行。学生操作中会遇到很多问题，将问题及时反馈给老师。 5.5 观看作业效果，聆听教师对核心知识点、技能点的讲解和解惑。 5.6 接受任务，根据操作体验，填写工作页回答问题，强化对理论知识的内化吸收。 5.7 接受项目拓展任务，在本节课的任务基础之上，小组合作讨论，发挥创新能力，完成拓展任务代码的编写。有问题随时提问老师。	5.1 展示课件，引导学生认识百度地图、导航和GPS定位的概念和使用方法，介绍本模块的的功能包括：路线规划、模拟导航、真实导航以及GPS定位。 5.2 提问、引导学生阅读教材，回答问题，熟悉交通指南模块功能设计相关知识。 5.3 布置任务：【交通指南模块功能设计】，并进行项目分析。 5.4 引导学生阅读教材，参考教材完成路线规划、模拟导航、真实导航以及GPS定位功能，并完成交通指南模块功能设计任务。教师巡回指导，答疑解惑。 5.5 随机抽查学生编写的代码及运行结果，并收集学生操作中遇到的问题；结合问题，讲解演示交通指南模块功能设计的要点及核心属性的使用方法。 5.6 结合作业效果，引导学生完成工作页问题。 5.7 布置项目拓展任务——城市导航设计。巡堂指导，解答学生的疑问。	1. 通过提问评价学生对百度地图、导航和GPS定位的概念和使用方法等知识点的熟悉程度 2. 通过查看学生完成的项目代码，评价学生对实现交通指南模块功能方法的掌握情况。

课时： 12课时

1. 硬资源：移动互联应用开发学习工作站、展板、笔、A4纸等。
2. 软资源：郑丹青教材《Android模块化项目式教程》、工作页、PPT课件等。

课程 10　校园辅助类安卓软件开发

学习任务　工贸生活小助手 APP 开发

1 获取信息 → 2 界面设计和实现 →  3 模块功能设计和实现 →  4 功能测试并交付

模块功能设计和实现

工作子步骤	教师活动	学生活动	评价
6. 查看课表模块的功能设计和实现。	6.1 展示课件，引导学生认识 JSON 数据解析的方法，HttpURLConnection 的使用方法，异步的概念，AsyncTask 的使用方法等知识。	6.1 观看、聆听、了解 JSON 数据解析的方法，HttpURLConnection 的使用方法，异步的概念，AsyncTask 的使用方法等基础知识。	1. 通过提问评价学生对 JSON 数据解析的方法，HttpURLConnection 的使用方法异步的概念，AsyncTask 的使用方法等知识点的熟悉程度 2. 通过查看学生完成的项目代码，评价学生对通过 Android 与 HTTP 服务器的交互来实现对服务器端的课表数据进行查询的方法的掌握情况。
	6.2 提问、引导学生阅读教材 P214-237，回答问题（P238 练习题），熟悉查看课表模块功能设计相关知识。	6.2 明确问题，阅读教材或上网查资料，回答问题。	
	6.3 布置任务:【查看课表模块功能设计】，并进行项目分析。	6.3 明确任务。	
	6.4 引导学生阅读教材，学会通过 Android 与 HTTP 服务器的交互来实现对服务器端的课表数据进行查询的方法，并完成查看课表模块功能设计任务。教师巡回指导，答疑解惑。	6.4 阅读教材，在教材指引下，尝试编写代码，学习通过 Android 与 HTTP 服务器的交互来实现对服务器端的课表数据进行查询。 参考教材，创建 CourseActivity 项目，编写查看课表模块处理程序，录入完毕后保存并在模拟器中运行。学生操作中会遇到很多问题，将问题及时反馈给老师。	
	6.5 随机抽查学生编写的代码及运行结果，并收集学生操作中遇到的问题；结合问题，讲解演示查看课表模块功能设计的要点及核心属性的使用方法。	6.5 观看作业效果，聆听教师对核心知识点、技能点的讲解和解惑。	
	6.6 结合作业效果，引导学生完成工作页问题。	6.6 接受任务，根据操作体验，填写工作页回答问题，强化对理论知识的内化吸收。	
	6.7 布置项目拓展任务——完成公共服务电话簿查询功能的设计和实现。巡堂指导，解答学生的疑问。	6.7 接受项目拓展任务，在本节课的任务基础之上，小组合作讨论，发挥创新能力，完成拓展任务代码的编写。有问题随时提问老师。	

课时： 12 课时

1. 硬资源：移动互联应用开发学习工作站、展板、笔、A4 纸等。
2. 软资源：郑丹青教材《Android 模块化项目式教程》、工作页、PPT 课件等。

1 获取信息　2 界面设计和实现　3 模块功能设计和实现　4 功能测试并交付

	工作子步骤	教师活动	学生活动	评价
模块功能设计和实现	7. 工贸生活小助手综合项目设计和实现。	7.1 观看、聆听、了解工贸生活小助手综合项目的总体设计方案，引导界面、主功能模块的设计方法等基础知识。 7.2 明确问题，阅读教材或上网查资料，回答问题。 7.3 明确任务。 7.4 阅读教材，在教材指引下，尝试编写代码，学习构建系统的整体结构。参考教材，创建 GongmaoHelp 项目，编写系统的整体结构，录入完毕后保存并在模拟器中运行。学生操作中会遇到很多问题，将问题及时反馈给老师。 7.5 观看作业效果，聆听教师对核心知识点、技能点的讲解和解惑。 7.6 接受任务，根据操作体验，填写工作页回答问题，强化对理论知识的内化吸收。 7.7 接受项目拓展任务，在本节课的任务基础之上，小组合作讨论，发挥创新能力，完成拓展任务代码的编写。有问题随时提问老师。	7.1 展示课件，引导学生认识工贸生活小助手综合项目的总体设计方案，引导界面、主功能模块的设计方法等知识。 7.2 提问、引导学生阅读教材 P239-244，回答问题（P244 练习题），熟悉工贸生活小助手综合项目功能设计相关知识。 7.3 布置任务：【工贸生活小助手综合项目功能设计】，并进行项目分析。 7.4 引导学生阅读教材，学会构建系统的整体结构，并完成工贸生活小助手综合项目功能设计任务。教师巡回指导，答疑解惑。 7.5 随机抽查学生编写的代码及运行结果，并收集学生操作中遇到的问题；结合问题，讲解演示工贸生活小助手综合项目功能设计的要点及核心属性的使用方法。 7.6 结合作业效果，引导学生完成工作页问题。 7.7 布置项目拓展任务——显示音乐列表播放器设计。巡堂指导，解答学生的疑问。	1. 通过提问评价学生对工贸生活小助手综合项目的总体设计方案，引导界面、主功能模块的设计方法等知识点的熟悉程度 2. 通过查看学生完成的项目代码，评价学生对实现工贸生活小助手综合项目功能设计方法的掌握情况。
	课时： 8 课时 1. 硬资源：移动互联应用开发学习工作站、展板、笔、A4 纸等。 2. 软资源：郑丹青教材《Android 模块化项目式教程》、工作页、PPT 课件等。			
功能测试并交付	功能测试	1.1 选择一个典型的测试文档案例，结合案例讲解软件测试方法。 1.2 用软件测试的方法思路，引导学生编写测试用例。 1.3 巡回指导，及时解决学生出现的问题，记录学生普遍存在的问题。 1.4 程序测试无误后，安排组长小组成员将测试文档内容填入工作页中。 1.5 对整个项目进行总体评价。	1.1 听讲理解软件测试方法。 1.2 思考各种可能的入参，参照软件测试方法完成测试用例编写。 1.3 组长组织小组成员对问题进行讨论，提出解决办法，并再次调试。 1.4 程序测试无误后，将测试文档内容填入工作页中。 1.5 根据老师的反馈信息，对整个项目做个回顾。	1. 教师巡回指导，及时反馈学生出现的问题。 2. 教师查看学生完成的开发成果，并依据任务评价表打分，进行总体评价。
	课时： 4 课时 1. 硬资源：移动互联应用开发学习工作站、展板、笔、A4 纸等。 2. 软资源：郑丹青教材《Android 模块化项目式教程》、工作页、PPT 课件等。			

考核标准

情境描述：

某公司需要开发一款基于 Android 的天气课程表 APP。以 Java 语言为基础，使用 Android Studio 移动开发平台，利用 Android 提供的 SDK，实现天气课程表 APP。方便广大学生用户查看当天的天气信息和课程信息。

主管（老师）安排你负责天气课程表 APP--- 编辑课程信息界面模块的开发。具体要求是：点击查看课程信息界面里的编辑按钮，切换到进入编辑课程信息界面，进行课程信息的修改。点击编辑项修改信息后，点击确认按钮提交并提示相应信息。点击返回键返回主界面。

请你根据主管（老师）的要求，合理布局，编码完成编辑课程信息界面功能模块的开发。

任务要求：

1. 分析天气课程表 APP 项目文档，详细说明该 APP 实现的具体功能，并绘制其功能结构图。
2. 绘制编辑课程信息界面的界面图，并详细说明布局和控件。
3. 编写编辑课程信息界面的 UML 类图，并详细说明该类的成员变量和方法。
4. 解决方案完成后，请完成课程编辑界面的具体功能实现的相关编码工作。

参考资料：

实施任务时，你可以使用所有的常见教学资料，例如：工作页、教材、个人笔记、网络等。

评价方式：

终结性考核包括纸笔测试（制定方案）成绩（30%）+ 实操测试成绩（70%）两部分。

纸笔测试（制定方案）成绩由任课教师考评；实操测试成绩由任课教师、同专业组教师、企业代表组成考评小组共同实施考核评价，取所有考核人员评分的平均分为学生考核成绩。

评价标准：

1. 项目工程文件：工程文件命名规范（权重 10）
2. 编辑课程信息界面：界面美观，控件选择合适，命名规范；各控件数据显示正确；各功能完整正确（权重 50）
3. 安装 apk 文件：该文件打包正确，能够在真机上安装使用（权重：10）

HTML
PHP
PHP
C++
Js
CSS
C++
</>
HTML
</>
Js

学习任务　众创空间 APP 平台

任务描述

学习任务学时：100 课时

任务情境：

学校建设了众创空间，帮助有创新、创意、创业梦想的同学实现梦想，目前已经有 30 多个项目团队进驻，这些团队都有自己的研发项目，有的还正在研发自己的产品，有的已经开发出产品并通过市场验证，有的团队已经注册公司，开展了企业运营，这些项目团队除了进驻的空间属于本团队专用之外，还有很多场地属于众创空间内所有团队共享的，包括会议室、文印室、创新工坊（制造车间）、会客中心和产品展示厅，各团队在使用这些共享场所的时候，经常出现同时要使用同一个场地的冲突，此外，创新创业指导中心在收取各项目的产品资料、商业计划书、路演 PPT 等资料时，也只能通过邮箱或微信传输，比较零散，不利于汇总管理。针对以上问题，请你们团队利用所学知识，设计一个手机应用（APP 或者小程序），要求该应用具有最少但不限于以下几种功能：

（1）创业项目发布与内容编辑功能（项目描述、价值主张、客户细分、渠道通路、业务主体、技术壁垒、发展规划等）

（2）创业项目合伙人需求发布（创业项目发布合伙人要求，例如专业、性别、特长、经验等）

（3）共享场地使用预约功能（有自动查询空闲时间、避免冲突的功能）

在未来的 5 周时间内，你们将在创业导师的帮助下，规划 APP 的设计思路、页面结构、框架模板等技术要求，完成市场调研，设计商业模式，撰写商业计划书，策划和实施项目，完成融资路演等过程。

具体要求见下页。

学习内容

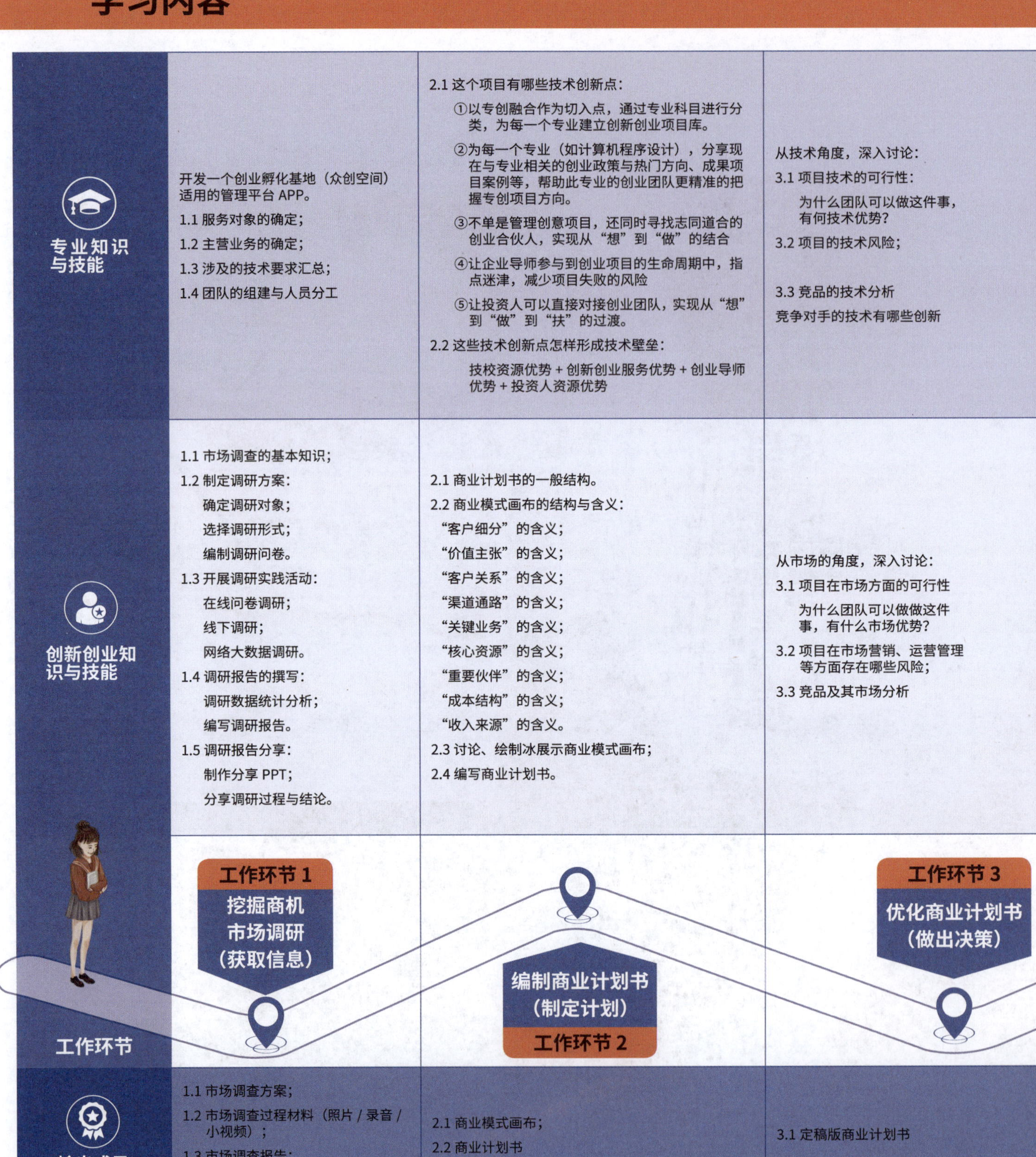

	工作环节 1	工作环节 2	工作环节 3
专业知识与技能	开发一个创业孵化基地（众创空间）适用的管理平台 APP。 1.1 服务对象的确定； 1.2 主营业务的确定； 1.3 涉及的技术要求汇总； 1.4 团队的组建与人员分工	2.1 这个项目有哪些技术创新点： ①以专创融合作为切入点，通过专业科目进行分类，为每一个专业建立创新创业项目库。 ②为每一个专业（如计算机程序设计），分享现在与专业相关的创业政策与热门方向、成果项目案例等，帮助此专业的创业团队更精准的把握专创项目方向。 ③不单是管理创意项目，还同时寻找志同道合的创业合伙人，实现从“想”到“做”的结合 ④让企业导师参与到创业项目的生命周期中，指点迷津，减少项目失败的风险 ⑤让投资人可以直接对接创业团队，实现从“想”到“做”到“扶”的过渡。 2.2 这些技术创新点怎样形成技术壁垒： 技校资源优势 + 创新创业服务优势 + 创业导师优势 + 投资人资源优势	从技术角度，深入讨论： 3.1 项目技术的可行性： 为什么团队可以做这件事，有何技术优势？ 3.2 项目的技术风险； 3.3 竞品的技术分析 竞争对手的技术有哪些创新
创新创业知识与技能	1.1 市场调查的基本知识； 1.2 制定调研方案： 确定调研对象； 选择调研形式； 编制调研问卷。 1.3 开展调研实践活动： 在线问卷调研； 线下调研； 网络大数据调研。 1.4 调研报告的撰写： 调研数据统计分析； 编写调研报告。 1.5 调研报告分享： 制作分享 PPT； 分享调研过程与结论。	2.1 商业计划书的一般结构。 2.2 商业模式画布的结构与含义： “客户细分”的含义； “价值主张”的含义； “客户关系”的含义； “渠道通路”的含义； “关键业务”的含义； “核心资源”的含义； “重要伙伴”的含义； “成本结构”的含义； “收入来源”的含义。 2.3 讨论、绘制冰展示商业模式画布； 2.4 编写商业计划书。	从市场的角度，深入讨论： 3.1 项目在市场方面的可行性 为什么团队可以做做这件事，有什么市场优势？ 3.2 项目在市场营销、运营管理等方面存在哪些风险； 3.3 竞品及其市场分析
工作环节	工作环节 1 挖掘商机 市场调研 （获取信息）	编制商业计划书 （制定计划） 工作环节 2	工作环节 3 优化商业计划书 （做出决策）
输出成果	1.1 市场调查方案； 1.2 市场调查过程材料（照片 / 录音 / 小视频）； 1.3 市场调查报告； 1.4 市场调查汇报 PPT 文稿	2.1 商业模式画布； 2.2 商业计划书	3.1 定稿版商业计划书

学习任务　众创空间 APP 平台

"创业项目工场 APP 平台"，它包含了"APP 原型设计"与"后端功能开发"、"前端 APP 开发"三大部分组成。其中"APP 原型设计"必须要求实施学习任务期间时间实现，而"后端功能开发"与"前端 APP 开发"可以课后实现。

4.1"APP 原型设计"的功能要求包括：

1. 对创业项目工场 APP 进行需求分析，并形成产品需求设计文档；
2. 通过 Axure 原型制作工具制作创业项目工场 APP 交互原型。具体功能包括但不限于：

1) 创业项目发布与内容编辑功能（项目描述、价值主张、客户细分、渠道通路、业务主体、技术壁垒、发展规划等）；
2) 创业项目合伙人需求发布；
3) 创业项目专业方向分类管理（新材料、新能源、人工智能等）；
4) 投资人管理；
5) 创业导师管理；
6) 创业政策管理等

"后端功能开发"的功能要求包括：

根据 Axure 原型图，通过 javaEE 技术开发满足业务需求的后端功能

"前端 APP 开发"的功能要求包括：

根据 Axure 原型图，通过 Android 平台开发满足业务需求的前端 APP

以上内容要用到的专业知识包括：

4.2 此学习任务涉及的专业技能包括：

1.Java 基本程序设计
2.Java 面向对象程序设计
3.APP 效果图处理
4.Web UI 设计
5.Android 移动交互设计
6.Android 移动应用界面开发
7.Android 移动应用界面开发

5.1 如何测试众创空间 APP 平台是否满足众创空间负责老师的要求？

5.2 如何填写质量检测报告？

5.3 第一位使用者有哪些反馈？

5.4 根据反馈进行哪些调整？

5.5 原来预测的成本，现在有什么变化？确定新的成本预算。

5.6 定价策略是否需要调整？请确定新的定价方案。

5.7 基于成本与定价的调整，确定利润情况。

5.8 基于确定的利润情况，预测未来三年的发展规划。

4.1 这个学习任务所包含的创新意识有：

1. 创新动机：为了响应李克强总理提出的"大众创业，万众创新"的口号，建造中国经济新的发动机和新引擎，考虑到创新创业的特点，提升创新创业者的能力和创业的成功率，特此建设此创业项目工场 APP。
2. 创新兴趣：通过创业项目工场 APP 汇聚海量高质量的创新创业项目，用创新创业思维服务创新创业。
3. 创新情感：让事业结合所学专业，促进创业项目的成功。

4.2 这个学习任务所包含的创新技能有：

1. 学习能力：从产品设计的角度，从产品规划、原型制作、软件开发、集成测试、平台推广方面都需要有优秀的快速学习能力。
3. 创造能力：如何基于创新创业思维，创造一个能服务于创新创业团队的双创项目
4. 组织协调能力：产品经理、UI 设计人员、后端开发人员、前端开发人员、市场运营人员的组织协调能力。

4.3 这个学习任务所包含的创业精神有：

1. 超越历史的先进性：创业精神的最终体现就是开创前无古人的事业，创业精神本身必然具有超越历史的先进性，想前人之不敢想、做前人之不敢做。我们要做最专业的"创业项目工场平台"产品。
2. 鲜明的时代特征："中国梦"是习近平总书记在新时期提出的重大战略性目标和理论创新成果。"中国梦"是民族性、人民性、世界性的统一；是历史性、现实性、未来性的统一；是理想性、理论性、实践性的统一；是总揽性、层次性、阶段性的统一；是和平性、发展性、繁荣性的统一；为创业者提供更专业优质的创新创业项目库资源库有利于社会经济的稳定发展，实现创业带动就业的经济目标。

4.4 这个学习任务所包含的创业技能有：

1. 自我学习能力：尝试制作基于新媒体方式的原创旅游体验剧本、进行音视频制作、发布与推广等等，都需要确保自身具有优秀的自我学习能力。
2. 数据与信息处理能力：利用 java 语言开发创业项目工场 APP 后端功能，并确保数据安全稳定运行。
3. 团队建设与管理能力：形成软件开发管理章程，确保项目按时按质有效落地。

1. 产品的质量在创业中有什么影响？
2. 如何向客户承诺产品质量？
3. 产品质量报告需要哪些部门认证？
4. 正确把握质量与广告的关系、避免法务风险
5. 成本的核算
6. 销售定价的一般依据
7. 利润的计算方法
8. 未来发展的预测依据

产品设计制造 / 服务提供
（实施计划）
工作环节 4

工作环节 5
产品 / 服务
验证
（检查控制）

工作环节 6
产品 / 服务
发布
（评价反馈）

]空间 APP 平台；
过程（照片、视频、文档）

1. 质量检测报告 / 总结报告

学习任务　众创空间 APP 平台

1 挖掘商机市场调研（获取信息） → 2 编写商业计划书（制定计划） → 3 优化商业计划书（做出决策） → 4 产品设计制造 / 服务提供（实施计划） → 5 产品 / 服务验证（检查控制） → 6 产品 / 服务发布（评价反馈）

挖掘商机市场调研（获取信息）

教师活动	学生活动	评价
1. 情景创设：提醒学生阅读工作页上的“情景描述” 学校建设了众创空间，帮助有创新、创意、创业梦想的同学实现梦想，目前已经有 30 多个项目团队进驻，这些团队都有自己的研发项目，有的还正在研发自己的产品，有的已经开发出产品并通过市场验证，有的团队已经注册公司，开展了企业运营，这些项目团队除了进驻的空间属于本团队专用之外，还有很多场地属于众创空间内所有团队共享的，包括会议室、文印室、创新工坊（制造车间）、会客中心和产品展示厅，各团队在使用这些共享场所的时候，经常出现同时要使用同一个场地的冲突，此外，创新创业指导中心在收取各项目的产品资料、商业计划书、路演 PPT 等资料时，也只能通过邮箱或微信传输，比较零散，不利于汇总管理。针对以上问题，请你们团队利用所学知识，设计一个手机应用（APP 或者小程序），要求该应用具有最少但不限于以下几种功能： (1) 创业项目发布与内容编辑功能（项目描述、价值主张、客户细分、渠道通路、业务主体、技术壁垒、发展规划等） (2) 创业项目合伙人需求发布（创业项目发布合伙人要求，例如专业、性别、特长、经验等） (3) 共享场地使用预约功能（有自动查询空闲时间、避免冲突的功能）	1. 听老师布置任务，阅读工作页上的“情景描述”， ① 用荧光笔划出其中的关键词。 ② 跟组员讨论关键词的含义。 ③ 对学习任务中存疑的地方进行向老师提问，直至弄清楚任务的情景。	1. 对专创融合学习任务的理解。 2. 是否清楚创业的方向？表达是否清晰有条理？ 3. 扮演顾客的，是否能清楚全面地提出自己的需求？扮演创业者的，是否能清楚全面地提供解决方案？ 4. 组内人员分工是否科学合理？ 6. 调研问卷的问题是否科学有效？ 7. 有否开展调研实践？调研报告是否符合要求？
2. 组织学生讨论这个项目的价值主张和目标定位： 我们提供什么服务？这些服务可以解决哪些问题？谁会需要我们提供的这些服务？各组列个海报并安排人说明一下。	2. 讨论项目的价值主张和服务对象，绘制海报并安排人上台分享。把价值主张和服务对象记录在工作页。	
3. 组织学生讨论这个项目的主营业务： 我们具体做什么？涉及到哪些技术？需要哪些资源？我们有什么优势？用角色扮演来带入学生思考，提醒各组的角色分工如下： ① 每两组为一对，A 组扮演众创空间的管理者，向 B 组提出自己的需求（2 项）；B 组扮演 APP 开发者，向 A 组解释自己将会怎样满足对方的需求（把方案说得清晰具体），并尽量使对方满意。 ② A 组和 B 组角色互换再进行（也是 2 项）。 ③ 如果还能从顾客角度想出更多需求，回到①项。 ④ 创业者的这一组负责安排人详细记录顾客需求和针对性的解决方案 ⑤ 组织学生汇总、整理记录，得出创业团队的主营业务。	3. 认真思考、激烈讨论，得出“如果我是众创空间的管理者，我可能需要 APP 开发者给我提供怎样的 APP？”罗列在纸上，准备向对方提出需求。 ① 听完对方的解决方案，觉得是否满意？不满意的地方继续发问，直至满意。 ② 认真听取对方提出的需求，组内讨论，针对这些需求，我们可以怎样解决问题，用关键词列出解决方案，并向对方说明解决方案 ③ 各组的需求和解决方案汇总到一起，拼凑出创业者要提供的服务内容。记录在工作页	

教师活动	学生活动	评价
4. 组织学生讨论团队的组建与人员分工 创业团队一般需要哪些人员？ 谁是项目负责人？ 各位组员分别负责什么？ 给团队起个什么名字？ 5. 介绍市场调查在创业过程中的重要性和市场调研的基本方法。 6. 组织学生小组制定调研方案 ① 确定调研对象 ② 选择调研形式：在线问卷？纸质问卷？会议调查？网络大数据调研？ ③ 编制调研问卷（10 个问题，含选择题和简答题） 7. 安排开展调研实践活动 课外时间完成，每一组最少回收 20 份有效问卷，各组的调研对象不能出现相同。对象可以包括创新创业指导中心的教师和进驻众创空间的学生团队。 组织各组分享调研的情况 收取各组调研报告，并给出该环节的学习评价。	4. 讨论组内分工，绘制组织架构图海报，并分享给其他各组（介绍一下团队），把组织架构图绘制到工作页。 5. 听老师介绍市场调查在创业过程中的重要性和市场调研的基本方法，补充完整工作页 6. 各组制定调研方案 编制调研问卷 7. 开展调研实践活动 ① 回收 20 份有效问卷 ② 进行数据统计分析，得出一些结论 ③ 以海报或者 PPT 形式完成调研报告提纲及调研结论，向全班分享。 ④ 编写调研报告并提交给老师评价。	

1. 硬资源：一体化课室等。
2. 软资源：工作页、参考教材、授课 PPT 等。

学习任务　众创空间 APP 平台

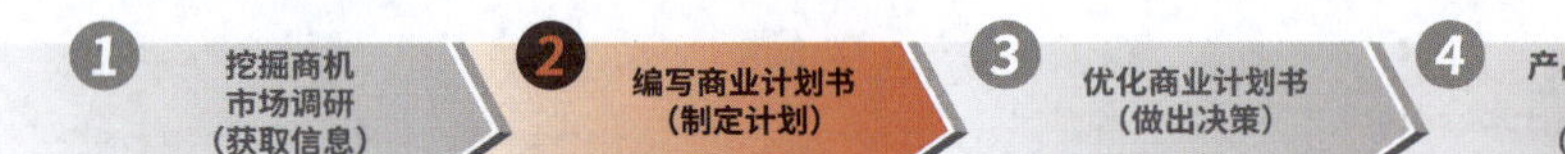

编写商业计划书（制定计划）

教师活动	学生活动	评价
1. 展示一份商业计划书，介绍商业计划书的一般结构，阐述商业计划书的作用。让学生对商业计划书有一个初步认识。	1. 观察一个完整的商业计划书，分析商业计划书的一般结构，听老师说明商业计划书，有存疑的地方要提出来。	1.1 商业模式画布是否合理？完整？
2. 展示一张完整的商业模式画布，简要说明商业模式画布的结构。	2. 观察一个商业模式画布案例，分析商业模式画布的一般结构，听老师说明商业模式画布，有存疑的地方要提出来。	1.2 商业计划书是否能清晰描述创业设计？
3. 组织学生讨论商业画布各项要素的含义。	3. 讨论商业画布各项要素的含义	
① 组织各组通过百度等途径，了解商业模式画布中“客户细分”的含义，提醒每组做好说明“客户细分”的准备； 抽取某一组来说明“客户细分”的含义，并以本项目为例，说明“客户细分”的对象都有哪些。	①通过百度等途径，了解商业模式画布中“客户细分”的含义，讨论本项目的“客户细分”的对象都有哪些？向其他组分享自己的看法（假如被抽到）。	
② 组织各组通过百度等途径，了解商业模式画布中“价值主张”的含义，提醒每组做好说明“价值主张”的准备； 抽取某一组来说明“价值主张”的含义，并以本项目为例，说明“价值主张”是什么。	②了解商业模式画布中“价值主张”的含义，讨论本项目“价值主张”的对象都有哪些？向其他组分享自己的看法（假如被抽到）。	
③组织各组通过百度等途径，了解商业模式画布中“客户关系”的含义，提醒每组做好说明“客户关系”的准备； 抽取某一组来说明“客户关系”的含义，并以本项目为例，说明“客户关系”有哪些。	③了解商业模式画布中“客户关系”的含义，讨论本项目“客户关系”的对象都有哪些？向其他组分享自己的看法（假如被抽到）。	
④组织各组通过百度等途径，了解商业模式画布中“渠道通路”的含义，提醒每组做好说明“渠道通路”的准备； 抽取某一组来说明“渠道通路”的含义，并以本项目为例，说明“渠道通路”有哪些。	④了解商业模式画布中“渠道通路”的含义，讨论本项目“渠道通路”的对象都有哪些？向其他组分享自己的看法（假如被抽到）。	
⑤ 组织各组通过百度等途径，了解商业模式画布中“关键业务”的含义，提醒每组做好说明“关键业务”的准备； 抽取某一组来说明“关键业务”的含义，并以本项目为例，说明“关键业务”有哪些。	⑤了解商业模式画布中“关键业务”的含义，讨论本项目“关键业务”的对象都有哪些？向其他组分享自己的看法（假如被抽到）。	
⑥ 组织各组通过百度等途径，了解商业模式画布中“核心资源”的含义，提醒每组做好说明“核心资源”的准备； 抽取某一组来说明“核心资源”的含义，并以本项目为例，说明“核心资源”有哪些。	⑥了解商业模式画布中“核心资源”的含义，讨论本项目“核心资源”的对象都有哪些？向其他组分享自己的看法（假如被抽到）。	
⑦ 组织各组通过百度等途径，了解商业模式画布中“重要伙伴”的含义，提醒每组做好说明“重要伙伴”的准备；抽取某一组来说明“重要伙伴”的含义，并以本项目为例，说明“重要伙伴”有哪些。	⑦了解商业模式画布中“重要伙伴”的含义，讨论本项目“重要伙伴”的对象都有哪些？向其他组分享自己的看法（假如被抽到）。	

基准学时：100

1 挖掘商机 市场调研（获取信息） 2 编写商业计划书（制定计划） 3 优化商业计划书（做出决策） 4 产品设计制造/服务提供（实施计划） 5 产品/服务验证（检查控制） 6 产品/服务发布（评价反馈）

	教师活动	学生活动	评价
编写商业计划书（制定计划）	⑧ 组织各组通过百度等途径，了解商业模式画布中“成本结构”的含义，提醒每组做好说明“成本结构”的准备； 抽取某一组来说明“成本结构”的含义，并以本项目为例，说明“成本结构”有哪些。 ⑨ 组织各组通过百度等途径，了解商业模式画布中“收入来源”的含义，提醒每组做好说明“收入来源”的准备； 抽取某一组来说明“收入来源”的含义，并以本项目为例，说明“收入来源”有哪些。 4. 组织各组根据以上的讨论、绘制并展示分享商业模式画布。 5. 布置课后完成编写商业计划书。	⑧了解商业模式画布中 “成本结构”的含义，讨论本项目“成本结构”的对象都有哪些？向其他组分享自己的看法（假如被抽到）。 ⑨了解商业模式画布中 “收入来源”的含义，讨论本项目“收入来源”的对象都有哪些？向其他组分享自己的看法（假如被抽到）。 4. 组根据以上的讨论、绘制商业模式画布（海报），安排人上台展示与分享商业模式画布。 5. 完成商业计划书编写（课后）	
	1. 硬资源：一体化课室等。 2. 软资源：工作页、参考教材、授课 PPT、商业计划书案例等。		
优化商业计划书（做出决策）	组织各组学生深入讨论： 1. 项目的可行性怎样 为什么团队可以做做这件事？有什么市场优势？抽取一组上台分享他们的观点。 2. 项目在市场营销、运营管理等方面存在哪些风险？抽取一组上台分享他们的观点。 3. 目前市场上有哪些类似的竞品，竞品有哪些特点？我们与之相比有哪些差异？抽取一组上台分享他们的观点。	从市场和技术的角度，深入讨论： 1. 项目的可行性怎样 为什么团队可以做做这件事？有什么市场优势？上台分享本组的观点（如果被抽到）。 2. 项目在市场营销、运营管理等方面存在哪些风险？上台分享本组的观点（如果被抽到）。 3. 目前市场上有哪些类似的竞品，竞品有哪些特点？我们与之相比有哪些差异？上台分享本组的观点（如果被抽到）。 4. 结合教师的批改和以上的讨论，修订商业计划书，提交定稿版商业计划书。	
	1. 硬资源：一体化课室等。 2. 软资源：工作页、参考教材、授课 PPT、商业计划书案例等。		

教学活动

学习任务  众创空间 APP 平台

1 挖掘商机 市场调研（获取信息） → 2 编写商业计划书（制定计划） → 3 优化商业计划书（做出决策） → 4 产品设计制造 / 服务提供（实施计划） → 5 产品 / 服务 验证（检查控制） → 6 产品 / 服务 发布（评价反馈）

产品设计制造 / 服务提供（实施计划）

教师活动	学生活动	评价
1. 讲解“众创空间 APP 平台 " 的功能，它包含了“APP 原型设计”与“后端功能开发”、“前端 APP 开发”三大部分组成。其中“APP 原型设计”必须要求实施学习任务期间时间实现，而“后端功能开发”与“前端 APP 开发”可以课后实现。	1. 听老师介绍 APP 的功能和结构框架	1. 是否能按时开发出众创空间 APP？运行体验是否良好?
2. “APP 原型设计”的功能要求包括： 组织各组对众创空间管理 APP 进行需求的汇总分析，形成产品需求设计文档并分享给各组同学。	2. 讨论众创空间管理 APP 的功能需求，结合前面的调研报告，编制一个海报，向其他组说明本组确定的 APP 功能需求。	
3. 讲解 Axure 原型制作工具，引导学生应用 Axure 制作众创空间 APP 的交互原型。具体功能包括： ① 创业项目发布与内容编辑功能（项目描述、价值主张、客户细分、渠道通路、业务主体、技术壁垒、发展规划等） ② 创业项目合伙人需求发布 ③ 创业项目专业方向分类管理（新材料、新能源、人工智能等） ④ 投资人管理 ⑤ 创业导师管理 ⑥ 创业政策管理等 完成后，向全班展示并解释。	3. 通过 Axure 原型制作工具制作创业项目工场 APP 交互原型，向其他组同学展示并说明	
4. 讲解 javaEE 技术，“后端功能开发”的功能要求包括：根据 Axure 原型图，应用 javaEE 技术开发满足业务需求的后端功能，完成后，向全班展示并解释。	4. 根据 Axure 原型图，通过 javaEE 技术开发满足业务需求的后端功能，向其他组同学展示并说明	
5. 讲解 Android 平台开发技术，“前端 APP 开发”的功能要求包括：根据 Axure 原型图，通过 Android 平台开发满足业务需求的前端 APP。完成后，向全班展示并解释。	5. 根据 Axure 原型图，通过 Android 平台开发满足业务需求的前端 APP。向其他组同学展示并说明	

1. 硬资源：一体化课室等。
2. 软资源：工作页、参考教材、授课 PPT 等。

基准学时：100

① 挖掘商机 市场调研（获取信息） ② 编写商业计划书（制定计划） ③ 优化商业计划书（做出决策） ④ 产品设计制造/服务提供（实施计划） ⑤ 产品/服务验证（检查控制） ⑥ 产品/服务发布（评价反馈）

	教师活动	学生活动	评价
产品/服务验证（检查控制）		1. 在目标客户中，找 10 位人员安装 APP 并进行试用，邀请其发表试用情况感受，提供反馈意见。 2. 根据反馈意见，修改 APP，并邀请上述 10 位用户再次测试 APP，收集修改意见，并再次修订。 3. 修订商业计划书中的财务分析与未来规划	
	1. 硬资源：一体化课室等。 2. 软资源：工作页、参考教材、授课 PPT 等。		
产品/服务发布（评价反馈）	1. 说明项目路演评价标准 2. 组织各组制作路演 PPT，并进行项目路演。 3. 布置完成个人总结，客观评价组员的任务表现。	1. 听老师介绍项目路演的评审标准，总结项目有哪些技术创新点，分析项目的成本与收益，注意项目亮点在 PPT 和汇报中的体现 2. 小组制作路演 PPT，从项目背景、市场分析、产品介绍、创新做法、市场定位、营销渠道、财务预测、风险预测、三年规划、团队介绍等方面进行项目路演。 3. 在工作页中填写个人工作总结，客观评价组员的任务表现。	从项目的创新性、商业价值、财务分析、团队介绍、答辩情况等方面综合评价学生的路演。
	1. 硬资源：一体化课室等。 2. 软资源：工作页、参考教材、授课 PPT、路演 PPT 案例、路演录像、路演技巧讲解教学视频等。		

评价方式与标准

评价方式：

评价方式可参照创新创业大赛的形式，或直接参加校级创新创业大赛，通过现场展示进行考核评价，各项目团队制作展示的 PPT、视频等材料，上台介绍项目的基本情况、商业价值、技术创新、商业模式、财务状况、团队分工等情况，现场评分。

评委组成：

由任课教师、创新创业指导中心教师、校外创业导师组成．

评审标准：

评审内容	评审细则	配分
商业价值	1. 符合国家产业政策和地方产业发展规划、现行法律法规相关要求。 2. 竞品分析充分，对项目的产品或者服务、技术水平、市场需求、行业发展等方面定位准确、调研清晰、分析透彻。 3. 商业模式设计可行，具备盈利能力。 4. 在竞争与合作、技术基础、产品或服务方案、资金及人员需求等方面具有实践基础。	
创新水平	1. 具备产教融合、工学结合、校企合作背景。 2. 突出原始创意和创造力，体现工匠技艺传承创新。 3. 项目设计科学，体现“四新”技术。 4. 体现面向职业、岗位技术创新、工种的创意及创新特点（如加工工艺创新、实用技术创新、产品 / 技术改良、应用性优化、民生类创新和小发明小制作等），具有低碳、环保、节能等特色。	
社会效益	1. 服务精准扶贫、农民增收、绿色发展等需要。 2. 具有示范作用，可复制可推广。 3. 具备可持续发展潜力，促进社会就业。	
团队能力	1. 团队成员的价值观、专业背景和实践经历、能力与专长、业务分工情况。 2. 指导教师、合作企业、项目顾问和其它资源的有关情况和使用计划。 3. 项目或企业的组织架构、股权结构与人员配置。	
回签问题	答辩过程中，回答问题准确、有条理。	